CRISPR-Cas9

基因组编辑的

原理及应用

杨延辉／主编

黄河出版传媒集团
阳光出版社

图书在版编目（CIP）数据

CRISPR-Cas9基因组编辑的原理及应用 / 杨延辉主编
. -- 银川：阳光出版社, 2023.9
ISBN 978-7-5525-7038-0

Ⅰ.①C… Ⅱ.①杨… Ⅲ.①人类基因－基因组－研究 Ⅳ.①Q987

中国国家版本馆CIP数据核字(2023)第182527号

CRISPR-Cas9基因组编辑的原理及应用　　杨延辉　主编

责任编辑　薛　雪
封面设计　赵　倩
责任印制　岳建宁

 黄河出版传媒集团　出版发行
阳　光　出　版　社

出 版 人　薛文斌
地　　址　宁夏银川市北京东路139号出版大厦（750001）
网　　址　http://www.ygchbs.com
网上书店　http://shop129132959.taobao.com
电子信箱　yangguangchubanshe@163.com
邮购电话　0951-5047283
经　　销　全国新华书店
印刷装订　宁夏银报智能印刷科技有限公司
印刷委托书号　（宁）0027451

开　　本　720 mm×980 mm　1/16
印　　张　16.75
字　　数　240千字
版　　次　2023年9月第1版
印　　次　2023年9月第1次印刷
书　　号　ISBN 978-7-5525-7038-0
定　　价　68.00元

CRISPR-Cas9 基因组编辑的原理及应用
编委会

序 言

　　基因组编辑是一种能以精确的方式对生物体基因组的特定目标基因进行修饰的生物技术。在真核生物中，基因组编辑工具已经经历了多代更替，主要包括锌指核酸酶、TALEN 和 CRISPR-Cas9。自从 CRISPR-Cas9 技术应用于真核细胞之后，由于其便捷性和高效性，已经被广泛用于各种生物的基因编辑，对其基因组进行精准修改。这在农业、医学、环境保护等领域发挥着越来越重要的作用。2020 年，两位科学家因在 CRISPR-Cas9 中的贡献斩获诺贝尔化学奖。但从普及的角度看，目前国内关于 CRISPR-Cas9 原理和应用的专著相对较少。

　　本书主编曾在哈佛医学院跟随CRISPR-Cas领域精英潜心学习、钻研 CRISPR-Cas9 技术，归国后，经过两年的努力，他将研究成果融入此书，以飨生物学、医学及相关专业领域的科研或教育工作者，以及对基因组编辑的科学前沿感兴趣的各类读者。

　　本书全面梳理了 CRISPR-Cas9 技术的演进历程，深入阐述了其原理和机制。通过丰富的实例，展示了该技术在众多生物体中的广泛应用，并从伦理角度对其进行了深入探讨。本书旨在引导读者，特别是广大科研人员，心系"国家事"，肩扛"国家责"，以使命为驱动，勇于担当，善于创新，承担起为基因编辑不断注入新鲜血液之使命，努力攻克与国家安全和发展紧密相关的核心技术难题，为推动我国科技事业达到世界领先水平，实现科技强国宏伟目标作出更多贡献。

中国工程院院士

2023 年 9 月 4 日写于天坛

前　言

　　基因组编辑技术是一种使用靶序列特异性工程核酸酶来操纵真核基因组的分子生物学技术。目前，CRISPR-Cas9 系统已成为基因组编辑的常用工具。本书旨在对 CRISPR-Cas9 基因组编辑系统的原理、技术和应用进行全面介绍，帮助读者深入了解该项前沿技术的现状和前景。

　　本书的编写强调科学性与实用性，内容涵盖了基因组编辑 CRISPR-Cas9 系统的基本原理、发展历程、创新实践、应用实例，以及相关的伦理问题等内容。全书共十一章，第一章至第三章分别涵盖了 CRISPR-Cas9 系统的分类、机制和功能改进及应用，第四章至第九章详细阐述了 CRISPR-Cas9 系统在多种生物，包含病毒、细菌、真菌、植物、模式动物及人类中的应用。同时，本书列举了该系统的应用实例，以及可能面临的问题与未来解决问题的方向。

　　本书服务于 CRISPR-Cas9 系统基因编辑领域，可以作为生命科学等相关领域本科生和研究生的入门教材，也可供从事生物学、医学及相关专业领域的科研工作者阅读。

　　本书的顺利完成得到宁夏医科大学学术著作专项和宁夏回族自

治区社发重点研发项目基于 CRISPR-Cas 系统的病原微生物特异性基因快速诊断技术的研究项目（批准号：2021BEG03072）的支持，编者队伍知识领域覆盖面广，同时也得到了基因编辑领域前辈们的热心指导和帮助，在此一并致以衷心的感谢。

由于编者们知识水平有限且 CRISPR-Cas 系统领域发展迅速，书中难免存在疏漏和错误，敬请读者批评指正。

目　录

第 一 章

CRISPR-Cas 基因组编辑系统概述

第一节　基因组及其编辑

基因组是指生物体所有遗传物质的总和。生物体的基因组包括含有编码和非编码基因的完整细胞核 DNA 以及线粒体 DNA。为了理解 DNA 分子在细胞中的作用，我们将遗传物质的研究学科称为基因组学。

1910 年，诺贝尔奖获得者 Albrecht Kossel 发现了 5 个造词核苷酸碱基，简称碱基，它们构成了 DNA 和 RNA 的物质基础。目前已经知道，DNA 和 RNA 是所有活细胞的遗传物质。1950 年，Erwin Chargaff 发现了 DNA 中 4 个碱基的配对模式，1953 年诺贝尔奖获得者沃森和克里克确定了 DNA 的双螺旋结构。1977 年，DNA 测序技术由诺贝尔奖获得者 Sanger 发明。1983 年，另一位诺贝尔奖获得者 Mullis 发明了聚合酶链反应（polymerase chain reaction，PCR）。上述研究成果促进了与人类亨廷顿病、囊性纤维化和血友病等遗传疾病相关基因的发现。

自 20 世纪 90 年代以来，借助于技术的进步、仪器的更新和有关 DNA

知识的深入研究，人们公布了几种从原核生物到真核生物的完整基因组序列，包括 2003 年完成的人类基因组序列。2008 年发明的二代测序技术大大降低了测序成本，同时其与基因组编辑技术的结合在很大程度上提升了我们对基因组和基因研究的能力与水平。

生物体的 DNA 序列可能因细胞分裂过程中的 DNA 复制或环境因素而改变，如暴露于阳光下的紫外线辐射和能够使 DNA 产生突变的化学物质，使细胞中可能发生一些遗传突变，但并非所有的 DNA 突变都与疾病有关，而是形成了血型、皮肤、头发和眼睛颜色等不同表型特征的遗传基础。这些 DNA 突变不会导致蛋白质功能异常，只改变表型。然而，某些 DNA 突变就会产生异常蛋白质，并导致严重甚至致命的健康问题。针对导致疾病的错误 DNA，科学家们在思考矫正它们的方法。

为了纠正与基因组相关的疾病，科学家早在 20 世纪 60 年代就开始寻找基因组编辑策略。基因组编辑是对细胞中 DNA 序列某些特定区域有目的的精确改造。有关 DNA 分子的知识和 DNA 测序技术，使人们能够直接在其碱基中精准确定位置、预定编辑 DNA 位点。在 20 世纪 90 年代发现可编辑 DNA 核酸酶之前，基因组编辑是一项较难完成的任务。当前，基因组编辑技术正在飞速发展，已经进入一个全新的时代。这项技术为医学和农业等领域的研究者开辟了新视野。

第二节　基因组编辑工具的演变

基因组编辑技术是一种通过使用靶序列特异性工程核酸酶来操纵真核基因组的新兴技术，可用于建立细胞系模型、发现致病机理、鉴定疾病靶标、设计转基因动植物和控制基因的转录调节。由于基因组编辑技术在促进基因组序列的校正方面具有特殊优势，基于基因组编辑的治疗法正在被开发为多种疾病的下一代新治疗方案。迄今为止，基因组编辑系统已历经 3 代，包括锌指核酸酶（Zinc-Finger nuclease，ZFN）技术、转录激活因子样效应蛋白核酸酶（transcription activator-like effector nuclease，TALEN）技术和簇状规则间隔回文重复序列（clustered regularly interspaced palindromic repeats，CRISPR）及相关蛋白系统（CRISPR associated proteins system，Cas）。

一、ZFN 技术

1985 年在非洲爪蟾的基因转录研究中首次发现了 ZFN。由于锌指结构的存在，人们可以对特定 5S RNA 序列的转录与转录因子结合进行研究。通常锌指结构与 2 个半胱氨酸和 2 个组氨酸（cys2-his2）结构域结合，这种独特的 Cys2-His2 结构由 30 个氨基酸组成。

ZFN 具有模块化结构，其中锌指结构域连接到 *FokI* 核酸酶，天然的 *FokI* 具有非特异性的独立结合和切割活性。因此，锌指结构域与切割 DNA 的 *FokI* 核酸酶结合，并通过设计新的锌指，就可以靶向许多 DNA 序列。*FokI* 酶需要进行二聚化以特异性切割 DNA。由于二聚化的强度较弱，为实现最佳的特异性位点切割，结构域被设计为一对可识别位点末端的两个特定序列。ZFN 结合在位点的任一侧；*FokI* 的结构域可形成具有 50 个突出端的双链断裂（double strand break，DSB）的位点，二聚化并切割 DNA（图 1.1A）。ZFN 可以在基因组中的任何位置诱导双链断裂，因此其成为编辑各种生物基因组的强大工具。

非同源末端连接（Non-homologous end joining，NHEJ）指在真核生物中直接将两个 DNA 断端彼此连接在一起的特殊 DNA 双链断裂修复机制。ZFN 是实现 NHEJ 的基因敲除系统。其主要缺点在于：①尚未证明组装成什么类型的锌指结构域才能实现更高的亲和力结合 DNA，这使得非专业人士更难以常规地设计 ZFN；②目标位点选择的频率最短是 200 bp 的间隔；③构建工作繁杂，成本高；④筛选优化的 ZFN 需要数月的时间。

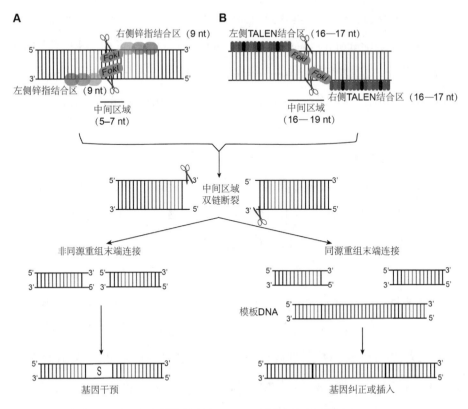

图 1.1　锌指结构和 TALEN 的作用机制示意图

　　A. 锌指结构 DNA 的结合结构域与侧翼 DNA 序列结合，并与 *Fok*I 核酸内切酶切割结构域偶联，它们二聚化，并在结合的靶位点之间生成双链断裂。B. 使用 TALEN 引入双链断裂是依据设计的 TALEN 结合蛋白与靶标 DNA 序列结合并定位其 *Fok*I 核酸内切酶结构域，从而使结合位点之间二聚化并生成双链断裂。断裂的双链通过非同源重组末端连接实现基因的干预，通过同源重组末端连接与模板 DNA 结合实现基因的纠正或插入。

二、TALEN 技术

　　TALE 来源于黄单胞菌属细菌，它为编辑 DNA 的结合蛋白，为基因编辑提供了一个不同的技术手段。TALE 表达 33~35 个氨基酸，每个结构域的核苷酸都能够特异性针对高频率改变的氨基酸被称为重复可变双残基（repeat variable diresidues，RVD）。RVD 是一种新的可编辑核酸酶，该酶将 TALE 重复序列的一个域与 *Fok*I 域融合，这被称为 TALEN。TALEN 诱导的双链断裂可以用于敲除或敲入靶基因组。TALEN 的这种模块化性质非常有效，可以用于修饰多种生物的基因。

TALEN 的设计与 ZFN 相似，只是基因组中有额外的目标基因位点。TALEN 使用激活因子样效应蛋白质作为 DNA 识别模块，而 ZFN 使用锌指 DNA 结合结构域。TALEN 和 ZFN 都使用与 DNA 裂解模块相同的 *Fok*I 核酸酶。尽管 TALEN 比 ZFN 具有更大的设计灵活性，但编码 TALEN 的基因比 ZFN 长 3 倍。

将 TALE 的阵列组装并与 *Fok*I 核酸酶融合，并将 *Fok*I 切割域二聚化为基因组的特定片段。当 TALEN 结合在识别位点的任一侧时，*Fok*I 结构域二聚化并切割 DNA。TALEN 在结合结构域之间使用短片段连接，并且含有 16 至 19 bp 的间隔子（图 1.1B）。这种简洁性促进了其在各种生物中进行基因编辑。

虽然 TALEN 设计比 ZFN 更加容易，无序列长度限制，但是 TALEN 的缺点是①体积大于 ZFN；②递送和表达 TALEN 更加困难；③ TALEN 的设计非常昂贵。

三、CRISPR-Cas9 系统

目前，CRISPR-Cas9 系统已成为基因组编辑的常用工具。许多实验室已采用 CRISPR-Cas9 系统研究不同生物的基因功能。CRISPR-Cas9 工具的一个显著特点是利用短的 RNA 序列在基因组特定位点生成双链断裂，而 ZFN 和 TALEN 系统使用基于蛋白质的 DNA 结合。CRISPR-Cas9 系统仅需要预先设计的 RNA 序列，但 ZFN 和 TALEN 需要广泛的蛋白质工程才能靶向 DNA。与 ZFN 和 TALEN 比较，CRISPR-Cas9 系统的优点是设计简单、效率更高，并且可以轻松地将 Cas9 核酸酶和不同的序列特异性 sgRNA 一起应用于多基因编辑（表 1.1）。后续章节将详细介绍 CRISPR-Cas9 系统的发展史、分子机制及其应用。

表 1.1　用于基因组编辑的 ZFN、TALEN 和 CRISPR-Cas9 系统的特征

特征	ZFN	TALEN	CRISPR-Cas9
来源	天然	植物病原菌	各种细菌
结合原理	蛋白质 -DNA	蛋白质 -DNA	RNA-DNA
构建	困难	中等	简单
核酸酶	*Fok*I	*Fok*I	Cas9
设计	装配 ZFN（富含 GC）	装配 TALE 重复元件（靶标 5' 是 T）	需要 PAM 序列（*sp*Cas9 是 NGG）
靶标序列长度	1~8-24 bp（含 5-7 bp 的间隔子）	50-60 bp（含 14-18 bp 的间隔子）	~20 bp
编码序列	短	长且重复	中
耗时	7~15 d	5~7 d	1~3 d
靶标选择	受限	受限	无限制
多基因突变	受限	受限	无限制
靶标效率	受限	平均较好	最好
脱靶效率	高	低	可变
体外递送	简单（电转或病毒转染）	简单（电转或病毒转染）	简单（电转或病毒转染）
体内递送	简单	简单	简单
核酸酶的设计	复杂	复杂	简单
费用	昂贵	昂贵	低廉
应用	人类细胞、猪、小鼠、植物、线虫和斑马鱼	人类细胞、水蚤、牛、老鼠和植物	人类细胞、植物、果蝇、斑马鱼、微生物

第三节　CRISPR-Cas 系统的发展史

CRISPR 时代始于 20 世纪 80 年代，人们首次在革兰氏阴性细菌中发现 CRISPR 序列。当时的研究目标是编码大肠埃希菌 K12 染色体片段中同型酶

碱性磷酸酶 *iap* 基因，结果发现了神秘的短重复 DNA 序列[1]。这些重复序列位于 *iap* 基因的下游。1991 年，Hermans 等首次在革兰氏阳性细菌中发现了 CRISPR 序列。1993 年，Mojica 等首次在古细菌中发现了 CRISPR 序列。在 CRISPR 的功能被揭示之前，研究人员认为 CRISPR 与诸多细胞功能例如复制子分割（replicon partitioning）、热适应、DNA 修复和染色体重排有关。CRISPR 的功能由 Mojica 等人于 1995 年最先报道，其可能涉及转录调控和 DNA 的拓扑或结构[2]。类似于 CRISPR 的重复序列也存在于人类致病菌（如结核分枝杆菌和化脓性链球菌等）和各种嗜盐古细菌中[3]［例如地中海盐古菌（*Haloferax mediterranei*）和火山盐古菌（*Haloferax volcanii*）等］。这些神秘的序列片段由两部分组成，一部分是由 32 个核苷酸的不同间隔子，另一部分是由 29 个核苷酸序列相同，通常是部分回文的重复序列。这些重复的名称各异，例如串联重复序列（tandem repeat，TREP），间隔分布的重复序列（spacer interspersed direct repeat，SPIDR）等。后来，Jansen 和 Mojica 将这些重复序列命名为 CRISPR，并彻底结束了这个令人困惑的命名之争。

2002 年，Jansen 等人首次发现了 *Cas* 基因，并证明开启了微生物具有适应性免疫的功能。Jansen 及其同事在含有 CRISPR 的原核生物中发现了 4 个 Cas 蛋白质编码基因。因为这些基因位于 CRISPR 位点附近，所以表明这些基因在功能上与 CRISPR 位点相关。后来在超过 90% 的古细菌和 40% 测序的细菌基因组中发现了 CRISPR 序列。他们利用计算机分析还鉴定了与 CRISPR 相关且相邻的不同类型 *Cas* 基因（表 1.2）。此外，Haft 及其同事鉴定出 45 组 *Cas* 基因，其中 *Cas5* 和 *Cas6* 是新基因。*Cas1-6* 基因家族存在于一系列的 CRISPR 亚型中，Cas1 和 Cas2 蛋白质却普遍存在于大多数 CRISPR 类型中。2005 年，多名研究人员证明短间隔片段与入侵的病原体（如质粒和病毒）有同源性，揭示了 CRISPR 使细菌具有适应性免疫系统的功能[2]。后来，Makarova 团队报道，CRISPR 提供了遭遇噬菌体侵袭后的遗传记忆，并检测到大量的 crRNA，提出基于 CRISPR 的免疫类似于

RNA 干扰。2007 年，Barrangou 等通过实验证明，CRISPR 防御系统可以保护嗜热链球菌（*Streptococcus thermophilus*）免受噬菌体感染，其功能可能与真核生物中的 RNA 干扰功能类似[4]。Marraffini 报道称 CRISPR-Cas 系统可以靶向降解 DNA 实现干扰质粒的水平转移[5]。此外，Bronus 团队报道，crRNA 在 CRISPR 介导的防御中发挥重要作用，并指出 DNA 是 CRISPR 发挥功能的底物[6]。Deveau 等人在一份报告中强调前间隔子对 CRISPR 介导的噬菌体免疫应答来说极为重要。2010 年 Garneau 等首次阐明 CRISPR-Cas 系统可以在特定的精确位置切割 DNA。次年，反式激活 crRNA（trans-activating CRISPR RNA，tracrRNA）被证实。2011 年，也实现了 CRISPR-Cas 系统在 2 个不同种的细菌间转移，即从嗜热链球菌转移到大肠埃希菌[7]。至此，证实了 CRISPR 可以作为一种适应性保护机制，用于抵御入侵的噬菌体感染和质粒的水平传播。

表 1.2　早期发现的不同 CRISPR-Cas 系统的分类表

分类	类型	标志事件	物种	参考文献
1 类	I 型	Cas3 效应蛋白质	*E. coli*	[6]
	III 型	多亚基效应复合体；Csm 及其效应蛋白质；靶向 DNA 或者 RNA	*S. epidermidis* 和 *P. furiosus*	[8]
2 类	II 型	单蛋白质效应子；tracrRNA	*S. thermophilus* 和 *S. pyogenes*	[4] [7，9]
	V 型	单蛋白质效应子；单个导向 RNA	*F. novicida*	[10]

2012 年是 CRISPR-Cas 系统研究史上具有突破性的一年。美国 Jennifer Doudna 及法国 Emmanuelle Charpentier 的团队共同发现了 CRISPR-Cas9 系统可编辑双链 DNA。他们的体外细胞研究表明，化脓链球菌（*Streptococcus Pyogenes*）中的一种核酸内切酶（*Sp*Cas9）可在 crRNA 和 tracrRNA 融合的

单一 sgRNA 的指导下特异切割双链 DNA，并提出此系统可作为一种靶向基因组编辑的工具[11]，两位科学家因此项研究成果在 2020 年获得了诺贝尔化学奖。

自发现 CRISPR-Cas9 系统在体外具有 RNA 引导的基因组编辑能力后，2013 年美国《科学》杂志发表了 2 篇具有里程碑意义的文章，也是 CRISPR-Cas9 系统用于真核细胞基因组编辑技术的真正突破。该研究首次成功将 CRISPR-Cas9 用于编辑哺乳动物细胞的基因组，该技术被开发成为靶向细胞基因组的编辑工具[12]。随后，针对各种生物体的基因组编辑工具得到全面开发与应用。2013 年，Ran 等开发出了仅具有单链切割功能的 nCas9 酶，它具有更好的靶向选择性，并且减少了基因组编辑的时间。紧接着，确定了 sgRNA 与 apo-Cas9 的复合体就可以实现基因组编辑的晶体结构，这将基于 CRISPR 的基因组工程提升到另一层次[13]。2014 年，研究人员开发了基于 CRISPR 的基因组文库并将其用于全基因组筛选。2015 年，CRISPR-Cas9 被用于治疗进行性假肥大性肌营养不良症（Duchenne muscular dystrophy，DMD），使用单个或多个 sgRNA 靶向编辑了营养不良蛋白基因的外显子，在小鼠模型中恢复了肌肉的力量，使 CRISPR 技术将来可能用于治疗 DMD。在此提供了一些 CRISPR-Cas9 研究使用的相关资源（附录 2 表 2.1）。

2017 年，CRISPR 的 Cas13a 开始用于 RNA 编辑。同年，有研究人员通过修正心肌增厚相关基因证实了有可能修正人类胚胎的致病基因的推论。插入一种可以消耗老鼠或猪的脂肪的基因，可以为其减少 20% 的脂肪，由此产生了低脂动物。2018 年，使用 CRISPR 开发了不依赖同源性的靶向整合（homology-independent targeted integration，HITI）技术，可以实现体内和体外分别在不分裂和分裂的细胞中敲入感兴趣的目的基因。

为了使患者得到有效的治疗，迫切需要对疾病进行快速诊断和监测。2017 年，Gootenberg 等开发了一种简单且超灵敏的诊断平台，用于检测致病菌、病毒和癌细胞中的突变。随后，基于 CRISPR 的下一代简单、快速、特异、超灵敏的纸层析诊断平台也应运而生。

Cas 核酸酶功能域突变后与其他蛋白功能域（KRAB、VP64、甲基化酶、脱氨酶、逆转录酶等）可形成各种不同的定向特有功能，例如 CRISPR 干扰、CRISPR 激活、特异甲基化修饰、碱基编辑和先导编辑等。 另外，一系列小 Cas 酶的发现（CasX，CasF，Cas12f等），使 CRISPR 的研究呈现更新的活力。

CRISPR 技术的迅速发展（表 1.3）使其在解决社会和环境问题方面具有巨大潜力。自 CRISPR-Cas9 系统被发现以来，已被广泛应用于精确、高效地编辑微生物、植物和动物等的基因组。CRISPR 生物学的更多创新还有待于在更多生物技术应用上进行探索。

表 1.3　CRISPR-Cas 系统的里程碑事件

时间/年	人物	事件	参考文献
1987	Ishino *et al.*	首次报道 CRISPR	[1]
1995	Mojica *et al.*	首次阐明 CRISPR 的功能	[14]
2000	Mojica *et al.*	证实原核生物中的 CRISPR	[15]
2002	Jansen *et al.*	发现 Cas 基因	[3]
2005	Mojica *et al.*	鉴定外源的间隔子，提出与细菌适应性免疫功能	[2]
	Bolotin *et al.*	相关鉴定 PAM	[16]
2007	Barrangou *et al.*	首次实验证实 CRISPR 用于细菌适应性免疫	[4]
2008	Brouns *et al.*	间隔子转化为成熟 crRNA 发挥 sgRNA 功能	[6]
	Marraffini *et al.*	CRISPR 可以作用于靶标 DNA 位点	[5]
2010	Garneau *et al.*	通过双链断裂间隔子引导 Cas9 剪切靶标 DNA	[17]
2011	Deltcheva *et al.*	tracrRNA 与 crRNA 结合并与 Cas9 相关	[18]
	Sapranauskas *et al.*	Ⅱ型 CRISPR 系统具有调节功能并异源表达	[7]
2012	Jinek *et al.*	证实 Cas9 是 RNA 引导的核酸内切酶	[11]
2013	Cong *et al.*	CRISPR-Cas9 用于真核细胞	[12]
	Ran *et al.*	单剪切 nCas9 降低脱靶效应	[19]

续表

时间/年	人物	事件	参考文献
2014	Wang *et al.*	用 Cas9 开展基因组范围的功能筛选	[20]
	Jinek *et al.*	阐明 apo-Cas9 的晶体结构	[21]
	Nishimasu *et al.*	解析 Cas9 与 sgRNA 复合体的晶体结构	[13]
2015	Ousterout *et al.*	CRISPR-Cas9 用于多基因编辑功能失调基因	[22]
2017	Cox *et al.*	Cas13 用于 RNA 编辑	[23]
	Gootenberg *et al.*	CRISPR 用于超灵敏诊断	[24]
2019	Sand *et al.*	CRISPR 用于编辑人类胚胎	[25]
	Zhou *et al.*	利用 CRISPR 找到一种自闭症的灵长类动物模型	[26]
	Nikolay *et al.*	用 CRISPR 精确遗传控制害虫	[27]
	Wang *et al.*	利用 CRISPR 建立水稻无融合生殖体系	[28]
2020	Tautvydas Karvelis *et al.*	发现最小的 Cas 蛋白酶 Cas12f	[29]
	Ledford *et al.*	首个 CRISPR 疗法患者体内给药完成	[30]
2021	Julian D Gillmore *et al.*	应用 CRISPR-Cas9 在体内基因编辑治疗转甲状腺素蛋白淀粉样变性	[31]
2022	Sung-Ik Cho *et al.*	成功实现线粒体中碱基编辑	[32]

第四节　CRISPR-Cas9 系统在基因组编辑中的应用

在研究基础生物学和操纵多种生物的基因组方面 CRISPR-Cas 系统和源于天然原核 CRISPR 免疫系统的相关技术具有革命性意义。这些强大、可重复且易于使用的技术允许以多种方式操纵或修改基因组，包括但不限于以下几点：①通过非同源末端连接来破坏基因，简单地合并随机突变（插入或删除）；②通过使用精确的碱基编辑在基因中产生靶点突变；③利用细胞的同源性定向修复途径进行全基因插入。

本节对 CRISPR-Cas9 系统在基因组编辑中的主要应用成果进行概述。

一、CRISPR-Cas9 系统在细菌基因组编辑中的应用

目前，CRISPR-Cas9 系统日趋成熟并用于靶向病原微生物的基因组编辑，从而控制感染和疾病。此外，该系统还可以修饰有益菌，以提高代谢产物，制备化合物和生产生物燃料。CRISPR-Cas9 系统可以用作抗菌剂，敲除耐药基因和毒力因子等。2013 年，科学家开发了双 RNA 的 Cas9 系统，靶向编辑了微生物的基因组。该系统的特异性可以通过改变 crRNA 中的核苷酸，从而实现单点或多点编辑。双 crRNA 同时用于产生多重突变，并在肺炎链球菌和大肠埃希菌中进行验证，发现 60 个目标突变点的突变效率为 100%[33]。

2014 年，Bikard 等开发了用于序列特异性地从混合菌群中清除目标病原体的 CRISPR-Cas9 系统。通过插入 Cas9 和 tracrRNA，设计并构建了靶向葡萄球菌的载体。用该载体编辑了卡那霉素的抗性基因，在不影响非致病性葡萄球菌的情况下，特异性杀死了致病性金黄色葡萄球菌。人们为了鉴定 CRISPR-Cas9 的多重编辑能力，用 CRISPR 序列设计了噬菌体，并用于靶向超抗原型肠毒素 *sek* 基因或者 *mecA* 基因，使细菌死亡。同年，Citorik 等设计了能够在一个复杂菌群中靶向特定菌株的 CRISPR-Cas9 系统。利用该系统使具有耐药性的 NDM-1 和 SHV-18 菌株内产生了双链断裂。CRISPR-Cas9 也被应用到大肠埃希菌染色体的基因上，结果证实其可以抑制上千倍的基因表达。在混合菌群中，尝试用噬菌体编辑大肠埃希菌的 EMG2，显著降低了该种群的数量。

抗生素耐药性是全球日益严重的问题之一。为了精确地杀死混合菌群中的菌株，已经开发出了只杀死致病菌而不杀死有益细菌的 CRISPR。2016 年 Kim 等用 CRISPR-Cas9 系统靶向杀灭能产生与多重耐药（Multiple drug resistance，MDR）相关的超广谱 β - 内酰胺酶（extended-spectrum β -lactamase，ESBL）的大肠埃希菌。ESBL 是由质粒介导产生耐药性的，可以轻易地水平转移到菌群中，可以专门靶向该抗生素耐药基因重塑病原体对

其抗生素的敏感性。2017 年 Park 等用 CRISPR-Cas9 抗菌功能控制了金黄色葡萄球菌，并且改进和提升了 CRISPR-Cas9 抗菌剂在体内外治疗的有效性和安全性。

二、CRISPR-Cas9 系统在放线菌和真菌基因组编辑中的应用

近年来，在 CRISPR-Cas9 系统对革兰氏阳性放线菌进行基因组编辑方面有大量的研究。研究人员已经针对天蓝色链霉菌 A3 ②中放线紫红素途径的两个基因（*actIORF1* 和 *actVB*）进行了研究，当有同源定向重组引导序列模板时，这 2 个基因编码的蛋白质可以完全失活。用 CRISPR-Cas9 系统对酵母菌进行多重基因组编辑，使用不同的 sgRNA 靶向于基因组内 5 个不同的位点（*bts1*、*yjI064w*、*erg9*、*ypl062W* 和 *rox1*）。然后在酿酒酵母菌中进行了突变筛选，发现突变效率为 100%。通过敲除其竞争途径，最终使甲羟戊酸的产量比天然菌株增加了 41 倍。

CRISPR-Cas9 系统也用于控制植物中的真菌感染，以提高作物产量。在许多真菌病原体中，大豆疫霉（*Phytophthora sojaee*）能够感染重要农作物和有观赏价值的植物。CRISPR-Cas9 系统可靶向 *Avr4/6* 基因，有助于控制真菌感染。经过对 Cas9 密码子优化，提高了 Cas9 在许多真菌中的基因编辑能力，包括曲霉、产 β-内酰胺酶的产黄青霉（*Penicillium chrysogenum*）和高纤维素酶产生菌里氏木霉（*Trichoderma reesei*）等。

迄今为止，虽然 CRISPR-Cas9 系统在植物益生真菌中的探索研究还较少，但是 CRISPR-Cas9 系统已经显示出巨大的潜力，将来可以帮助人们更好地调控植物真菌，进而提高作物产量。

三、CRISPR-Cas9 系统在病毒基因组编辑中的应用

众所周知，大多数病毒会引起动物和植物疾病，有的甚至可以感染地球上所有生物体。目前，用抗逆转录病毒疗法（antiretroviral therapy，ART）

可以控制病毒感染，但不能使其根治。病毒基因组可能会整合到动物基因组中，并形成潜伏状态，导致一些严重的疾病。CRISPR-Cas9 系统作为一种抗病毒疗法已经发生了颠覆性变化，它可以用于去除动物和植物中感染的病毒，甚至存在于白细胞表面的 C-C 趋化因子受体 5 型（CCR5）。CCR5 是一种促进人类免疫缺陷病毒（HIV）进入白细胞的重要受体，该基因发生突变（$CCR5^{\Delta32}$）的人能够抵抗 HIV 感染。CRISPR-Cas9 靶向 CCR5 基因并下调其表达，赋予人对 HIV 感染的抵抗力。2014 年，有研究用 CRISPR-Cas9 系统靶向 CCR5 基因删除了第 32 位碱基。对诱导多能干细胞（induced Pluripotent Stem Cells，iPSCs）进行了编辑，并观察到了其对 HIV 的抵抗性。还有另一种用 CRISPR Cas9 编辑 HIV 基因组的方法，即靶向长末端重复序列（long terminal repeat，LTR）序列，消除 HIV 即可治愈感染。

乙型肝炎病毒（hepatitis B virus，HBV）是一种引起人类肝脏感染的重要病毒。2014 年 Lin 等人设计了 8 个靶向 HBV 的 *P*1 和 *XCp* 基因的 sgRNA，并观察到人肝癌细胞 Huh-7 中的关键乙肝表面抗原减低。在动物模型中的应用证实完全清除了 HBV 的基因组，同时血清中的乙肝表面抗原的含量也下降了。还有科学家用 CRISPR-Cas9 靶向基因组的不同位点清除 HBV。

EB 病毒是一种肿瘤相关病毒。在 Raji 细胞系中，CRISPR-Cas9 系统可以靶向 EB 病毒的基因组，抑制病毒增殖，降低病毒滴度[20]。用两个 sgRNA 和 Cas9 从 BART（*BamH*I 的右侧转录本）的启动子区域删除 558 bp 的基因序列。BART 编码病毒的 miRNA 能够控制 EB 病毒的感染。

众所周知，人乳头瘤病毒（Human papilloma virus，HPV）为全球感染性疾病，甚至会引发宫颈癌。目前已知 100 种不同类型的 HPV，其中有 40 种是通过性接触传播的，可感染生殖器、口腔和咽喉。HPV 的 *E*6 和 *E*7 是影响肿瘤发展的主要的致癌基因。2014 年 Kennedy 的研究表明用 CRISPR-Cas9 靶向 HPV16 的 *E*6 和 *E*7 基因并控制了病毒感染[34]。基于 CRISPR-

Cas9 系统的抗病毒策略还用于控制多种其他病毒，例如卡波西肉瘤疱疹病毒[35]和单纯疱疹病毒（HSV-1 和 HSV-2）。

综上所述，CRISPR-Cas9 系统在控制病毒感染方面具有巨大的潜力。该系统可以进一步推广用于控制更多的病毒。但是在进行活体抗病毒治疗之前，需要解决含递送体系和脱靶效应在内的诸多问题。

四、用 CRISPR-Cas9 系统编辑哺乳动物细胞的基因组

CRISPR-Cas9 系统在哺乳动物细胞中实现了基因组编辑。用嗜热链球菌的 Cas9 基因设计并构建了新型 CRISPR-Cas9 系统（包括 *Sp*Cas9、*Sp*RNase Ⅲ、tracrRNA 和 pre-crRNA），用 293T 细胞编辑哺乳动物细胞的基因组证实了其有效剪切性。Mali 等建立了靶向内源性 AAVS1 位点的 CRISPR-Cas9 系统，并在其中设计了嵌合 crRNA 和 tracrRNA 的 sgRNA。在 293T 细胞、K562 细胞和诱导多能干细胞中都实现了突变。这些研究为哺乳动物基因组编辑开辟了新的途径，并奠定了理论和实践基础。

2015 年，科学家利用脂质体介导的转染 / 电穿孔技术将 Cas9-sgRNA 核糖核酸蛋白（RNP）复合体递送到许多哺乳动物细胞中[36]。目前，已有大量报道将 CRISPR-Cas9 系统用于动物疾病的预防和治疗中。下面列举几个用 CRISPR-Cas9 系统治疗人类疾病的例子。

1. 治疗肿瘤

2017 年，美国食品药品管理局批准了一种嵌合抗原受体 T 细胞（chimeric antigen receotir T cell，CAR-T）免疫疗法。用 CRISPR-Cas9 敲除 T 细胞中与 CAR 表达相关的基因，从而使 T 细胞中的程序性死亡 -1（Programmed death-1，PD-1）受体失活。PD-1 与调节抗癌细胞免疫应答有关，基因敲除了抑制癌细胞产生的受体从而阻断配体。目前，大量研究证明，在实体瘤和白血病中，用 CRISPR-Cas9 系统靶向 PD-1 显著增加了抗肿瘤细胞毒 T 细胞的丰度[37]。这些研究表明，CRISPR-Cas9 系统具有治愈肿瘤的潜力，

并有助于人们更好地探究肿瘤生物学。

2. 治疗进行性假肥大性肌营养不良症（DMD）

DMD 是一种遗传疾病，其特征是渐进性的肌肉退化和虚弱。抗肌萎缩蛋白相关基因的突变是 DMD 的病因。抗肌萎缩蛋白基因的突变改变了基因功能，导致肌无力，成为 DMD 模型。利用 CRISPR-Cas9 系统修复抗肌萎缩蛋白基因的突变，恢复了该基因的功能。在体内外都证实了 CRISPR-Cas9 系统对 DMD 的有效性和安全性。未来，还需要做更多的研究，才能将其用于人类的 DMD 治疗。

3. 治疗 β 地中海贫血症

β 地中海贫血症是一种由于红细胞内的血红蛋白数量和质量的异常造成红细胞寿命缩短的一种先天性贫血，属遗传性疾病。血红蛋白是一种含铁的蛋白质，存在于红细胞中，并将氧气递送到全身细胞。然而，在 β 地中海贫血症患者中，血红蛋白的低表达导致身体许多部位的氧气浓度较低。在 β 地中海贫血症中，珠蛋白基因突变导致 β 珠蛋白表达不足。使用 CRISPR-Cas9 系统修复珠蛋白基因突变，可以恢复珠蛋白的功能，为细胞提供充足的氧气。

2023 年 11 月 16 日，Vertex 和 CRISPR Therapeutics 共同宣布，英国药品与保健品管理局有条件地批准 CASGEVY™（原 Exa-cel）上市，用于治疗镰状细胞病和输血依赖性 β 地中海贫血。这是全球首个获批上市的 CRISPR 基因编辑疗法。

4. 治疗失明

失明是一种全球性的视网膜变性疾病。人们积极尝试利用药物、基因治疗和移植等有效方法治疗视网膜变性疾病。用 CRISPR-Cas9 系统治疗了因视锥细胞丧失导致失明的色素性视网膜炎，这是靶向治疗失明的主要治疗方案之一。

基于腺相关病毒的 CRISPR-Cas9 系统是为了将 CRISPR 工具递送到

有丝分裂后的视细胞中，编辑能够编码神经视网膜特异性亮氨酸拉链蛋白的 *Nrl* 基因，*Nrl* 基因是视细胞发育过程中形成杆状的决定性因素。研究发现，破坏 *Nrl* 基因是治疗失明最有希望的解决方案。

5. 治疗心血管疾病

心血管疾病是一种与心脏有关的疾病，也是人类主要死亡原因之一。利用 CRISPR-Cas9 系统矫正一名家族性高胆固醇血症（homozygous familial hypercholesterolemia，HoFH）患者的 iPSCs 低密度脂蛋白胆固醇受体 4 号外显子的 3 对碱基纯合子缺失，可以在细胞水平上使胆固醇代谢正常。另有研究发现，G 蛋白偶联雌激素受体（*Gper1*）与心血管疾病相关。在盐敏感性高血压大鼠中，使用 CRISPR-Cas9 系统缺失 *Gper1* 基因改变了菌群和短链脂肪酸（short chain fatty aad，SCFA）的差异水平，并且改善了血管松弛。2018 年 Waghulde 等移植了高血压大鼠 *Gper1*$^{+/+}$ 的菌群，这逆转了由 *Gper1* 缺失所导致的心血管保护作用的降低，表明 *Gper1* 促进了导致心血管疾病的菌群改变。

本章小结 ————————————————————————————

CRISPR 技术正在基因组编辑、诊断、治疗、动物研究、生物医学与生物技术应用和工业等领域迅速发展。运用该技术能够精准杀死病原体、纠正基因突变和治疗动物疾病。CRISPR-Cas9 系统被设计为一种抗菌剂，可以在不阻碍有益细菌的情况下杀死有害细菌。该系统还可以靶向人类病毒（HIV、HBV 和 HPV 等）。在轻松定位和控制动植物病毒方面亦有广阔的前景。在不久的将来，"CRISPR 药丸"可能会成为控制疾病的药物。

目前，人类正遭受着一些无法治疗的基因性和遗传性疾病的折磨。许多严重的疾病是由单个基因突变或基因缺陷引起的，例如囊性纤维化、镰状细胞贫血、亨廷顿病、进行性假肥大性肌营养不良症和 β 地中海贫血症等。CRISPR-Cas9 系统是修复错误基因、挽救生命健康的关键。目前在动物体内开发出来了有效的治疗方案。同时 CRISPR 已经被开发用于快速、特异和超灵敏的检测和诊断病毒、肿瘤突变和细菌。将来该技术可能进一步用于更精确和敏感的诊断，为有效控制疾病的发生发展提供新策略。

第 二 章

CRISPR-Cas 系统的分子机制和分类

　　自生命诞生,细菌就与包括病毒在内的其他病原体进行着一场永恒的"军备竞赛"。地球上噬菌体多得令人难以想象，其总数超过 10^{31} 个，比其细菌宿主多 10 倍以上。为了抵御噬菌体,细菌进化出了诸多不同种类的防御机制,例如限制 / 修饰酶（restriction/modification，R/M）系统、与限制修饰相关的防御岛系统（defense island system associated with restriction-modification, DISARM），噬菌体排斥（Bacteriophage exclusion，BREX）系统等。R/M 系统由限制性内切酶和甲基转移酶构成。而限制性内切酶切割外来未被修饰的 DNA，甲基转移酶通过添加甲基修饰细菌的 DNA。在乳酸乳球菌（*Lactococcus lactis*）中，已经发现了 20 多种可导致顿挫感染的细菌。顿挫感染系统导致被感染的未成熟细胞死亡，并防止扩散感染周围的细胞，从而保护同类的其他群体。顿挫感染系统阻断噬菌体的不同复制阶段，例如转录基因组合成、装配和释放等。BREX 系统虽然能够让噬菌体吸附、DNA 穿入，但是能够抑制病毒 DNA 的复制。在蜡样芽孢杆菌（*Bacillus cereus*）中 BREX 系统由 6 个基因（*brxA*、*brxB*、*brxC*、*brxL*、*pglX* 和 *pglZ*）构成。其中，*PglX* 基因修饰宿主染色体并抑制噬菌体 DNA 的复制和进入细菌增殖。为了应对生存挑战，细菌进化出了新的复杂防御机制，通过将外源核酸信息存储在短重复片段中，记忆曾经的感染，赋予细菌适应性免疫功能。当病原体再次攻击时，细菌会迅速地复制出因曾经感染而被记忆的 RNA 拷贝序列信息。这些 RNA 与入侵 DNA 互补序列相识别，DNA 则以序列特异性识别方式被 Cas9 核酸酶切割。这就是 CRISPR-Cas 系统。本章主要介绍该系统的机制和分类。

第一节　CRISPR-Cas 系统的分子机制

CRISPR-Cas 系统让原核生物（包括细菌和古细菌）具有适应性免疫能力，可以防御外源核酸（如噬菌体及质粒 DNA）的再次攻击。CRISPR-Cas 分为两类，6 个型（Ⅰ型、Ⅱ型、Ⅲ型、Ⅳ型、Ⅴ型和Ⅵ型）。其中，Ⅱ型中的 CRISPR-Cas9 系统更受人们关注，常用来源于化脓性链球菌的 *Sp*Cas9 蛋白基因为 4 107 bp。CRISPR-Cas9 系统由两部分组成，即 Cas9 蛋白质和包含 crRNA（CRISPR RNA）、tracrRNA 与终止子嵌合而成的单链向导 RNA（single guide RNA，sgRNA）。其中的 Cas9 蛋白质发挥结合与切割外源 DNA 的功能。5' 端含有 20 bp 的 sgRNA 指导 Cas9-sgRNA 复合体实现精确配对 sgRNA 和靶标 DNA 链的序列。其后是 PAM 序列，位于靶标 DNA 序列的下游。

Cas9 蛋白包含两个核心结构域（RuvC 和 HNH）。每个结构域切割一条目标 DNA 链，一起在目标 DNA 序列中形成双链断裂（图 2.1）。Cas9 首先在 DNA 靶位点上引起双链断裂，然后双链断裂可以分别通过两条途径进行修复：①非同源末端连接修复途径，在双链断裂位点上诱导某些插入和缺失，导致插入或敲除所需基因；②同源重组修复途径，双链断裂通过模板 DNA 的基因特异性敲入进行修复。

　　sgRNA 是一种工程化的由 crRNA 和 tracrRNA 融合而成的非编码 RNA。sgRNA 由单个基因编码，模仿原始的 crRNA：tracrRNA 双链装配，简化了 CRISPR-Cas9 系统的应用。

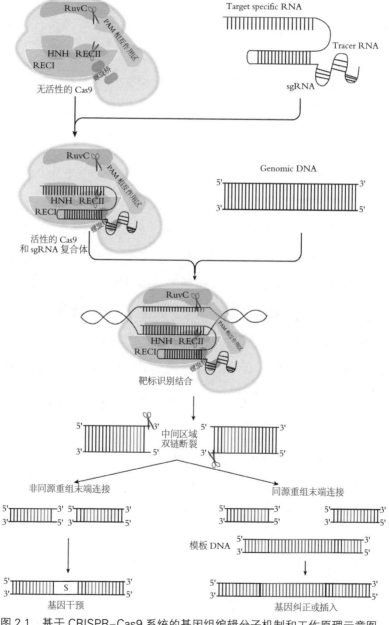

图 2.1　基于 CRISPR-Cas9 系统的基因组编辑分子机制和工作原理示意图

结合后 Cas9-sgRNA 复合体发生构象变化，激活两个不同的核酸酶结构域。它们在 PAM 位点上游进一步切割两条 DNA，在该位点形成双链断裂。生成的双链断裂遵循非同源末端连接或同源定向重组途径进行 DNA 修复（图 2.1）。通常情况下，双链断裂修复遵循非同源末端连接修复机制，造成某些基因的错配和插入 / 删除，从而发生基因敲除；如果存在单链 DNA 模板的情况下，同源定向重组会诱导特异性基因替换。

CRISPR-Cas 系统的工作可分为获取、加工和干扰 3 个阶段。①获取阶段，当细菌受到外源 DNA 攻击时，细菌中 Cas1 和 Cas2 酶将外源双链 DNA 切断并将其整合到细菌基因组的 CRISPR 序列中；②加工阶段，亦称为合成 crRNA 阶段，通过 RNA 聚合酶转录 CRISPR 序列为 pre-crRNA 序列，随后核酸内切酶将 pre-crRNA 切割成多条具有活性的 CRISPRRNA（crRNA）及 tracrRNA 序列；③干扰阶段，crRNA 与 tracrRNA 融合成为 sgRNA，指导核酸内切酶（如 *Sp*Cas9）特异切割与原间隔序列邻近基序（protospacer adjacent motif, PAM，如：NGG）相邻，并同 crRNA 序列同源互补 DNA 中第 3 个碱基与第 4 个碱基之间的磷酸二酯键，从而破坏外源 DNA（如噬菌体的 DNA），从而实现免疫外源 DNA 的功能（图 2.2）。值得注意的是，也有靶向 RNA 的 Cas 酶（如 Cas13）[23]。下面将详细分析上述步骤。

一、获取阶段

将病毒 DNA 或质粒的新核酸片段整合到宿主基因组 CRISPR 序列中称为间隔子获取。间隔子的获取是一个复杂的多步骤过程，需要对前间隔子进行识别，并将其整合到宿主 CRISPR 序列中。

间隔子可通过两种不同的途径，即自然和后天获得。自然获得是入侵的病原体未曾攻击过的时候产生的。该获取途径需要 Cas1 和 Cas2 蛋白质对间隔子识别并整合。首先，停滞复制的 dsDNA 片段是自然获取间隔子的来源。停滞的复制叉通过 RecBCD 介导了 DNA 的展开。当到达最近的交叉区域启

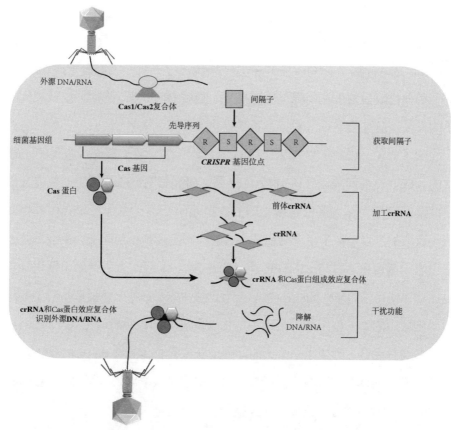

图 2.2　CRISPR-Cas 系统介导的细菌适应性免疫分子机制图

动区的特定 8 个碱基序列（5'-GCTGGTGG-3'）时进行切割。交叉区域启动区终止了 RecBCD 活性，阻止 DNA 降解。该位点通常在细菌基因组中，却很少在质粒和噬菌体中存在。

后天获得在病原体早期暴露的时候形成。新间隔子优先插入近端。2 个主要的蛋白 Cas1 和 Cas2 是 CRISPR 适应免疫的关键蛋白，在每个 CRISPR 系统中都需要新间隔子整合。间隔子被外源 DNA 中的 PAM 序列识别。Cas1 和 Cas2 蛋白形成一个复合体（Cas1$_4$-Cas2$_2$），Cas1 亚基形成 2 个由中心 Cas2 连接的二聚体。研究表明，该复合体中的每个 Cas1 单体都含有一个 PAM 识别域。Cas1 和 Cas2 编码的金属依赖活性在间隔子获取过程中起着至关重要的作用。Cas1 是一种同型二聚体（直径约为 20 Å），具有鞍状结构，表面带正电荷，可能负责 DNA 结合；而 Cas2 是一种具有类似铁脱氧蛋白折叠的单个结构域蛋白。$Cas1_4-Cas2_2$ 复合体与前间隔子结合，催化第一次亲核攻击，进入间隔子 3-OH 基团，引入单链断裂，从而引发间隔子掺入过程。另一种催化攻击发生在引导重复连接处，随后 DNA 修复酶填补空缺。间隔子的长度是通过两个 Cas1 位点之间的距离来测量的。

除了 $Cas1_4-Cas2_2$ 之外，Cas9 和 Csn2 蛋白在间隔子整合中也是不可或缺的。Cas9 在前间隔子区识别 PAM 序列。研究表明，Cas9 缺失或突变会破坏间隔子获取。在大肠埃希菌中的 I-E 型系统，$Cas1_4-Cas2_2$ 复合体催化间隔子获取的过程类似于整合酶和转座酶的机制需要亲核与酯交换反应。整合宿主因子蛋白也通过与 CRISPR 引导的富含 A-T 区结合，帮助识别引导重复连接，使目标 DNA 弯曲 160°，实现改变 DNA 拓扑亲核反应。对于铜绿假单胞菌中的 I-F 型系统，具有多结构域解旋酶 / 核酸酶的 Cas3 与 Cas1：Cas2 复合体融合，形成了一个大的间隔子获取复合体（Cas1：Cas2-3）。该复合体沿着 dsDNA 的 3' 向 5' 方向滑动，用于寻找 PAM 序列。除了 Cas1：Cas2-3 蛋白复合体，还需要一个完整的 Csy 复合体来获取间隔子。

二、加工 crRNA 阶段

CRISPR 序列被转录成前 crRNA，前 crRNA 经进一步被加工成长度为 30~65 bp 的成熟 crRNA，该过程是通过包含一系列间隔子和部分重复序列的核酸内切途径实现的。在古生细菌系统中，RNA 聚合酶在引导区识别类似 TATA 序列六聚体并进行转录。不依赖于金属离子的核糖核酸内切酶 Cas6 在 I 型中执行切割产生 crRNA。Cas6 具有铁氧蛋白样折叠结构，能够水解单磷酸二酯键，并且能够在高亲和力的特定序列上与重复序列结合，发挥在 5' 末端的特定位点切割功能。这种切割能够释放出具备 8 个核苷酸突出的黏性末端。切割后，Cas6 通过 3' 端与 crRNA 结合，形成效应复合体。Cas6 与 pre-crRNA 结合并在重复序列内进行切割，产生Ⅲ-A 和 B 系统的

crRNA。这些 crRNA 经过进一步的加工，通过未知的核酸酶修剪其 3' 端。在大肠埃希菌中的 I-E 型系统具有数量不等的 Cas 蛋白，可形成长度为 61 bp 的 crRNA 效应复合体[6]。

Cas6 特异性地与茎环构象结合在 pre-crRNAs 重复区。裂解后，生成的成熟 crRNA 通过 3' 发夹茎环与 Cas6 紧密结合，而其他亚基结合在成熟 crRNA 的 5' 端和间隔子上，这一特性可用于靶标选择。在铜绿假单胞菌中，还发现了属于 I-F 型系统的核糖核蛋白复合体。该复合体由一组 Cas 蛋白 [Csy1：Csy2：Csy3（6）：Cas6f] 组成，也被称为 Csy 复合体。Cas6f 与 pre-crRNA 发夹结构的上游结合，生成的 crRNA 用于指导靶向外源 DNA。

对于 I-C 型系统，Cas6 被 Cas5d 替代。Cas5d 剪切 pre-crRNA 能产生 5' 端 11 bp 标签的 crRNA，这与 Cas6 产生的 8 个核苷酸不同，能形成 21~26 bp 的 3' 末端标签。与 Cas6 类似，Cas5d 具有由酪氨酸、赖氨酸和组氨酸组成的催化结构。

在 II 型中，crRNA 的产生通过两步剪切：第一步在重复区中，第二步在间隔区中。这两步使用了两种特异的宿主蛋白，分别是 RNase III 和 tracrRNA。tracrRNA 是小非编码 RNA，大小为 75~110 bp，能与 pre-crRNA 转录本的重复结构相互作用。由此产生的 dsRNA 复合体识别并由 dsRNA 特异性的 RNase III 进行位点特异性剪切，释放独立的"重复-间隔子-重复"结构。这些结构被未知的核酸酶进一步加工成短的成熟 crRNA。生成的 II 型成熟的 crRNA 缺乏 5' 手柄，但包含 20 bp 重复序列。成熟后，tracrRNA-crRNA 二聚体与 Cas9 形成效应复合体，可以位点特异性降解同源核酸。

三、干扰阶段

I 型系统的 CRISPR 干扰是通过 CASCADE 复合体和 Cas3 蛋白实现的。crRNA 介导的 CASCADE 复合体通过 Cse1 大亚基的蛋白质-DNA 相互作用来识别外源 DNA 上的 PAM。识别 PAM 序列后，CASCADE 启动靶标结合在位点区域，同时启动了 DNA 解链，随后在 crRNA 和前间隔子之间发生退火，生成 R 环结构。该结构促使 CASCADE 复合体发生构象变化，从而使 Cas3 剪切靶序列。Cas3 在 3′ 到 5′ 方向上形成一个缺口并转位，用解旋酶结构域打开 RNA：DNA 双链，并通过其核酸酶结构域降解外源双链 DNA。随后 CASCADE 复合体被替换，使其能够执行后续的靶标识别过程。

在Ⅲ型系统中，Csm/Cmr 复合体扫描靶标基因组以确定互补区域。与靶标序列结合后，诱导激活 Cas10 的构象变化。随后，依据转录状态，Cas7（Csm3/Cmr4）通过靶标 RNA 激活的 DNA 酶剪切靶标 RNA 和 ssDNA。同时，Cas10 还产生环状寡聚腺苷酸，激活 Csm6 降解 RNA。

Ⅱ型系统由小 RNA、crRNA 与 tracrRNA 组成的 sgRNA 和 Cas9 蛋白进行靶标识别和剪切。一旦 sgRNA 与 Cas9 结合，Cas9 的构象改变并形成一个中空空间，RNA：DNA 的异质双链形成。sgRNA/Cas9 匹配靶标 DNA，以识别非互补链上的 3 bp 的 PAM（NGG，其中 N 是 4 种 DNA 核苷酸中的任一种）。PAM 识别涉及 Cas9 蛋白 C 端的 2 个关键的精氨酸残基（R1333 和 R1335）与 PAM 序列的鸟嘌呤二核苷酸（GG）相互作用，赖氨酸 1107 和丝氨酸 1109 在互补链上相互作用，形成磷酸化的锁状环。结构研究证实，磷酸化的锁状环和 +1 价的磷酸间的相互作用诱导了靶标 DNA 的弯曲，从而利于解开 DNA 链，促进了 RNA-DNA 异质双链的形成。这种 RNA-DNA 异质双链构象，从热力学角度分析，有利于 R 环的形成。在 Cas9、sgRNA 和靶标 DNA 三元复合体形成后，Cas9 发生构象变化，使 HNH 和 RuvC 2 个核酸酶结构域激活，并切割靶标 dsDNA。Cas9 在确定的位置切割产生平末端的双链断裂。通过在靶标位点产生插入或删除的随机非同源末端链或者诱导特定基因置换的同源重组，修复了这些双链断裂。

对常用的 CRISPR-SpCas9 系统的作用机制进行概述，其结构包括 Cas9 和 sgRNA，机制可概括为 3 个阶段：① sgRNA 搜索与靶位点对应的全基因组；② Cas9 核酸内切酶在 DNA 中产生断裂；③ DNA 修复机制通过创建突变连接断裂的 DNA。Cas9 在靶向的 DNA 中产生双链断裂，使其成为一种高保真核酸酶，可以在体内任何需要的位置切割基因组 DNA。

第二节　CRISPR-Cas 基因编辑系统的分类

CRISPR-Cas 系统分为两大类，其中又分 6 个型和 18 个亚型。所有 CRISPR 型都有各自的特征蛋白，可以分别靶向于 DNA、RNA 或两者兼而有之。CRISPR-Cas 系统的所有类型和亚型构成了由 CRISPR-Cas 位点按特定顺序排列的基因编码的特征性 Cas 蛋白，见表 2.1。

表 2.1　CRISPR-Cas 系统的分类

类	型	亚型	Cas 基因	效应亚基	靶标	来源物种
1	I	I-A	*cas6, SS（cas11）/csa5, cas7, cas5, cas8a1, cas3', cas3", cas2, cas4, cas1*	*csa5, cas7, cas5, cas8a1*	DNA	*Archaeoglobus fulgidus*
		I-B	*cas6, cas8b1, cas7, cas5, cas3, cas4, cas1, cas2*	*cas8b1, cas7, cas5*	DNA	*Clostridium kluyveri*
		I-C	*cas3, cas5, cas8c, cas7, cas4, cas1, cas2*	*cas5, cas8c, cas7*	DNA	*Bacillus halodurans*
		I-U	*cas3, cas8u2, cas7, cas5, cas6, cas4, cas1, cas2*	*cas8u2, cas7, cas5, cas6*	DNA	*Geobacter sulfurreducens*
		I-D	*cas3, cas3", cas10d, cas7/csc2, cas5/csc1, cas6, cas4, cas1, cas2*	*cas3", cas10d, cas7/csc2, cas5/csc1*	DNA	*Cyanothece sp. 8802*
		I-E	*cas3, cas8e/cse1, SS（cas11）/cse2, cas7, cas5, cas 6, cas1, cas2*	*cas8e/cse1, SS（cas11）/cse2, cas7, cas5, cas6*	DNA	*Escherichia coli K12*

续表

类型	亚型	Cas 基因	效应亚基	靶标	来源物种
I	I-F	*cas1*, *cas2*, *cas3*, *cas8f/csy1*, *cas5/csy2*, *cas7/csy3*, *cas6f*	*cas8f/csy1*, *cas5/ csy2*, *cas7/csy3*, *cas6f*	DNA	*Yersiniapseudotube rculosis*
IV	IV	*dinG/csf4*, *cas8-like/ csf1*, *cas7/csf2*, *cas5/ csf3*	*cas8-like/csf1*, *cas7/csf2*, *cas5/csf3*		*Acidithiobaciilus ferrooxidans*
1	III-A	*cas6*, *cas10*, SS（*cas11*） */csm2*, *cas7/csm3*, *cas5/csm4*, *cas7/csm5*, *csm6*, *cas1*, *cas2*	*cas10*, SS（*cas11*） */csm2*, *cas7/csm3*, *cas5/csm4*, *cas7/ csm5*	DNA/ RNA	*Staphylococcus epidermidis*
	III-D	*cas10*, *cas7/csm3*, *cas5/csx10*, SS（*cas11*） */csm2*, *cas7/csm5*, *all1473*, *cas7/csm5*	*cas10*, *cas7/csm3*, *cas5/csx10*, SS（*cas11*） */csm2*, *cas7/csm5*, *all1473*, *cas7/csm5*		*Synechocystis sp.* 6803
	III-C	*cas7/cmr1*, *cas7/cmr6*, *cas10*, *cas7/cmr4*, SS （*cas11*）*/cmr5*, *cas5/ cmr3*	*cas7/cmr1*, *cas7/ cmr6*, *cas10*, *cas7/ cmr4*, SS（*cas11*）/ *cmr5*, *cas5/cmr3*		*Methanothermobacter thermautotrophicus*
	III-B	*cas7/cmr1*, *cas10*, *cas5/ cmr3*, *cas7/cmr4*, SS （*cas11*）*/cmr5*, *cas6*, *cas7/cmr6*, *cas1*, *cas2*	*cas7/cmr1*, *cas10*, *cas5/cmr3*, *cas7/ cmr4*, SS（*cas11*）/ *cmr5*, *cas7/cmr6*	DNA/ RNA	*Pyrococcus furiosus*
2	II-B	*cas9*, *cas1*, *cas2*, *cas4*	*cas9*	DNA	*Legionella pneumophila str. Paris*
	II A	*cas9*, *cas1*, *cas2*, *csn2*	*cas9*	DNA	*Streptococcus thermophilus*
	II-C	*cas9*, *cas1*, *cas2*	*cas9*	DNA	*Neisseria lactamica* 020-06
	V-A	*cas12a*（*cpf1*）, *cas4*, *cas1*, *cas2*	*cas12a*（*cpf1*）	DNA	*Francisella cf. novicida Fx1*
	V-B	*cas12b*（*c2c1*）, *cas4*, *cas1*, *cas2*	*cas12b*（*c2c1*）	DNA	*Alicyclobacillus acidoterrestris*

类型	亚型	Cas 基因	效应亚基	靶标	来源物种
V	V-C	*cas1, cas12c（c2c3）*	*cas12c（c2c3）*	DNA	*Oleiphilus sp.*
	V-D	*cas1, cas12d（casY）*	*cas12d（casY）*	DNA	*Bacterium CG09_39_24*
	V-E	*cas12e（casX）, cas4, cas1, cas2*	*cas12e（casX）*	DNA	*Deltaproteobacteria bacterium*
	V-U1	*c2c4*	*c2c4*		*Gordonia otitidis*
	V-U2	*c2c8*	*c2c8*		*Cyanothece sp. PC 8801*
	V-U5	*c2c5*	*c2c5*		*Anabaena variabilis*
	V-U3	*c2c10*	*c2c10*		*Bacillus thuringiensis HD-771*
	V-U4	*c2c9*	*c2c9*		*Rothia dentocariosa M567*
VI	VI-A	*cas13a（c2c2）, cas1, cas2*	*cas13a（c2c2）*	RNA	*Leptotrichia shahii*
	VI-C	*cas13c（c2c7）*	*cas 13c（c2c7）*		*Fusobacterium perfoetens*
	VI-B1	*cas13b（c2c6）, csx28*	*cas13b（c2c6）*		*Prevotella buccae*
	VI-B2	*csx27, cas13b（c2c6）*	*cas13b（c2c6）*		*Bergeyella zoohelcum*

注: 2 为该部分对应类型.

一、1 类 Cas 蛋白质

1 类 CRISPR-Cas 系统的 Cas 蛋白质是一个较大的组。它包含 I 、III 和 IV 共 3 个 CRISPR 型及涉及免疫相关的多种蛋白质（图 2.3）。每种类型都有其独特的标志性蛋白质：I 型含有 Cas3 蛋白，该蛋白质具有 ssDNA 核酸酶和 ATP 依赖的连接酶活性。在这种类型 CRISPR-Cas 系统中有许多标志性蛋白，例如 IA 型（Cas8a、Cas5）、IB（Cas8b）、IC（Cas8c）、ID（Cas10d）、IE（Cse1、Cse2）、IF（Csy1、Cys2、Cys3）和 IU（GSU0054）。III 型和 IV 型分别含有 Cas10 和 Cas8 蛋白质。III 型进一步分为 4 亚型，即第 III-A 至 D 亚型。标志性蛋白包括 III A（Csm2）、III B（Cmr5）、III C

（Cas10 或 Csx11）、Ⅲ D（Csx10）、Ⅳ 型（Csf1）、Ⅳ A 和Ⅳ B（未知）。所有Ⅲ型系统都具有多亚基 Cas10 蛋白质，Cas10 含有可裂解靶标 DNA 的组氨酸－天冬氨酸结构域和 2 个将 ATP 生成用于随机 RNA 降解的环状寡核苷酸形似手掌的结构域。在 I 型中，具有监视核酸功能的蛋白质复合体被称为 Cascade，而在Ⅲ－A 型中被称为 Csm，在Ⅲ－B 型中被称为 Cmr。分子量为 405 kDa 的 Cascade 蛋白质具有海马状的结构，内含 6 个 Cse4 蛋白质。crRNA 通过头部的 Cas6 和尾部的 Cse1 锚定在一起。Cas7 可以精确测量引导 DNA 的长度。Ⅰ 和Ⅲ型的结构域由重复的未知蛋白质组成。虽然大多数 Cas 蛋白的功能尚未确定，但它可以与多种相关蛋白一起发挥作用，从而使生物体获得抗感染的能力。

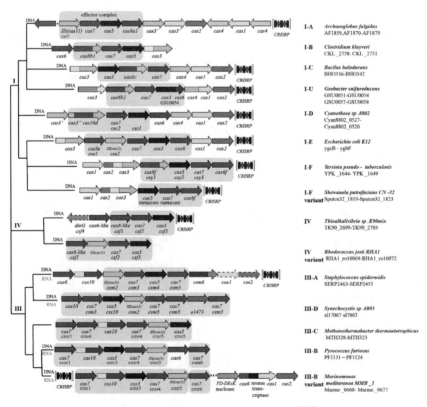

图 2.3　1 类 CRISPR-Cas 系统及其基因簇[38]

二、2 类 Cas 蛋白质

与 1 类系统不同，2 类通过单个蛋白质就可以实现 CRISPR 防御系统的处理与干扰功能。根据特征蛋白，2 类系统被分为 3 种不同的型，即 II、V 和 VI 型（图 2.4）。2 类中的 II 型 CRISPR-Cas 系统已被广泛应用于基因组编辑，但其只能靶向 DNA 分子。II 型包括 Cas9，Cas9 蛋白具有 RuvC 和 HNH 两个核酸酶切活性的功能域，其中 II A 型还包括一种环状 DNA 结合蛋白 Csn2，参与 II 型 CRISPR 系统的免疫；II B 型含有 Cas4；II C 的相关标志性蛋白及其功能尚不清楚。而 2 类中的 V 型和 VI 型可以靶向 DNA 及 RNA 分子。V 型含有 Cas12a（Cpf1）、Cas12b（C2c1）和 Cas12c（C2c3），它们具有 RuvC 结构域，但缺少 HNH，因此，这些蛋白可以使基因形成单

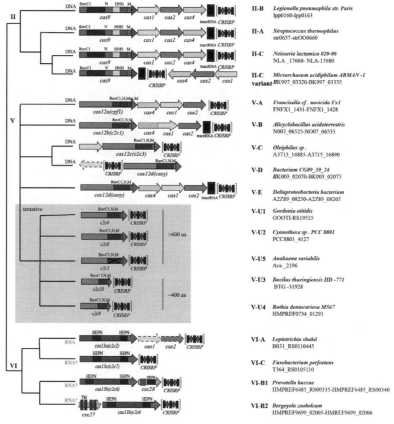

图 2.4　2 类 CRISPR-Cas 系统及其基因簇[38]

链缺口。Ⅵ型包括 Cas13a（C2c2）、Cas13b（C2c6）和 Cas13c（C2c7），它们具有 RNA 导向的 RNA 酶活性，可以与 DNA 或 RNA 结合。从不同细菌中发现了几种不同的 Cas9 蛋白，例如化脓性链球菌（SpCas9）、金黄色葡萄球菌（SaCas9）、嗜热链球菌（StCas9）和新弗朗西斯菌（FnCas9）。SpCas9 是一种研究最广的 CRISPR 蛋白质，并普遍应用于研究中，还可以应用于果蝇、斑马鱼、大鼠、小鼠、秀丽隐杆线虫和植物等不同物种的基因调控、基因修饰和治疗等。所以，这类 Cas 蛋白已受到合成生物学家们的高度关注。随着 CRISPR 的新发现，CRISPR 生物学的研究范围也在加速扩大。

与 Cas9 一样，Cas12a 和 Cas12b 也包括 REC 和 NUC 两个结构域，但它们只包含一个裂解双链 DNA 的 RuvC 结构域。Cas12a 不需要 tracrRNA 来处理 CRISPR 序列生成成熟的 crRNA，但是 Cas12b 需要 tracrRNA。Cas12a 在很多方面不同于 Cas9：①识别位于前间隔子 5' 端富含胸腺嘧啶的 PAM（5'-TTTN-3'）；②以错开切割的方式裂解靶标 DNA，这可能会实现精确的基因替换；③由 42 个核苷酸长度的单个 crRNA 引导切割，然而 Cas9 却需要更大，长度为 67 个核苷酸的 sgRNA（包括 crRNA 和 tracrRNA）；④最重要的是 Cas12a 的体积更小，更适合于包装到病毒载体中，并可有效地导入靶细胞内进行体内基因编辑。对于编辑富含胸腺嘧啶的靶基因和基因组 Cas12a 特别有用。Cas12b 和 Cas12c 蛋白质的功能较弱，但也能证明其功能与 Cas12a 类似。

在细菌中发现的 Cas13a 可以切割单链 RNA（single-stranded RNA，ssRNA），与 Cas9、Cas12a、Cas12b 和 Cas12c 蛋白类似，也具有双结构域，其结构与 2 类 Cas 蛋白具有相似之处。Cas13a、Cas13b 和 Cas13c 包含 2 个高度与真核生物和原核生物核苷酸结合的 RNase 结构域：一个用于处理自身的 crRNA，另一个用于切割外来 RNA。与 Cas12a 一样，都可以被单个 crRNA 激活。Cas12a 和 Cas13a 一旦切割靶标核酸，它们就开始非特异性地降解单链 DNA 和 RNA。两者都具有显著的副切割活性，也被称为附带效应。人们利用这些蛋白质已开发出了一种超灵敏诊断平台，用于检测细菌、病毒、致癌基因的突变等。

2016 年，对 2 类Ⅵ型 CRISPR-Cas 效应子 C2c2 进行了表征，并证明了其 RNA 引导的核糖核酸酶功能。表明 C2c2 受单个 CRISPR 的 RNA 引导，并可被编程为切割带有互补原型间隔子的单链 RNA 靶标。 2017 年 1 月，Garstand 及其同事开发了利用 CRISPR 追踪基因组工程（CRISPR-enabled trackable genome engineering，CREATE）工具，该工具将 CRISPR-Cas9 系统基因编辑与大规模平行寡聚物合成相结合，可在全基因组范围内进行可追踪的基因编辑 。此方法将每个引导 RNA 链接到编辑基因的同源修复位点，并用作条形码，以追踪赋予目标表型的突变。使用 CREATE 策略在大肠埃希菌的基因组整合异丙醇合成途径中为每个基因产生多个核糖体结合位点的变异，最佳突变体的异丙醇生产量在 24 h 内达到 7.1 g / L[39]。

有科学家发现了一个新的独特的 RNA 指导基因组编辑器家族，称为 CasX，又称 Cas2e，该家族比其他 Cas 蛋白要小，并且使用独特的结构进行可编程的双链 DNA 编辑，同时发现对大肠埃希菌和人类基因组编辑具有活性。最近，报道了来自硫氧酸杆菌（*Acidibacillus sulfuroxidans*）的小型 Cas12f1（AsCas12f1）属于 2 类 V -F 型 CRISPR-Cas 基因组编辑系统，只有 422 个氨基酸。AsCas12f1 是一种 RNA 引导的核酸内切酶，可识别富含 5' T 的 PAM 基序，并在靶 DNA 处产生交错双链断裂。AsCas12f1 的分子最小，这是在向细胞递送时的一种优势，有助于设计更紧凑的基因组操作工具[29]。

三、CRISPR 干扰中的 Cas 蛋白质

宏基因组学通过直接提取和测序未培养的天然菌群的遗传物质，进一步加深了我们对非培养微生物 CRISPR-Cas 系统的认识。随着新信息的积累，对现有 CRISPR-Cas 系统进行重新分类变得更为重要。早期的基因组编辑大多采用Ⅱ型 CRISPR-Cas 系统，该系统依赖 Cas9 核酸酶，内源性存

在于琥珀酸放线杆菌、干酪乳杆菌、鼠李糖乳杆菌、唾液乳杆菌 UCC118、脑膜炎奈瑟菌、化脓乳杆菌、嗜热乳杆菌等细菌中。直到确定了 crRNA 和 tracrRNA 作为单 RNA 转录本也能发挥作用，CRISPR-Cas 在基因组编辑的生物技术应用才被察觉。在这些具有里程碑意义的成就之后，CRISPR 开启了它的应用之旅。

基于 CRISPR-Cas 的基因组编辑策略在推出后不久便获得了普及，其原因在于该工具在不同生物体中都能够实现成功的简单操作。随后 CRISPR-Cas 基因组编辑系统也在包括小鼠和猴子在内的不同真核生物中实施。此外，还引入了包括 CRISPR 干扰（CRISPR interference，CRISPRi）在内的多个 II 型 CRISPR-Cas9 突变体，并在大肠埃希菌中显示了良好的效果[40]。CRISPRi 技术后来被应用于许多其他细菌，如人类病原体结核分枝杆菌（*Mycobacterium tuberculosis*）、金黄色葡萄球菌（*Staphylococcus aureus*）、肺炎链球菌（*Streptococcus pneumoniae*）、河流弧菌（*Vibrio fluvialis*）、沙眼衣原体（*Chlamydia trachomatis*）、肺炎支原体（*Mycoplasma pneumoniae*）、工业微生物梭菌属（industrial microorganisms Clostridia）、谷氨酸棒状杆菌（*Corynebacterium glutamicum*）、嗜盐单胞菌属（*Halomonas sp. TD01*）、乳酸乳球菌、枯草芽孢杆菌（*Bacillus subtilis*），新月弯杆菌（*Caulobacter crescentus*）、蓝藻（*cyanobacteria*）等。

第三节　用于 CRISPR-Cas9 系统的 sgRNA 和 PAM

一、sgRNA 设计工具

在 CRISPR-Cas9 系统中，sgRNA 是实现所需修饰的前提。基于 CRISPR-Cas9 系统的基因编辑性能取决于设计具有高活性和特异性的 sgRNA。因此，科学家们开发了很多不同设计规范，适用于不同物种基因组的 CRISPR-Cas 设计工具，以方便 sgRNA 的设计。为了简单起见，本节将各种 sgRNA 设计工具归纳在附录 2（表 2.2）中，以帮助研究者找到最适合自己具体研究需要的工具。表中列出的几乎所有基于 CRISPR-Cas9 的基因组编辑工具都有设计 sgRNA 序列的内置数据库。为了使用方便，在附录 2（表 2.3）中列出了几个更容易访问和使用的数据库。

二、PAM

CRISPR-Cas9 系统可以通过 sgRNA 和 Cas9 结构域结合，从而编辑含有 PAM 序列的任何靶基因。在 PAM 序列中，第一个碱基表示为"N"（可以是 A、T、C 和 G 中的任意一个碱基），保守的"GG"核苷酸通过氢键与 Cas9 的 PAM 相互作用域的碱基特异性精氨酸残基（R1333 和 R1335）结合。

SpCas9 的 PAM 序列为 NGG。根据来自不同细菌物种的 Cas9 蛋白，PAM 序列的类型不相同。例如，脑膜炎奈瑟球菌的 PAM 是 NNNNGATT，金黄色葡萄球菌的 PAM 是 NNGRR 或者 N3RRT，嗜热链球菌的 PAM 是 NGGNG 或者 NNAGAAW，来自短孢短杆菌的 PAM 是 N4CND。

本章小结

CRISPR-Cas9 系统是一种通用的基因组编辑工具，在基因编辑、基因表达调控和基因组成像等方面有着广泛的应用，它彻底改变了基因研究和分子生物学领域。该技术已被广泛应用于农业、生物医学研究中，也被用于动物模型的建立、遗传疾病的纠正和传染病的治疗，是一种潜在的临床应用工具。

第 三 章

CRISPR-Cas9 系统的应用与改进

　　CRISPR-Cas9 系统开启了基因工程的新时代，为人类带来了前所未有的精确基因组编辑机遇。截至目前，该技术已成功应用于医学、农业和合成生物技术等领域。因为 CRISPR-Cas9 系统具有简单、廉价、特异性强、易设计和适合多基因编辑等优点，所以该技术已经超越了曾经广泛使用的 ZFN 和 TALEN 基因组编辑技术。

　　当突变了 Cas9 的催化结构域 RuvC（D10A）和 HNH（H840A）后，获得了 Cas9 失活的酶被称为失活的 Cas9（dCas9）。dCas9 虽然没有核酸酶活性，但是可以结合 DNA。dCas9 可与转录激活结构域（VP16/VP64）或抑制结构域（KRAB/SID）结合，从而介导转录调控（CRISPRa/CRISPRi）。CRISPRi 是不同于 RNAi 的基因沉默技术。dCas9 还被用于调节特定基因组位点的转录和表观遗传修饰状态。dCas9 也可以与荧光蛋白融合，用于标记并定位染色体，该方法是一种新的活细胞示踪技术[41]。dCas9 融合胞苷脱氨酶后成为碱基编辑器，可以精确地修饰特定的碱基。碱基编辑器已经应用于各种生物体中，例如玉米、小麦、水稻、西瓜、斑马鱼、小鼠、大鼠和桑蚕等。

除了 Cas9 外，新 2 类 Cas12 和 Cas13 突变体为诊断工具提供了新的技术，不仅在免疫中发挥作用，还可以低成本检测病毒感染。Cas12a 和 Cas13a 的副作用活性已被开发为有效的诊断工具，例如 1 h 内低成本多用途高效诊断工具系统（one hour low cost multipurpose highly efficient system，HOLMES），及灵敏度可达埃摩（10^{-12} M）的特异性高灵敏酶检测系统（Specific high-sensitivity-enzymatic reporter unlocking，SHERLOCK）。SHERLOCKv2 是高级版的 SHERLOCK，一次可以同时检测 4 种病毒[24]。目前可以同时检测 168 种病毒的芯片也是基于 Cas12a 开发出的。Cas13a 已用于多方面 RNA 干预，包括 RNA 敲除、RNA 编辑、翻译激活或抑制以及活细胞成像。与 Cas9 一样，Cas13b 可以融合腺苷脱氨酶成为 RNA 碱基编辑工具，直接将腺嘌呤转化为肌苷。这种编辑系统被称为 A 替换 I 的 RNA 修复编辑器。

本章主要介绍 CRISPR-Cas9 系统的多种应用，包括基因敲除、基因调控、CRISPR 筛选、表观基因组编辑、染色质拓扑、活细胞成像、疾病诊断、碱基编辑、RNA 编辑、CRISPR 相关转座酶、先导编辑和 CRISPR 基因驱动。为了将这一前沿技术广泛应用于不同的领域，例如能源生产、健康、环境、医药和气候变化下的可持续粮食生产，研究者们不断改进其操作方法、开发出更优的 CRISPR-Cas 工具。

第一节　CRISPR-Cas9 系统的应用

通过突变 Cas9 的活性区域 RuvC（D10A）和 HNH（H840A）来减弱 Cas9 的切割活性，同时保留其结合能力而实现使用 CRISPR-dCas9 进行基因干扰、高通量筛选、成像、表观遗传修饰等功能（图 3.1），已经广泛应用于许多生物体中（图 3.2）。

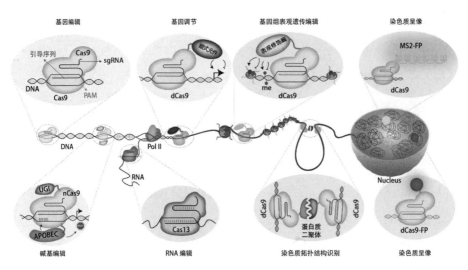

图 3.1　基于 CRISPR-Cas 系统在基因组编辑之外的主要应用领域示意图[42]

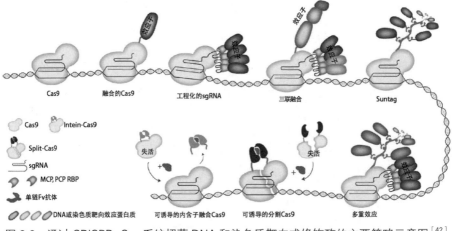

图 3.2　通过 CRISPR-Cas 系统招募 DNA 和染色质靶向或修饰酶的主要策略示意图[42]

　　WT Cas9 可引导 DNA 切割活性、双链催化受损的 dCas9 酶可以用于实现靶向基因调控、表观基因组编辑、染色质成像和染色质拓扑操作等。此外，单链催化受损的 nCas9 酶可以用作碱基编辑的平台。除了 DNA 靶向 Cas 蛋白质外，还包括了靶向 RNA 的 CRISPR-Cas 系统。

　　图 3.2 显示了各种利用 Cas9-sgRNA 复合物的 RNA 引导 DNA 结合能力将效应蛋白招募到靶点的策略。效应蛋白可以通过连接肽直接融合到活性

Cas9 或催化非活性 dCas9。此外，sgRNA 骨架可以被设计成包含多个特异性结合，已知 RNA 结合蛋白质的 RNA 适配体，如 MCP 或 PCP。效应蛋白可以通过以下方式引导到目标位点，并将其融合到 RBP（RNA 结合蛋白质）。在 3 种策略中，通过 dCas9 以及工程化 sgRNA 骨架招募了多个不同的效应蛋白质。SunTag 方法利用蛋白质骨架的重复肽结构域招募抗体融合效应蛋白质的多个拷贝。化学诱导的策略可以暂时控制 Cas9 或 Cas9 融合效应蛋白质的活性。在分裂的 Cas9 中，Cas9 蛋白的每一部分都可以诱导形成功能复合体。在 intein-Cas9 方法中，可以通过化学诱导 intein 蛋白片段从 Cas9 中切除并将其激活。

一、CRISPR 干扰调控基因

CRISPR 基因干扰的转录调控依赖于 dCas9 和含有间隔区的 crRNA 转录本的协同作用以及与 tracrRNA 互补的部分重复序列。CRISPRi 工具可以分为基因抑制和基因激活（CRISPRa）两种。

1. 基因抑制

在许多生物中，基因抑制用于基因调控。这种抑制需要使用 sgRNA 表达 dCas9。Cas9-sgRNA 复合体结合由 sgRNA 引导的靶 DNA，并导致物理阻滞，从而抑制 RNA 聚合酶的转录延伸。sgRNA 被设计成靶向干扰基因表达的启动子区和编码基因，也被用于激活内源基因以增强基因的功能。最初在细菌和哺乳动物细胞中得到验证，最终在其他生物体中推广使用。在大肠埃希菌中，使用 sgRNA 用于阻断转录，并且实现了 1 000 倍的抑制也未发现脱靶效应。研究人员可以抑制绿色荧光蛋白（GFP）和单体红色荧光蛋白（mRFP）。在 HEK293 细胞中，靶向在 SV40 启动子控制增强型绿色荧光蛋白（eGFP）的表达，其抑制率高达 46%，并通过验证基因不同位置的其他 sgRNA 实现进一步改善[40]。同年，Bikard 等报道为了阻断转录利用基因抑制结合到 RNA 聚合酶的启动子序列。他们还利用基因抑制以转录终止子为靶标来阻断运行的 RNA 聚合酶。用 GFP-mut2 靶向启动子关键元件和 RBS，发现具有 100 倍抑制作用。通过靶向非编码和编码区分别观察到了 20~40 倍和 6~35 倍的抑制作用[43]。上述研究表明，靶向非编码区优于靶向编码区。

为了提高基因抑制在真核生物中的功能，2013 年 Gilbert 等将部分抑制子结构域与 dCas9 融合，并将其用于基因抑制。sgRNA 靶向于 HEK293 细胞中染色体上表达 GFP 的基因。当细胞表达 dCas9-KRAB 融合蛋白时，观察到 5 倍的抑制，优于之前报道的 2 倍抑制。在另一项研究中，dCas9-KRAB 融合被用于沉默 HS2 增强子。研究发现，特异性诱导 H3K9 基因 3 个位点甲基化导致染色质转录表达活性降低。

2015 年，Gress 等人开发了一种具有 CRISPathBrick 功能的载体，能够快速组装天然 II-A CRISPR 阵列，能够同时抑制大肠埃希菌中的多个靶基因[44]。他们还开发了 pCRISPReporter，这是一种荧光报告质粒，用于量化 dCas9 介导的内源性启动子的阻遏作用。通过抑制富马酸酶（FumC）、琥珀酰辅酶 A 合成酶（SucABCD）和丙酰辅酶 A 或琥珀酰辅酶 A 转移酶（ScpC）基因提高了柚皮素的产量，从而证明了该工具的实用性[44]。2016 年，LiXintian 等人开发了一种可调的基因抑制系统，即 "tCRISPRi"，可以将基因抑制 30 倍以上。该系统是可逆的，并使用可调节的阿拉伯糖操纵子启动子 PBAD 来表达 CRISPR-dCas9 蛋白，操作很简单，仅需一步寡核苷酸重组即可靶向所需基因。可以实现无质粒、单步构建基因精确表达控制。也有研究在枯草芽孢杆菌的木糖诱导型启动子下表达了 dCas9，用以敲低必需基因。

为了同时抑制多个基因的功能，需要一系列的转录因子。基因抑制具有插入同源序列的潜力，并同时下调一系列的基因。基因抑制为建立转录调控提供便利。NOT 调控元件是由 5 个合成的大肠埃希菌 σ70 启动子组成的，可以使靶标达到 56~440 倍的抑制作用。靶向内源性 *malT* 改变了噬菌体抗性、趋化性和利用蔗糖的功能。基因抑制已被应用于代谢工程改善代谢产物的产量。在谷氨酸棒状杆菌中靶向抑制 *pgi* 和 *pck* 基因，与基因敲除菌株相比，提高了 L- 赖氨酸和 L- 谷氨酰胺的产量。

CRISPR-Cas9 系统基因抑制，具有许多优点，被证明对科学界极为有益。基因抑制中存在多个检查点，这些检查点具有特异性，从而降低其错误率。另外，使用缺乏核酸酶活性的 Cas9 蛋白能够降低酶本身的毒性。由于构建含有靶标特异性先导序列的重组质粒非常容易，所以可以使用可逆表达的 sgRNA-dCas9，开展必需基因功能的研究。重要的是，同一 sgRNA 克隆在不同源序列上的普遍适用性为在相关物种中建立此类基因的功能研究节省了大量的时间和精力。同样，多重基因抑制方法在不增加多重抗生素耐药性负担的情况下，沉默各种基因具有革命性进步。总之，基因抑制在高通量鉴定启动子序列、关键蛋白结构域和可能的药物靶点方面是相当有用的。

尽管基因抑制在任何生物体内都可能是一种适用于基因沉默的技术，但在使用该方法时需要谨慎。基因抑制在基因组位点上受制于靶基因的排列，可能会对邻近的基因产生非特异性的多效性作用。因此，需要通过互补研究来确定沉默的特异性。此外，还需要对 sgRNA 和密码子进行深入优化，以便在细胞中表达功能性 Cas9 蛋白、并对多个位点进行筛选，找出抑制效果最佳的位置。虽然基因抑制在不同生物体中得到了成功应用，但以新的方式利用基因抑制、识别并充分解决该技术的潜在缺陷更为重要。

2. CRISPRa

CRISPRa 通过与 dCas9 融合激活子结构域实现基因功能激活。在大肠埃希菌中以 *LacZ* 靶点为例，将 dCas9 与 RNA 聚合酶的 ω- 亚基的 N 端或 C 端融合会得到不同的激活效果。当 dCas9- ω 在 C 端时，能激活 2.8 倍。2013 年，Bikard 等在不同位点靶向 GFP-mut2 时发现在基因表达中有 7.2~23 倍的激活作用[43]。

VP16 是众所周知的激活因子，可用于激活内源性基因。为了增强哺乳动物基因的激活效果，在一项研究中，dCas9 与 4 个拷贝的 VP16 （VP64）和 1 个拷贝的 p65AD 融合，然后将其转染到 HEK293 细胞系中，靶向 Gal4 上游激活序列。当融合蛋白中含有激活子 dCas9-VP64 和 dCas9-p65D 时，分别被激活 25 倍和 12 倍。许多报道都支持了 CRISPRa 在原核生物和真核生物中发挥诸多功能的观点。CRISPRa 有潜力成为一种简单、快速、低成本、通用和方便的调节基因功能的工具。

二、活细胞成像

对染色体上的基因进行跟踪和可视化研究，是研究染色体定位非常重要的技术。荧光原位杂交（Fluorescence in situ hybridization，FISH）是一种定位 DNA 序列的技术，但不能可视化其动态过程。事实上，细胞的固定和脱氧核糖核酸的变性过程可能会导致染色质结构的改变。

CRISPR-Cas9 系统目前被用于测定染色体上的基因图谱，也可以进入细胞实现可视化。2013 年，Chen 等人开发了一种融合 dCas9-eGFP 的 CRISPRi，用于靶向端粒中存在的重复元件和编码基因，用于实时成像，实现了研究端粒在破坏和延伸过程中的动力学。他们还可视化了 MUC4 位点在姐妹染色单体上的定位及其动态[41]。

2014 年 Anton 等人通过融合 eGFP 与 dCas9 构建了 CRISPR-Cas9 定位成像体系，并分别靶向染色体端粒的重复序列，或者着丝粒上。2015 年 Ma 等人在 3 种不同来源的 dCas9 上设计了多色 CRISPRi，并靶向于染色体上的多个位点，轻易地确定两个位点之间的距离和物理图谱。

通过 dCas9 与绿色荧光蛋白结合，开发出 CRISPR-dCas9 成像系统，该系统已经成功用于在植物细胞中进行基因定位。并开始了一项研究，通过 CRISPR-dCas9 观察烟草叶细胞中端粒片段的重复，其中 dCas9 与 eGFP/mRuby2 融合。当细胞处于间期时，可观察到长达 2 mm 的端粒动态移动超过 30 min。该系统也可用于体内可视化 DNA- 蛋白质相互作用。2013 年研究人员用黄色荧光蛋白（yellow fluorescent protein，YFP）进行了类似的实验，报道了 CRISPR-Cas9 系统在拟南芥原生质体中的作用。在共转化后，证明该系统在植物细胞的特定序列中实现了双链断裂，并且可以进行基因校正。CRISPR-dCas9 联合荧光蛋白可用于绘制和可视化染色体上的基因，以便更好地了解基因的动态和调节。

三、疾病诊断

近年来，CRISPR 因其特有的等位基因特异性，在体外诊断领域得到了越来越多的关注。基于 CRISPR-Cas 系统的体外诊断平台已经可以检测和识别各种类型的致病因子。由于核酸是疾病诊断的重要生物标志物，基于 CRISPR-Cas 系统可特异性识别疾病相关的特定核酸序列，然后对序列进行切割以产生可读信号。特定序列包括致癌突变序列或感染的病毒和细菌序列等。该系统在癌基因突变、单核苷酸变异及病原体检测方面都具有潜在诊断能力。该诊断系统发挥功能的 Cas 蛋白质主要有 Cas13a 和 Cas9 两类。

1. 病毒的检测

病毒是一种微小的感染媒介，只能在活细胞中发挥其生物学功能。它们主要由遗传物质和蛋白质外壳组成。这些病毒颗粒形状各异，它们以多种途径传播。现有的病毒检测方法通常是核酸扩增和检测工具，例如 PCR，其主要依赖于热循环。尽管一次原始核酸的扩增和检测在某种程度上是敏感和可以调节的，但病毒诊断的主要困难在于它们需要大量的样品处理和大量的机械设备。PCR 技术可能无法区分具有相似表型的相关病毒。

通过 CRISPR-Cas13a 开发了一种快速检测病毒的方法，该方法利用其附带的 RNA 降解功能。无须任何复杂的仪器，即可使用微量的基因，在 1 h 内完成检测。

2. 细菌鉴定

细菌是迄今为止最小的活细胞，被归类为原核生物。以前通过在培养基中培养长达 48 h 来完成细菌的鉴定。之后，对培养的生物进行分析和观察以帮助识别菌株，这种方法既费时又费力，因此科学家们呼吁使用快速、可靠、易于使用且廉价的诊断工具。使用基于 CRISPR-Cas13a 的分子检测平台已成功鉴定了引起人类疾病的致病变种的大肠埃希菌和铜绿假单胞菌，该分子诊断平台使用单一温度的等温扩增，不需要专门的仪器。这种体外核酸检测方法被命名为 SHERLOCK。

3. 肿瘤诊断

肿瘤是一种细胞异常生长的疾病，可能侵袭人类各个部位。研究人员提出了一种基于 CRISPR-Cas9 的检测 DNA 突变的方法，已证明 CRISPR-Cas9 可以切割野生型基因组 DNA。同时，由于 miRNA 的表达模式与肿瘤有关，无细胞 miRNA 在血液中绝对稳定，可用于体外诊断。研究者开发出基于 CRISPR-Cas9 的 microRNA 检测方法，可用于肿瘤诊断。通过对 miRNA 进行等温扩增，并与具有灭活核酸酶活性的 Cas9 突变体（dCas9）结合，导入特定的基因组位点从而实现诊断。

四、碱基编辑

碱基编辑（base editing）是将单核苷酸突变体引入活细胞中的 DNA 或 RNA 的技术，也是基因组编辑领域的最新进展之一。由于大约一半的已知致病性基因变异是由单核苷酸突变引起的，所以碱基编辑在通过临时 RNA 或永久性 DNA 碱基改变治疗多种遗传疾病方面具有巨大潜力。DNA 和 RNA 碱基编辑器在特异性、效率、精确度和递送方面的最新进展揭示了这些技术令人振奋的治疗潜力。单点突变的纠正将成为未来精准医学的焦点之一[45]。

五、RNA 编辑

RNA 编辑（RNA editing）是新发现的在 mRNA 水平上遗传信息改变

的过程。RNA 编辑是指转录后的 RNA 在编码区发生碱基的插入、丢失或转换等现象。RNA 编辑产生的"基因"可称为隐蔽基因（cryptogene），其产物的结构不能从基因组 DNA 序列中推导获得。

随着 RNA 编辑的增加，转录后修饰得到了广泛的研究。不同生物体中这些修饰所涉及的机制不同，包括腺苷到肌苷（A 到 I）的编辑、胞苷到尿苷（C 到 U）的编辑等。CRISPR-Cas 系统的酶如果存在于细胞核或细胞质中，就可以修饰各种 RNA 分子，包括 miRNA、mRNA、tRNA 等。RNA 编辑与各种疾病有关，包括癌症和中枢神经系统的神经疾病，它还与癌症异质性和癌变的发生有关。对治疗的反应也可能受到 RNA 编辑状态的影响，在这种情况下，药物疗效显著受损。研究 RNA 编辑可以为识别新的疾病生物标志物奠定基础，并为各种疾病提供更个性化的治疗策略。

六、先导编辑

先导编辑（prime editing）首次开发于 2019 年，是一种在人类细胞中进行广泛的基因编辑的精确方法，包括小型替换、插入和缺失。2021 年，开发了一种新版本的先导编辑——双先导编辑（twin prime editing，twinPE），可以整合或置换出基因大小的 DNA 序列。双先导编辑技术首先进行两个相邻的先导编辑，其次在基因组的特定位置引入较大的 DNA 序列，并且很少产生副作用。随着进一步的开发，该技术有可能被用作一种新的基因疗法，以安全和针对性强的方式插入治疗性基因，以取代突变或缺失的基因。

此外，2021 年，发现了一类全新的对 CRISPR-Cas 系统具备保护功能的双 RNA 型的毒素 - 抗毒素系统（CRISPR-regulated Toxin-Antitoxin，CreTA），这表明 CRISPR 免疫系统会在进化中"惩罚"无意间丢弃它们的宿主。基于 RNA 且依赖于 Cas 蛋白的 CreTA 的发现，人们将重新认识和深入发掘 TA 系统的多样性，并解析这些"自私"的基因元件在生物进化中如何保护基因、促进新细胞功能的演化。大部分的 CreTA RNA 竟然具有与

crRNA 几乎一致的分子骨架，从而揭示了 CreTA 系统由 mini-CRISPR 高度退化而来的进化起源。RNA 型毒素的趋同策略是通过 CreT 劫持特定的稀有 tRNA 从而抑制细胞的活性。这一发现将为 CreTA 的系统性预测和分析提供重要线索，也将为控制 CRISPR-Cas9 系统分子工具开发和基因工程应用等提供重要元件和新思路。

综上所述，在不改变基因序列的情况下，CRISPR-Cas9 系统在基因调控、定位成像、高通量筛选、表观遗传修饰等方面发挥着重要作用。然而脱靶效应、Cas9 的毒性及其递送仍然是该系统亟待解决的问题，CRISPR-Cas9 系统的进一步创新可以克服许多问题，未来该技术将在生物医学、工业、治疗和生物技术等领域得到广泛应用。

第二节　Cas9 蛋白质突变体

Cas9 能够将任何蛋白质或 RNA 招募到细胞内的 DNA 中，进行所需的基因组操作。为了进一步控制 sgRNA 的靶效应和脱靶效应，人们开发了对 Cas9 核酸内切酶活性进行精确时空调控的技术。例如通过突变获得能够被诱导调控的 Cas9，或者利用基于结构的设计原则获得的特异性增强的 Cas9。本节详细讨论这些 Cas9 蛋白质突变体。

一、不同核酸酶活性的 Cas9 蛋白质突变体

1. 单链切割活性的 Cas9（nCas9）

天然变异的 Cas9 核酸内切酶在靶 DNA 位点上引入一个钝化的双链断裂，激活细胞的 DNA 修复机制来修复链断裂。使 Cas9 的 RuvC 和 HNH 两个核酸酶结构域的 D10A 或 H847A 发生突变，以开发出新的单链切割 Cas9 蛋白质突变体 nCas9，它只能切割靶区域的一条 DNA 链。当两个 nCas9 与不同的 sgRNA 共同使用时，也有助于产生交错的链断裂，以方便位点特异性的

基因组操作。

2. 无剪切活性的 Cas9（dCas9）

天然活性 Cas9 的 RuvC 和 HNH 两个核酸酶结构域的 D10A 和 H847A 位点同时突变，从而失活核酸酶的切割活性，仅保留与核酸的结合活性称为 dCas9。使用 CRISPR-dCas9 系统调控基因称为 CRISPR 干扰（CRISPR interference，CRISPRi），它有助于阻断目的基因的转录，只需阻止其启动子区域转录单元的组装，而不影响 DNA 分子。当 dCas9 与 KRAB 等抑制因子连接后，可以进一步提高转录抑制效率。如果将 dCas9 与 VP16 和 VP64 等激活剂因子连接，启动目的基因的表达，该新系统允许同时使用多个 sgRNA，在复杂疾病中调控多个基因的表达。dCas9 不仅使基因沉默和激活，还可与表观遗传修饰蛋白一起使用，在肿瘤和神经退行性疾病领域有着巨大的应用前景。

3. PAM 特异性提高的 Cas9 蛋白质突变体

CRISPR-Cas9 系统通过 sgRNA 将序列定位到基因组中的任何位点，该间隔区与靶标 DNA 互补，需要特定的 PAM，该方式限制了该系统的应用范围。CRISPR-Cas9 系统已经通过改变 PAM 特异性，扩大了其应用范围。

通过在 Cas9 中引入影响 PAM 识别的保真性和特异性的突变，改变了 PAM 的需求。例如，*Sp*Cas9 蛋白质的 D1135E 突变体与非经典 PAM（5'-NAG-3'）的结合能力显著降低[46]。

Kleinstiver 等人对 *Sp*Cas9 蛋白质的结构进行定向进化，涉及 PAM 作用结构域的随机突变和对不同 PAM 位点的筛选，产生了突变体 D1135V/R1335Q/T1337R（VQR 突变体）、D1135E/R1335Q/ T1337R（EQR 突变体）和 D1135V/G1218R/R1335E/T1337R（VRER 突变体），使野生型 *Sp*Cas9 的 PAM 序列的特异性从 5'-NGG-3' 分别变为 5'-NGA-3'、5'-NGAG-3' 和 5'-NGCG-3'[46]。该方法因为需要不同的 PAM 序列位点内的碱基分别进化每个突变体，所以不适用于较长的 PAM 序列。亦有研究通过随机改变 PAM

相互作用域和比较 PAM 特性，得到了对 PAM 序列特性要求兼容性更广泛的 SpCas9 突变体，得到一个 KKH（E782K/N968K/R1015H）突变体，其切割效率与野生型 SpCas9 相当。晶体结构研究证实，其分子机制为通过突变使得 PAM 双链发生了位移，从而被其他核苷酸识别[13]。

通过易错 PCR 产生 SpCas9 突变体可以更好地获得非 NGG 的 PAM 序列。已经发现 I473F 突变体对 5'- NAG -3' PAM 序列的特异性有所提高。这种变异不仅扩大了靶位空间，而且改善了对病毒的免疫反应，表明 Cas9 在获得新间隔区方面的重要性。另外一些 SpCas9 变体也被开发出来，改变了 PAM 的要求，其中 FnCas9 突变体（E1369R / E1449H / R1556A）需要的 PAM（5'- YG -3'）最短[47]。

另一种用于扩大 PAM 识别的策略是利用噬菌体辅助的连续进化（phage-assisted continuous evolution，PACE）来指导 SpCas9 的进化[48]。PACE 允许在短时间内应用数百代定向进化，通过细菌单杂交筛选实现快速筛选，将催化 dCas9 融合到细菌 RNA 聚合酶 μ 亚基上，只允许噬菌体与 PAM 结合后增殖。在体内持续地使 dCas9 蛋白质进化产生了突变体 R324L、S409I 和 M694I 等，实验证实这些突变体能够使用独特的 PAM（5'- NG-3'、5'- NNG-3'、5'- GAA-3'、5'- GAT-3'、5'- CAA-3'）切割靶点，与野生型 SpCas9 相比能够降低脱靶效应。

总的来说，工程化 PAM 识别是一种互补的方法，可以在扩大基因组编辑范围的同时保留 Cas9 活性。

二、可拼接的 Cas9

越来越多的研究报道了利用腺相关病毒（adeno-associated virus，AAV）载体进行 CRISPR-Cas9 递送，在人类疾病动物模型中也显示了显著的临床前效果。Cas9 临床应用的主要障碍之一是其递送，受 AAV 载体大小的限制。AAV 载体的载量为 4.9 kb，最常用的 SpCas9 约为 4.2 kb，AAV 为调控元件留下的空间更少。有效解决上述问题的方法是将 Cas9 核酸酶分开包装于 AAV 中，然后再转入靶细胞中，在细胞内进行拼接，重新组合成具有天然活性的 Cas9 蛋白质。其功能恢复可以是自主的，也可以通过光诱导、温度诱导和小分子化合物诱导等方式实现[47]。

2015 年，Wright 等人基于对 sgRNA 结合后发生构象变化的 Cas9 多结构域的认识，首次提出了分裂 Cas9 的概念。通过去除核酸酶的中间识别片段，将 SpCas9 分子裂解。Cas9 蛋白的中间识别片段负责与靶 DNA 结合和识别，而核酸酶部分则容纳负责切割 DNA 的残基。RNA 作为分子支架，在没有直接接触的情况下，使 Cas9 的核酸酶和识别片段发生二聚化（图 3.3），sgRNA 是核酸酶和中间识别片段二聚化的分子支架。但是，这种分裂 Cas9 对靶 DNA 的亲和力较弱，需要进一步优化。编辑效率的降低在一定程度上可能是由于核染色过程中的稀释或由于分裂而限制了 sgRNA 的 α 螺旋部分的亲和力[49]。

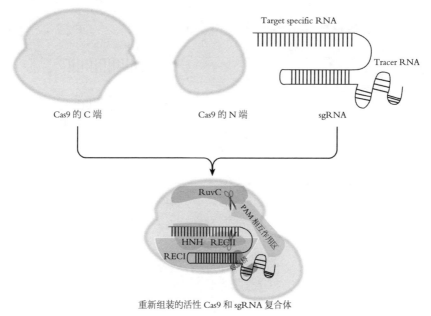

图 3.3　可拼接的 Cas9 示意图

1. 雷帕霉素诱导型 Cas9 重构

为了鉴定 Cas9 蛋白中潜在的分裂位点，先将 Cas9 裂解成两个肽段，在肽段上分别结合。在 FK506 结合蛋白 12（FK506 binding protein12，FKBP）和 FKBP 雷帕霉素结合（FKBP rapamycin binding，FRB）结构域中，一旦添加诱导剂雷帕霉素，就能够实现 FKBP 和 FRB 结构域融合（图 3.4）。由于 Cas9 蛋白的分裂位点不同，分裂肽段的组装效率亦不同。可以通过核输出和定位信号肽将 Cas9-FRB 限制在细胞质，Cas9-FKBP 限制在细胞核，再用雷帕霉素诱导证实组装效率。该方法的缺点是使用雷帕霉素能够引起哺乳动物雷帕霉素靶蛋白（mTOR）相关通路的失调。另外雷帕霉素也可诱导与 VP64 转录激活因子融合的 dCas9，并且这种诱导是不可逆的。更为不利的是当去除雷帕霉素后，靶基因仍保持活性[50]，这限制了该系统的广泛应用。

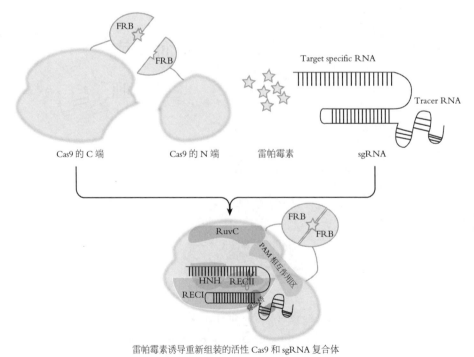

雷帕霉素诱导重新组装的活性 Cas9 和 sgRNA 复合体

图 3.4　雷帕霉素诱导型可拼接的 Cas9 示意图

为了控制分裂 Cas9 的背景活性，可利用核受体的配体结合结构域对体系实施调控[51]。因为当核受体不与配体结合时，核受体与细胞质中的 Hsp90 相互结合。所以，雌激素受体的 ERT 结构域与 Cas9 片段相连，在细胞质中组装 Cas9，随后，重组复合体转位到细胞核。

2015 年，Nishimasu 等人解析了金黄色葡萄球菌中 Cas9（*Staphylococcus aureus* Cas9，*Sa*Cas9）的晶体结构，并创建了多个分裂突变体[13]。通过 sgRNA，以类似于 FKBP/FRB 或脱落酸的诱导方式实现 *Sa*Cas9 的组装。这意味着，其他方法也很可能适合拆分和重组 Cas9，并控制和调节酶的表达。

2. 光诱导 Cas9 的重构

光提供了一种无创时空控制 Cas 蛋白活性的方式，减少了脱靶的不利风险。小分子是难以实现的，因为它们可以自由扩散并且很难从生物体中消除。通过将分裂的 *Sp*Cas9 两部分融合到被蓝光诱导的二聚化结构域上（图 3.5），实现了光遗传融合[52]。它来源于真菌昼夜节律受体，使其解离动力学存在差异。在报告基因实验中，该修饰的 *Pa*Cas9 在 470 nm 光照射下表现出诱导效应，其切割效率与野生型 *Sp*Cas9 相当。

该体系的另一种修饰涉及利用植物隐色素 CRY2 与其伴侣蛋白 CIB1 之间蓝光依赖结合的另一个光诱导二聚体系。CIB1 在蓝光下与 CRY2 相互作用，在拟南芥中启动开花[53]。然而，这种突变体对 DNA 的剪切效率不高，这可能是空间位阻阻碍 Cas9 重新组装所导致的。

3. 内含子剪接诱导 Cas9 重组

利用内含子自我剪接多肽的功能，设计 mRNA 内含子将自身切割，在侧翼序列之间形成肽键。内含子已经被用来融合两个单独表达的 Cas9 蛋白质片段，经过剪切形成一个完整的蛋白质。在这诸多的内含子中，有的甚至受到配体、温度或光照的调控。目前，内含子已被广泛用于 Cas9 的裂解和重组[54]。最早用于重组分裂 Cas9 的内含子是 *NpuDnaE* 内含子（图 3.6），Cas9 的分裂与上述雷帕霉素诱导的方法相似。该突变体的活性与完整 Cas9

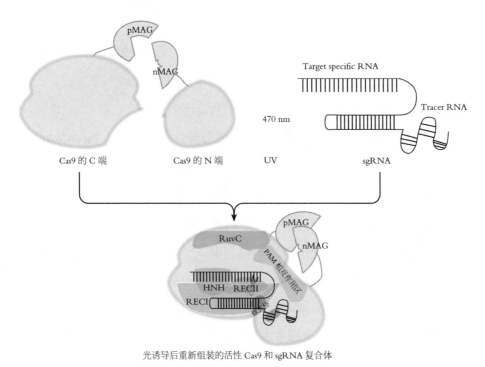

光诱导后重新组装的活性 Cas9 和 sgRNA 复合体

图 3.5　光诱导型可拼接的 Cas9 示意图

的活性相当。

　　另一种利用来自异种分枝杆菌的内含子 Mxe-Gyr A 开发了反式剪接介导的 Cas9 重组，但与野生型 Cas9 相比，其效率仅为 30%~50%[55]。而另一个来自马氏红酵母菌（*Rhodothermus marinus*）的突变体被用来裂解 Cas9，然后利用不同血清型的 AAV 载体表达 Cas9，为了减少脱靶效应，截短的 sgRNA 也被用于基因敲除，但无核酸酶活性。

　　更有将 Cas9 拆分成 3 个片段的研究，通过合并与逻辑控制步骤，只有当所有片段同时存在时，才恢复 Cas9 的活性。可以通过将一个片段与 SunTag 支架融合，从而与雷帕霉素调节的 ScFvVP64 融合。因此，转录激活不仅取决于 Cas9 的 3 个部分，而且还取决于雷帕霉素，体系需要 7 个输入信息来控制 CRISPR-Cas9 系统的活性：Cas9 的 3 个部分、sgRNA、2 个 SunTag / ScFv-VP64 结构域和允许微调控制的雷帕霉素。

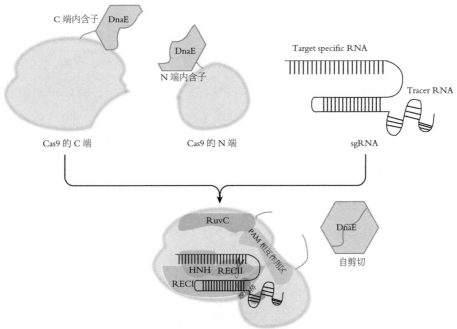

图 3.6　内含子剪接分裂 Cas9 的示意图

从结核分枝杆菌中获得的内含子可以通过一个 ERT 结构域的连接来修饰。因此，只有在 ERT 配基 4- 羟基三苯氧胺（4HT）的存在下，才能将内含子拼接。这就产生了时间限制依赖性调控 Cas9 活性的能力，足以介导靶基因裂解，但不足以进行靶外修饰[51, 56]。

4. 其他诱导性 Cas9

多组分体系可以通过采用不同的策略进行调控，也可以制作较小的转染结构。但是，这种活性和反应强烈地依赖于诱导剂的浓度，并且对各个组分的不同表达水平也很敏感。Cas9 突变体可能受到外界刺激的调控，是工程化的单一多肽，是分裂系统的替代品。这是通过插入功能性多肽 - 内含子[56]、配体结合蛋白[57]和光氧电压（light oxygen voltage，LOV）传感结构域[58]来实现的。结核分枝杆菌中发现的 Rec A 内含子在表面暴露位点 Cas9 中引入，具有解离活性[56]。4HT 诱导内含子的剪接，恢复 Cas9 的活性。

Cas9 可以通过连接 N 端或 C 端的雌激素受体配体结合域在胞浆中被捕获，从而将其排除在细胞核之外[51]，添加 4HT 可以实现 Cas9 的核定位。类似的 Cas9 的控制也是通过光依赖进出细胞核的光遗传系统实现的。据报道，通过氨基酸修饰来阻止蛋白质结合和活性，实现了用紫外线控制 Cas9 蛋白。需要添加非天然氨基酸，并且紫外线照射不可逆，限制了该体系的广泛应用。

雌激素结合域在 Cas9 中的插入使 arCas9 变异型，这种变异型可被 4HT 调节。4HT 也可诱导 arCas9 向细胞核定位[57]。球形红杆菌（*Rhodobacter sphaeroides*）的二聚 LOV 结构域在蓝光下能够解离，也被融合到 Cas9 上控制酶的活性状态。当插入了 RsLOV 域也使 Cas9 对温度敏感。通过高通量筛选发现另一种突变形式 paRC9 也可以被蓝光激活，只能轻微地被激活[58]。Cas9 通过将识别结构域替换为 BCL-xL（B-cell Lymphoma-extra large）蛋白并将 BH3 相互作用的多肽连接到羧基端，构建出 ciCas9 突变体，可以用破坏 BCL-xL-BH3 结合的化合物激活功能[59]。

使 Cas9 失活是有利的，但一旦执行功能，后续需要关闭该活性。例如，将配体诱导的生长素或光嫁接到 Cas9 上，可以帮助 Cas9 达到预期的降解效果。Cas9 也可以细胞周期依赖性的方式被破坏。不稳定的蛋白结构域，如大肠埃希菌的二氢叶酸还原酶(dihydrofolate reductase, DHFR)，可与 Cas9 融合，导致蛋白酶体破坏。添加甲氧苄啶（TMP）可以稳定 DHFR-Cas9 融合蛋白，使核酸酶具有活性。DHFR 结构域还与具有翻译调节活性的适配体识别蛋白（PP7-VP64）融合[60]。在甲氧苄啶存在下稳定该结构域，可以通过 dCas9 引导到基因组中的靶位点进行转录调控。

将经过异二聚体化的光诱导蛋白 CRY2 和 CIB1 融合到转录激活剂和 dCas9 上，形成一个蓝光能诱导内源性基因转录的系统，这被称为光激活 CRISPR-Cas9 效应器系统。光解离的二聚体荧光结构域可用于设计 Cas9，在光照时才激活 DNA 识别活性。小分子诱导邻近技术允许配体诱导两个蛋白质或结构域之间的结合。通过将 PYL（Pyrabactin resistance 1-like protein）

与 dCas9 连接, ABI 与组蛋白乙酰转移酶(Histone acetyltransferase, HAT)连接, HAT 可靶向于 dCas9 引导的基因组中的特定位点，后者是由加入脱落酸后 PYL 与 ABI 快速结合实现诱导的。这一技术使 Cas9 蛋白质可以被用于表观基因组编辑。表 3.1 总结了对野生型 Cas9 进行的不同修饰，从而增加功能或改善对它的调控。

表 3.1　Cas9 功能改进或控制策略小结

Cas9 突变体	修饰位点	特征	参考文献
nCas9	D10A or H840A	仅切割互补链或非互补链	[11]
dCas9	D10A/H840A	无催化活性的 Cas9	[11]
*Fn*Cas9 RHA	E1369R/E1449H/R1556A	PAM 序列不是 NGG	[47]
*Sp*Cas9 D1135E	D1135E	降低非标准 PAM 序列 NAG 的结合	[46]
*Sp*Cas9 EQR	D1135E/R1335Q/T1337R	NGAG PAM	[46]
*Sp*Cas9 VQR	D1135V/R1335Q/T1337R	NGA PAM	[46]
*Sp*Cas9 VRER	D1135V/G1218R/R1335E/T1337R	NGCG PAM	[46]
分开的 Cas9	56-714 REC lobe//1e57 NUC lobedGSSd729-1368 NUC lobe	sgRNA 依赖性	[49]
分开的 Cas9（FRB/FKB）	1-573dFRB-NES//NLS-FKBd574-1368dNLS	雷帕霉素诱导型	[50]
paCas9	2-713dpMAg//nMagd714-1368	蓝光诱导型	[52]
内含子介导的分开 Cas9	637-N 分裂 638-C	反式切割	[55]
tsRC9	Rs-LOV 区域引入 N235 和 G236 之间	温度诱导（低于 29 ℃）	[58]
paRC9	Rs-LOV 区域引入 F478 和 E479 之间	蓝光诱导型	[58]
arCas9	ERdN or C terminus	4HT 诱导	[57]
ciCas9	2-179dBCL-xLd308-1368dNLSdBH3	A3 诱导	[59]
DHFR-Cas9	DHFR 融合到 Cas9	活性由 TMP 稳定	[60]

5. 其他 CRISPR 相关核酸酶

至此，我们已经讨论了 SpCas9、SaCas9、ArCas9 和 CiCas9 等突变体，然而，已经从不同的细菌中发现了许多其他 CRISPR 相关核酸内切酶。这些同源蛋白质在分子大小、PAM 识别、靶上特异性和靶外影响等方面存在差异。这些同源蛋白质与野生型 SpCas9 相比具有很多优势。表 3.2 总结了这些 CRISPR 相关内切酶的特征。

表 3.2　源自不同细菌的 Cas 蛋白质类似物

核酸内切酶	类－型	大小（氨基酸残基数目）	PAM 特异性（5'→3'）
Campylobacter jejuni Cas9（*Cj*Cas9）	2－Ⅱ	984	NNNNACANNNVRYM
Francisella novicida Cas9（*Fn*Cas9）	2－Ⅱ	1，629	NGG
Neisseria meningitidis Cas9（*Nm*Cas9）	2－Ⅱ	1，109	NNNNGATT
Staphylococcus aureus Cas9（*Sa*Cas9）	2－Ⅱ	1，053	NNGRRT
*Streptococcus thermophilus*1 Cas9（*St*1Cas9）	2－Ⅱ	1，122	NNAGAAW
*Streptococcus thermophilus*3 Cas9（*St*3Cas9）	2－Ⅱ	1，393	NGGNG
Treponema denticola Cas9（*Td*Cas9））	2－Ⅱ	1，423	NAAAAN
CasX	2－Ⅴ	w980	TTCN
CasY	2－Ⅴ	w1，200	TA

第三节　sgRNA 编辑

一些基于 dCas9 的转录激活剂模型涉及与 dCas9 的氨基或羧基末端融合的激活结构域。sgRNA 分子也被修饰为控制 Cas9 的分子，而不是直接将调节器附着在 Cas9 上。RNA 的结构顺式调控片段称为核糖开关，主要存在于细菌的 mRNA 中，它们可以通过对小分子或特定代谢物的响应来调节基因的表达。设计 RiboSwitchs 用于与异种生物相互作用，也用于控制原核微生物和蓝细菌、真菌、植物和哺乳动物细胞的基因表达。

人工合成的反式激活 RNA，也称为配体功能的人工合成翻译调节子。当融合到 5'-UTR 时，这些结构可以通过松散的发夹结构阻断基因的翻译，发夹结构的设计能够顺式抑制核糖体结合。将效应结构固定在 dCas9 的 sgRNA 上，通过对 sgRNA 进行简单的重编程，允许任何基因的精确抑制或激活，这一领域已经得到了发展。在 sgRNA 的 5' 端可以附加一个短 RNA 片段，此发卡结构的形成阻断了转录。诱导性间隔区阻断发夹可被蛋白质、寡核苷酸或小分子特异性激活。

sgRNA 的 3' 端修饰过的 RNA 片段特异性地与"适配子"结合，其中的固定 RNA 分子称为"支架"。这种支架 RNA 含有两个串联拷贝的 MS2RNA 适配子，每个适配子与一个二聚体的 MS2 噬菌体外壳蛋白结合。含有 dCas9 的 scRNA 可以连接 4 个这样的融合蛋白。其他已知的病毒 RNA 环，PP7 和 COM，也是适配体，识别它们各自的 RNA 结合蛋白。这类适配体都能显示出具有内在的选择性识别特定分子的能力。该技术通过将脚手架 RNA 与 CRISPR 干扰结合起来，实现基因的转录激活或抑制。多个基因可以同时靶向，但只允许一种调控方式，即下调或上调[47]。

sgRNA 也可以根据 Cas9-sgRNA 复合体的结构来招募激活剂。MS2RNA 被结合到 sgRNA 环中，使它们暴露在表面。激活因子中还含有与嵌合激活因子 p65-HSF1 连接的 MCP，通过 MS2sgRNA 与 dCas9-VP64 融合蛋白结合。这样的 sgRNA 介导的基因调控和基因组筛选被称为协同激活。对多个基于 dCas9 的转录激活剂进行了系统的比较，发现协同激活、SunTag 和 VPR 系统是最有效的激活剂，在对同一基因使用多个 sgRNA 而不是单个 sgRNA 时表现出更好的激活效果。SunTag 系统使用 GCN4 和 VP64 的重复序列。VPR 系统由 3 个激活剂 VP64、p65 和 Rta 串联融合到 dCas9 组成。SAM 系统包括融合到 VP64 上的 Cas9 和含有 MS2 适配体的 sgRNA。

使用不同的蛋白质相互作用的适配子，向每个靶标招募不同的效应子具有一定的优势。利用修饰的 sgRNA 调控代谢途径，在改善酵母菌和大肠埃希菌菌株方面显示出良好的应用潜力。已经证明 dCas9-SAM 是通过重新激活病毒产生、诱导细胞凋亡来根除 HIV-1 前病毒的有效工具。

　　sgRNA 目前已被改造为通过感知小分子与细胞微环境发生反应。所描述的 CRISPR-sgRNA 允许信号转导、转录组监测和调控。CRISPR 核糖开关具有自身或与其他调控系统联合应用的巨大潜力。CRISPR 编辑器可以靶向那些只有在特定的致病时期、发育阶段才产生的 mRNA 实现控制疾病或细胞的发育。

　　本节主要关注对 Cas9 的修饰改造及其功能改善。表 3.3 列出了构成 Cas9 结构的各个结构域及其功能。

表 3.3　Cas9 核酸内切酶的结构域及其功能

结构域	区域	功能
RuvC1	1-59	切割非互补链的核酸酶结构域
R-helix	60-94	富含精氨酸的螺旋结构
REC lobe（I-Ⅲ）	95-718	结合并识别靶标 DNA 区域
RuvC2	719-765	RuvC 核酸酶域
L1	766-780	链接区域
HNH	781-906	切割靶 DNA 链的核酸酶域
L2	907-918	链接区域
RuvC3	919-1099	RuvC 核酸酶结构域
PI	1100-1368	PAM 结构结合区域

第四章

CRISPR-Cas9 系统在病毒中的应用

病毒是一类个体微小，结构简单，只含一种类型的核酸（DNA 或 RNA），必须在动物、植物和细菌等活细胞内寄生，并以复制方式增殖的非细胞型微生物。传染性病毒颗粒主要由核衣壳（包括核酸与衣壳蛋白）和结构蛋白组成。部分病毒有包膜称为包膜病毒，无包膜的称为裸病毒。病毒颗粒的形态结构多样，主要包括螺旋对称、二十面体立体对称和复合对称。当特定的生物体感染病毒时，宿主的免疫系统受损、不成熟或受到抑制后，病毒很可能会导致疾病。

病毒性疾病已经成为人类健康的主要威胁。病毒属于严格的胞内寄生，利用宿主的细胞器在体内完成其复制周期。因此，治疗病毒性疾病非常困难，急需开发新的抗病毒策略。目前，被广泛认可并用于治疗和预防病毒性疾病的抗病毒策略主要包括接种疫苗、使用药物抑制剂或抗病毒药物。然而，有多种因素限制了治疗策略，在短时间内难以产生效果。首先，变异的病毒能够跨越种属界限传播，这也是阻碍疫苗研制的主要原因。它们一旦跨越种属传播到人类，就会导致大流行。其次，虽然在病毒导致传染病暴发时可以使用抗病毒药物，但是也很容易产生耐药病毒菌株。再次，病毒利用宿主细胞的机制，使病毒的识别更加困难。最后，可用于开发成为抗病毒疫苗和药物的关键靶分子数量有限，例如病毒蛋白和病毒聚合酶等。如果病毒一旦进入潜伏期，这些靶标就更少了。病毒将自身基因整合到宿主的基因中形成前病毒，并保持休眠。干扰素仅限于阻止急性感染，在临床上发挥了重大作用，但它无法治疗持续性感染的病毒。因此，仍然急需开发靶向病毒基因的新疗法。

基因工程技术是一项使用锌指核酸酶、转录激活样效应因子核酸酶、归巢核酸内切酶等进行靶向基因编辑的重要技术。但是，这些基因组工程技术的成本高、过程复杂，并且需要训练有素的人员进行操作。随着合成生物学工具的发展日趋成熟，新型基因工程技术的工具不断出现，尤其是开发出的 II 型 CRISPR-Cas9 系统，目前已经可以用于从植物、动物包括人体中去除病毒的基因组。例如用于消除和抑制 HIV-1 病毒、乙型肝炎病毒（HBV）、人乳头瘤病毒（HPV）、EB 病毒（EBV）和单纯疱疹病毒（HSV）等。本章将重点总结 CRISPR-Cas9 系统在治疗人类和其他动物病毒性疾病中的研究进展（表 4.1）。

表 4.1　CRISPR-Cas9 在抗病毒治疗中的应用

病毒	靶标基因	细胞 / 模型	递送方式	结果	参考文献
HIV	CCR5	iPSCs	质粒转染	抗嗜 CCR5 的 HIV-1 病毒	[61]
	CXCR4	CD4$^+$ 细胞	质粒转染	抗嗜 CXCR4 的 HIV-1 病毒	[62]
	CCR5 和 CXCR4	CD4$^+$ 细胞	质粒转染	抗嗜 CCR5 和 CXCR4 的 HIV-1 病毒	[63]
	LTR	T 细胞	质粒转染	阻断 HIV-1 的基因表达	[64]
	LTR	CD4$^+$ 细胞	慢病毒转染	切除 HIV-1 的前病毒	[65]

续表

病毒	靶标基因	细胞/模型	递送方式	结果	参考文献
HBV	cccDNA 和前病毒	HepG2 细胞、小鼠、HepG2.2.15	质粒转染、尾静脉注射、慢病毒转染	抑制病毒 DNA 的复制、诱变和破坏 cccDNA	[66]
	HBsAg，HBx	小鼠、HepG2.2.15	质粒转染、尾静脉注射	降低 HBsAg 的水平	[67]
EBV	BART 的启动子	人上皮细胞、C666-1 细胞	质粒转染	丧失 miRNA 的表达	[68]
	EBNA1、EBNA3C、LMP1 等	Raji 细胞	质粒转染	抑制细胞增殖，恢复凋亡途径	[20]
HSV	HSV 的关键基因	Vero 细胞	质粒转染	降低 HSV-1 型复制	[35, 69]
	ICP0	293T 细胞	质粒转染	基因敲除、基因替换	
HPV	E6 和 E7	Hela 细胞、SiHa 细胞	质粒转染	诱导凋亡（p53）和细胞周期阻滞（pRb）基因表达	[34]
	E6、E7 和 E6/E7 的启动子	SiHa 细胞、小鼠	质粒转染、Cas9 感染 SiHa 细胞转导	诱导凋亡（p53 和 p21）基因表达、降低肿瘤生长	[70]

第一节　在人类或动物病毒中的应用

大多数严重疾病都与病毒有关。世界卫生组织在 21 世纪宣布，国际关注的突发公共卫生事件的 6 种疾病都是由病毒引起的，包括甲型流感病毒 H1N1、脊髓灰质炎、西非埃博拉病毒、寨卡病毒、埃博拉病毒、Covid-19。此外，曾经引起最广泛关注的疾病几乎都是由病毒引起的，如严重急性呼吸综合征（SARS）、中东呼吸综合征（MERS）、登革热和获得性免疫缺陷综合征（AIDS）等。病毒引起的疾病很难预防和治疗，因此病毒仍然严重威胁着人类的健康。首先，与细菌、真菌和其他原核生物相比，病毒通常对抗生素和疫苗更具耐受性。其次，病毒基因组很容易发生变异，因此所有的预防和治疗方法都不是持久和永恒的。再次，一些病毒具有潜伏感染的生命周期，因此不可能使用现有的治疗策略完全消除潜伏病毒。虽然常见的抗病毒治疗可以抑制病毒的裂解复制，许多传统药物也已经被批准用于治疗病毒性感染。然而，几乎没有任何药物可以无副作用，而这些副作用会引起患者的其他问题（例如过敏、毒性、耐药性、交叉耐药等）。此外，目前尚无用于根除病毒潜伏感染的药物。

基于 CRISPR-Cas9 系统最有前景的应用是治疗活动性或潜伏性感染。在以往的报道中，已经在动物中有许多成功的研究实例，该技术对去除人类病毒很有希望。然而，到目前为止，这种方法不仅用于体内外研究，而且部分研究已经处于临床试验阶段。尽管许多技术挑战、安全问题和伦理问题仍然摆在我们面前，可是将来基于 CRISPR-Cas9 系统的医药产品的开发将开启人类治疗学的新世纪，并可能为处于危重疾病中的患者带来希望。本节主要介绍几种人类重要病毒性疾病的治疗研究。

一、人类免疫缺陷病毒（HIV）

HIV 引起获得性免疫缺陷综合征，通过影响免疫系统的 CD4$^+$T 细胞降低人体抗病毒感染的免疫能力。HIV 的感染过程分为 3 个阶段：从急性感染到慢性感染，最终发展到最严重的艾滋病阶段。由于病毒突变率较高，阻碍了疫苗的研制，因此，防止病毒传播是困难的。虽然有几种标准化的抗病毒治疗方法可以进行功能性治愈，但是不能完全清除感染者体内的病毒。目前已有的治疗方法主要是靶向病毒复制，但是不能清除体内潜伏的病毒，这种方法的另一缺点是病毒可能长时间暴露于治疗，比较容易产生耐药性。因此，开发新型的能够直接阻断潜伏病毒感染的替代疗法具有重要意义。

病毒基因组和宿主细胞因子在完成病毒生命周期和启动新的病毒感染中起着关键作用。为了预防或消除艾滋病，研究人员开发了诸多新型的抗 HIV

的策略技术。CRISPR-Cas9 技术就是其中最新的方法，它可以干预病毒复制周期，其中包括：阻遏病毒装配过程所必需的宿主细胞因子、阻断病毒基因组整合到宿主细胞基因组中、阻止病毒的潜伏或休眠状态，即破坏已整合到宿主 CD4$^+$T 细胞的前病毒（图 4.1）。

　　该系统使病毒感染所必需的宿主因子失效，例如病毒附着于 CD4 受体，从而产生抗病毒细胞；如果病毒感染发生，病毒基因组进入宿主细胞，这种病毒基因组可以通过使用单个或多个 CRISPR-Cas9 复合体来破坏单个或多个病毒必需基因；潜伏感染期，病毒基因组整合到宿主细胞基因组中，同样可以被 CRISPR-Cas9 清除。

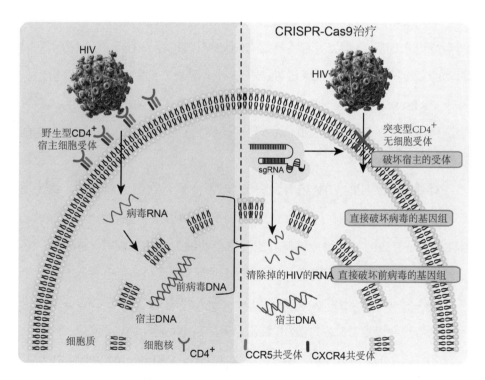

图 4.1　使用 CRISPR-Cas9 系统预防或清除 HIV 的策略

　　宿主的细胞因子决定了 HIV 能否进入 CD4$^+$T 细胞，例如 CD4$^+$ 受体、CCR5 或 CXCR4 趋化因子等，靶向编辑上述共同受体的宿主基因，可以阻止新 HIV 感染。已经证实了 HIV 依靠辅助受体 CCR5 或 CXCR4 进入细胞，部分 HIV 具有双重性，即同时依赖 CCR5 和 CXCR4。研究发现，虽然 *CCR5* 基因中 32 bp 的缺失突变对嗜 CCR5 性 HIV 具有天然抵抗性，但是有感染嗜 CXCR4 性 HIV 的风险。同样，在 HIV 患者中，敲除 *CCR5* 基因中 32 bp 的片段可以作为防止从潜伏状态出现 HIV 的策略。

利用合成的 RNA 对靶标序列进行定点切割，实现了质粒介导的 CRISPR-Cas9 系统对 CCR5 编码的基因进行编辑。在诱导多能干细胞中实现了 $CCR5^{\Delta 32}$ 删除突变。因此，从这些突变的 iPSCs 来源的单核细胞和巨噬细胞也表现出对 HIV 类似的抗性。这些研究结果表明，*CCR5* 基因删除突变使细胞对嗜 *CCR5* 性 HIV 具有抗性。但细胞可能仍会感染嗜 *CXCR4* 性 HIV。因为 *CXCR4* 基因能够通过与病毒颗粒 gp120 包膜糖蛋白结合从而辅助病毒进入细胞，所以还需要鉴定 CRISPR-Cas9 系统在干扰 *CXCR4* 基因的功能。有些 HIV 具有双亲嗜性，在这种情况下，细胞也就具有双抗性。基于 CRISPR-Cas9 系统的 *CXCR4* 和 *CCR5* 共受体的编辑已经证明，在单个载体中包含 2 个靶点的 sgRNA，然后转染到 $CD4^+T$ 细胞中，被编辑的细胞可以免受 HIV 的感染。

对处于潜伏期的 HIV 患者，病毒 DNA 被整合到宿主细胞中，称为前病毒。因为病毒基因组可整合到宿主基因组中，所以在这种情况下清除前病毒 DNA 是有效的替代治疗策略。当受感染的细胞快速生长时，HIV 基因表达被激活。病毒基因的表达主要由包含转录因子结合位点的长末端重复序列（LTR）启动子区域控制。2013 年 Ebina 等人利用 CRISPR-Cas9 系统成功地从携带整合病毒 DNA 的 2D10 细胞系基因组中切除 LTR 区域。

2015 年 Zhu 等人在已经潜伏感染 HIV-1 的 JLat10.6 细胞中使用 CRISPR-Cas9 和设计的 sgRNA 靶向 HIV-1 基因组中的 10 个区域，产生突变后，HIV 的复制率降低至原来的 5%。同样，2016 年 Yin 等人使用慢病毒载体递送 CRISPR-Cas9 感染 HEK293T 细胞，设计的 sgRNA 能够分别靶向结构基因和 LTR 种的 2 个基因位点，实现了消除 HIV-1 基因组的目标。

类似地，使用携带 LTR 区域内 DNA 序列特异性 sgRNA 的慢病毒载体转导人 T 细胞。全基因组序列分析表明，该病毒的 LTR 区域被有效地切割并删除。对整合 LTR 邻近基因表达的影响结果表明，脱靶效应极低，证实 CRISPR 可以作为一种有效的治疗 HIV 策略[65]。因此，通过靶向病毒序列，可以根除潜伏的病毒库。2017 年 Yin 等人使用 Cas9 在体内靶向 HIV 基因组，并利用 AAV 载体递送 sgRNA，通过静脉注射，成功地从器官和组织中清除了 HIV-1 前病毒 DNA。使用 AAD 递送系统在活体中清除组织或器官中的 HIV-1 基因组可能是人类临床试验的第一步。

2018 年 Bella 等人使用 CRISPR-Cas9 靶向体外感染的人类外周血单个核细胞（PBMC）中的 HIV-1 的 LTR 区域，再利用慢病毒载体进行递送，最后把这些细胞植入小鼠脾脏。结果显示其血液、脾脏、肺和肝脏中 HIV 的基因组被去除了。本研究揭示 HIV 的基因组可以从身体的任何部位消除，从而治疗艾滋病。综上所述，CRISPR-Cas9 是潜在的体内外消除 HIV 感染的替代治疗策略。

二、乙型肝炎病毒（HBV）

乙型肝炎是由 HBV 引起的肝病。HBV 在感染初期入侵肝细胞，该阶段机体会形成抗感染免疫，如果机体免疫系统不能清除体内的感染，就会逐渐转为慢性肝炎。由于 HBV 持续存在，机体引发严重的免疫病理反应导致肝损伤，最终发展成为肝癌。接种乙肝疫苗可以有效预防乙型肝炎。但是目前尚无控制潜伏病毒感染的有效治疗策略。病毒感染细胞后，在细胞核内病毒的基因组从松弛环状转化为游离状态的共价闭合环状 DNA（cccDNA），这是稳定地进行病毒复制的模板，也是控制 HBV 所诱发肝炎的潜在有效靶标之一。

HBV 的基因组包含核心蛋白编码区（C）、表面蛋白编码区（S）、X 基因编码区和聚合酶编码区（P）。聚合酶不仅能够编码核衣壳蛋白转录的关键起始密码子，而且可以用于转录 psgRNA、乙型肝炎病毒表面抗原（HBsAg）和用于控制病毒基因转录的调控蛋白。为了控制 HBV 的慢性感染，CRISPR-Cas9 已经被用于靶向 HBV 的 cccDNA。有研究表明，在细胞系和小鼠模型中设计了 24 个 sgRNAs 分别靶向于 HBV 的基因组编码区中保守区域的不同位点，可以实现抑制病毒、突变病毒，甚至剪切病毒的 cccDNA，达到控制病毒感染的效果。

研究表明，用 CRISPR-Cas9 在人肝癌细胞和小鼠中靶向 HBsAg 的编码区，能够显著降低细胞培养基和小鼠血清中的 HBsAg。再经过免疫组化方法证实基因编辑后的小鼠肝细胞中几乎没有 HBsAg 阳性的细胞。对病毒 DNA 进行测序，证实了靶标序列的突变。同年，Kennedy 等人设计了靶向 HBV 的 cccDNA 的 sgRNA，与 Cas9 共转染后，发现病毒载量减少至原来的 1‰，并且 cccDNA 降低至原来的 10%。随后的研究证实使用 CRISPR-Cas9 系统在稳定细胞株中切除了 HBV 的 cccDNA，并且在长达 10 个月的跟踪监测中发现，细胞内的 cccDNA、HBV 基因组，以及细胞培养上清中的 HBsAg 和 HBeAg 均低于阴性对照。另有研究利用 CRISPR-Cas9 系统在感染的鸭肝细胞中靶向 HBV 的 cccDNA，抑制了超过 75% 的 HBV 基因组。上述研究已经显示出了应用 CRISPR-Cas9 系统从感染的细胞或动物中去除 HBV 进行治疗乙型肝炎的潜力，为控制 HBV 感染并进一步应用于清除人体内病毒提供了广阔的未来和创新性应用前景。

三、EB 病毒（EBV）

EB 病毒又称为人类 γ 疱疹病毒 4 型，属于 dsDNA 病毒。该病毒主要感染上皮细胞和淋巴细胞，引发传染性单核细胞增多症。然而，它能够进入休眠并与多种恶性肿瘤相关，例如 Burkitt 淋巴瘤、霍奇金淋巴瘤、非霍奇金淋巴瘤和鼻咽癌等。

EBV 在 B 淋巴细胞内潜伏时，其线性基因组发生改变并环化形成游离 DNA。病毒的潜伏期长达 1 年以上，当其被再次激活时，需要表达几个关键蛋白，例如可以导致恶性肿瘤的 EB 病毒核心抗原（EB Virus nuclear antigen，EBNA）。EBNA 主要包括可以引起细胞转化的 EBNA-1 和 EBNA-2 蛋白。EBNA 的功能是维持病毒 DNA 的环状化，以及病毒的复制，并调控其他与潜伏期相关基因的表达，例如潜伏感染膜蛋白（LMP）。LMP 是 CD40 分子的配体，能够持续激活细胞信号转导，进而活化细胞转化相关的多条信号通路。

清除潜伏状态的 EBV 是治疗相关疾病的关键。然而，现有的抗 EBV 药物无法消除潜伏的病毒。因此，急需开发出能够治疗潜伏 EBV 的新技术。目前利用 CRISPR-Cas9 系统清除 EBV 的研究也取得了诸多进展。2014 年，研究人员使用含有 7 个 sgRNA 质粒，靶向 EBV 基因组中 6 个同细胞转化与病毒潜伏相关的结构基因，转染了 Burkitt 淋巴瘤细胞系（Raji 细胞系）。结果表明，该方法在抑制细胞增殖的同时，提升了细胞凋亡通路。如果靶向病毒劫持了细胞周期重复区域的 sgRNA，可以实现完全清除病毒的基因组[20]。

研究人员在潜伏性感染 EBV 的人上皮细胞系和鼻咽细胞系（C666-1）中使用 CRISPR-Cas9 系统，并设计了 2 个 sgRNA 靶向具有调节病毒基因表达并诱发肿瘤 miRNA 功能的 *BamH*I 右向转录本（BART）的启动子区域。2016 年 Van Diemen 等人使用 CRISPR-Cas9 系统靶向必需基因，成功清除了潜伏感染 EBV 并发生转化的人肿瘤细胞中的 EB 病毒基因组[35]。

2018 年，开发出了用于快速靶向 EBV 基因组的 CRISPR-Cas9 系统，并制备了能够稳定表达 Cas9 蛋白的永生化淋巴母细胞系，并用慢病毒转导了双靶向 sgRNA 递送系统，该系统能够敲除编码蛋白基因或改变基因的调控区域实现功能缺失，从而进行大规模筛选。通过对上述技术的优化，可以在永生化淋巴母细胞系中快速实现基因组编辑，将来该技术亦可推广应用于其他 B 细胞中。

以上研究表明，使用 CRISPR-Cas9 系统靶向 EBV 基因组是一种新型的抗病毒治疗策略，可以阻止潜伏 EBV 的激活，从而控制病毒的感染。

四、单纯疱疹病毒（HSV）

HSV 属于线性 dsDNA 病毒，主要感染黏膜中的上皮细胞。在黏膜中，病毒持续复制进而感染中枢神经系统（CNS），导致在感觉或自主神经节中形成潜伏感染。当 HSV 再次被激活时，病毒基因组呈环状，病毒又回到感染的原发部位，引起感染。感染 HSV 后可能会发生多次再激活感染，甚至会导致像脑炎一样的严重疾病。

虽然临床上阿昔洛韦及其类似物是用于预防 HSV 疾病的标准疗法，但是药物不能消除潜伏的 HSV。有研究证实 CRISPR-Cas9 系统具有抑制 HSV-1 复制的潜力，使用 4 个 sgRNA 靶向 HSV-1 复制的 12 个必需基因，再用含有 eGFP 的 HSV-1 转导，将 sgRNA 插入 Vero 细胞中，可以用 eGFP 表达量来检测 HSV 的复制，同时选用了靶向非必需基因的 2 个 sgRNA 作为对照。结果显示，sgRNA 靶向必需基因的细胞比靶向非必需基因的细胞更能抑制病毒的复制。由于 HSV-1 是快速复制的，所以用 sgRNA 可以实现完全抑制病毒的复制。另一项研究使用 CRISPR-Cas9 系统也实现了清除 HSV-1 的基因组。在表达 CRISPR-Cas9 的哺乳动物细胞中，同时替换 HSV 基因组不同位置中的 2 个等位基因，使用非同源末端连接抑制剂 SCR7，阻断非同源末端连接通路，细胞就只能实现同源定向重组介导的双链断裂。在 HSV 基因组两个位点中，用 eGFP 替换具有能够辅助病毒从潜伏到再激活的早期基因，即感染细胞蛋白 0（Infected cell protein 0，ICP0）基因，并证实了该基因替换有效，同时无脱靶效应。上述 CRISPR-Cas9 系统已被用于制备便于开展基因治疗的重组病毒，亦为应用 CRISPR-Cas9 基因组编辑技术制备用于预防病毒感染的减毒活 HSV 疫苗提供了思路。

五、人乳头瘤病毒（HPV）

目前已经发现并鉴定出 100 多种 HPV。虽然 HPV 属于低风险病毒，但是许多种类都会导致肿瘤。也有一些属于高危病毒，其中 HPV16 和 HPV18 具有高致病性，属于高危基因型，可以感染肛门与生殖道，引发宫颈癌。

HPV 的复制周期起始于上皮组织的基底层，HPV 进入上皮干细胞，在细胞分裂过程中复制病毒的基因组，同时在上皮干细胞分化过程中组装新病毒颗粒并释放到周围环境中。正常状态的病毒 DNA 整合入宿主基因组并表达致癌蛋白，最终引发肿瘤。病毒蛋白 E6 和 E7 具有高度致癌性，可以降解抑癌基因（*p53*）和视网膜母细胞瘤基因（*pRb*）。使用 CRISPR-Cas9 系统靶向 *E6* 和 *E7* 基因可以阻止 HPV 的感染。2014 年，Kennedy 等人在整合了 HPV16 和 HPV18 基因组的 SiHa 和 HeLa 宫颈癌细胞系中，导入 Cas9 和靶向 *E6* 和 *E7* 基因的 sgRNA，突变失活 *E6* 和 *E7* 基因的表达，使 *p53* 和 *pRb* 基因表达，随后导致细胞死亡。同样，Zhen 等人利用靶向于 HPV16 的 E6/E7 的启动子以及 *E6* 和 *E7* 转录本的特异性 sgRNA 抑制了 *E6* 和 *E7* 基因的表达。用 Cas9 载体转染整合了 HPV 16 基因组的 SiHa 细胞系，获得了抑制细胞增殖的效果。此外，也在裸鼠中转入上述 SiHa 细胞，用于检验 CRISPR-Cas9 在体内的作用。与对照组小鼠相比，使用含有 CRISPR-Cas9 基因编辑过细胞的小鼠肿瘤生长速度显著降低。

2018 年，Cheng 等人使用 CRISPR-Cas9 系统携带靶向 HPV16 E6 的 sgRNA 的质粒载体导入宫颈癌 SiHa 细胞中，并用 DNA 限制性内切酶酶切法和 RT-qPCR 法测定了 E6 的表达。该研究为控制 HPV 诱发的肿瘤提供了替代治疗策略。目前，CRISPR-Cas9 系统可以实现在体内外彻底清除病毒，将来有可能被开发成为临床上用于治疗病毒性感染的新策略。

第二节　在植物病毒中的应用

植物病毒包括 RNA 或 DNA 病毒、属于细胞内专性寄生的微生物，必须依赖于宿主细胞器才能够完成生命周期，会对农作物造成重大危害，并使产量损失巨大。大多数植物病毒是通过昆虫为媒介进行传播的，该方式为病毒进入植物细胞提供了便捷的途径。

为了减少农作物的损失，需要不断努力开发新技术以成功地应对新出现的植物病毒。CRISPR-Cas9 系统是植物病毒基因组编辑工具库中的一颗新星，具有操作简便、编辑效率高等优点。近年来，不同的研究小组已经有效地证明了 CRISPR-Cas9 系统在抗植物病毒性疾病方面具有良好的应用潜力。本节将总结 CRISPR-Cas9 系统对抗植物病毒基因组的最新进展，并展望其应用。

一、植物病毒及其防治策略

植物病毒必须在宿主细胞内才具有生物学特性，这使得许多人意识不到其存在。传统的植物病毒防治方法（例如田间消毒、作物轮作、移除受感染植物、脱毒种植材料、病媒控制等）已被广泛采用。

目前，利用抗病毒化合物来治疗病毒感染作物未广泛使用，但是利用抗病毒基因和病毒感染所必需的宿主基因突变的抗病毒策略已经很常见，并取得了显著的成功。此外，基因工程通过操纵天然植物 RNA 沉默防御机制，使耐药基因和病毒相关基因的跨物种导入成为可能。使用过表达病毒衣壳蛋白的转基因抗性，在番木瓜环斑病毒的治疗中取得成功。此后，使用病毒相关抗性基因干预治疗的方法，亦被广泛用于不同的病毒，取得的结果不一。

应用反义策略可以产生针对病毒转录物的病毒特异性小干扰 RNA（siRNAs）。从 *AC1/Rep* 基因保守区获得的反义 RNA 或发夹序列已被证实能抗番茄曲叶病毒。除了 siRNA 外，转基因表达的人工小 RNA（amiRNA）表现出了对靶向番茄曲叶病毒的耐受性。

探明植物病毒的进化机制，以期开发新工具来增强工程和自然宿主防御的潜力，这迫使科学家探索新方法来设计抗病毒策略。靶向基因组修饰为上述问题的解决开辟了新途径，能精确并可控地修饰细胞基因组 DNA 以获得所需的 DNA 序列（表 4.2）。

表 4.2　应用核酸酶开展的植物基因组编辑技术的研究进展

时间 / 年	基因组编辑介导的植物工程化抗性研究的不同阶段	参考文献
2010	人工锌指蛋白的开发以赋予对水稻肺杆菌杆状病毒（Rice tungro bacilliform virus）的抗性	[72]
2013	体外试验使用人工锌指蛋白证实了抑制番茄黄化曲叶病毒（Tomato yellow leaf curl virus）复制的相关蛋白	[73]
2014	首个优化工具性位点特异锌指核酸酶用于抑制植物病毒	[71]
2015	成功开发 CRISPR-Cas 系统用于对抗多种双子叶植物病毒，并且开发了靶向植物病毒的转录激活物样效应因子	[74]
2016	通过 CRISPR-Cas9 系统突变宿主的 elF4E 基因，建立对 4 种 ssRNA 植物病毒复制所需蛋白质的抗性	[75]
2018	在转基因植物中发现 FnCas9-sgRNA 系统，用于靶向铜绿花叶病毒（cumber mosaic virus）和烟草花叶病毒（Tobacco mosaic virus）的 RNA。研究结果证实可以减轻病毒症状，降低病毒 RNA 的量	[76]
2019	单子叶植物大麦中表现出对小麦矮缩病毒（Wheat dwarf virus）的抗性	[77]

二、CRISPR-Cas9 系统在植物病毒基因编辑中的应用

CRISPR-Cas9 系统在操作上的简便性，使其成为基因编辑最可行的方法，在不同植物的基因组修饰中具有更广泛的应用前景，包括设计用于 DNA 病毒（特别是双生病毒）和不同 RNA 病毒的转基因抗性（表 4.3）。植物中利用 CRISPR-Cas9 系统的操纵病毒抗性可以分为两种方法。第 1 种

采用病原诱导耐受技术（Pathogen derived resistance，PDR），以病毒中的病毒基因为靶点，使病毒产生耐药性，这种方法也被称为显性耐药性；第2种针对负责病毒生命周期的宿主基因编码因子，亦被称为隐性抗性。针对上述两种抗性均可设计用于植物基因组编辑，以期治疗相关疾病。

表4.3　植物病毒转基因抗性编辑示例

宿主	转移基因的方法	病毒和靶基因	参考文献
烟草和拟南芥	根癌农杆菌	黄瓜花叶病毒（Cucumber mosaic virus）和烟草花叶病毒（Tobacco mosaic virus）［ORF1，2，3，CP］	［76］
烟草	根癌农杆菌	芜菁花叶病毒（Turnip mosaic virus，TuMV）［GFP，HC-Pro，CP］	［78］
烟草	根癌农杆菌	甜菜严重卷曲顶端病毒（Beet severe curly top virus）［cis 元件］	［79］
拟南芥烟草属	根癌农杆菌	花椰菜花叶病毒（Cauliflower mosaic virus）［CP基因］	［53］
烟草矮牵牛	根癌农杆菌	番茄黄叶卷曲病毒（Tomato yellow leaf curl china virus）和烟草卷曲茎病毒（Tobacco curly shoot virus）［eIF4E 和 eIF（iso）4E］	［80］
番茄	根癌农杆菌	番茄黄叶卷曲病毒（Tomato yellow leaf curl virus）［CP和Rep 区域］	［81］
黄瓜	根癌农杆菌	黄瓜脉黄化病毒（Cucumber vein yellowing virus）、西葫芦黄花叶病毒（Zucchini yellow mosaic virus）和番木瓜环斑花叶病毒-W（Papaya ring spot mosaic virus-W）［eIF4E］	［75］
拟南芥	根癌农杆菌	芜菁花叶病毒（Turnip mosaic virus）［eIF（iso）4E］	［82］
烟草	根癌农杆菌	棉花曲叶病毒（Cotton leaf curl kokhran virus）、番茄黄曲叶病毒（Tomato yellow leaf curl virus）［CP，Rep 基因］	［83］
烟草	根癌农杆菌	番茄黄叶病毒（Tomato yellow leaf virus）、甜菜曲顶病毒（beet curly top virus）、玉米花叶病毒（Merremia mosaic virus）［CP，Rep 基因的RCR Ⅱ 基序］	［74］

续表

宿主	转移基因的方法	病毒和靶基因	参考文献
烟草	根癌农杆菌	大豆黄矮病毒（*Bean yellow dwarf virus*）［Rep 结合位点、发夹结构、复制茎环内不变的非核苷酸序列和 Rep 基序的 I 、II 和III ］	［84］
烟草拟南芥	根癌农杆菌	甜菜严重卷曲顶端病毒［*CP* 和 *Rep* 区域］	［86］
烟草	根癌农杆菌	卷叶病毒（*Cabbage leaf curl virus*）［*NbPDS3* 和 *NbIspH*］	［86］

三、通过 CRISPR-Cas9 系统清除病毒抗性基因

双生病毒科携带单链 DNA，这种环状基因组通过滚环复制产生双链 DNA 中间产物。它会感染单子叶或双子叶植物，已经在世界范围内造成了严重的作物损失。根据病毒的基因组结构、宿主范围和载体传播方式，将其分为四属：马斯特病毒（*Mastrevirus*）、卡托病毒（*Curtovirus*）、托痘病毒（*Topocuvirus*）和秋海棠病毒（*Begomvirus*）。其中秋海棠病毒是最重要和最大的属，其基因组通常由两部分组成，即 DNA-A 和 DNA-B，总大小为 2.7 kb。DNA-A 编码许多重要的病毒复制蛋白质，包括复制相关蛋白（AC1）、复制增强蛋白（AC3）、反式激活蛋白（AC2）和外壳蛋白（AV1 和 AV2）。DNA-B 编码核穿梭蛋白（BV1）和运动蛋白（BC1），它们共同参与病毒的传播。

基因组的两部分有一个共同区域，该区域具有高度保守的茎环结构基序 TAATATTYAC，并控制复制转录相关的酶，进而启动病毒基因组以滚环方式复制，见图 4.2。然而，有些秋海棠病毒由单基因组 DNA-A 型组成，包括番茄曲叶病毒（ToLCV）和番茄黄曲叶病毒（TYLCV），DNA-A 能够在植物中成功感染。

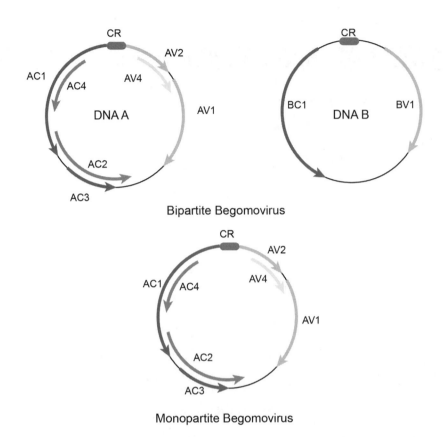

图 4.2　双生病毒的基因组结构示意图

CR，共有区域；"V"，代表病毒颗粒，"C"，代表互补。CR 区域位于基因间隔区区域内在病毒的两个基因组中共用 IR 区域中包含保守的 TAATTAC 基序的茎环结构。

基于 CRISPR-Cas9 系统基因编辑技术通过靶向入侵的病毒 DNA 在植物体内对抗病毒感染的研究始于 2015 年。首先，PDR 介导植物病毒干扰对番茄黄化曲叶病毒进行了研究。基因编码区和非编码区的 Cas9-sgRNA 已经用于转基因烟草的剪切和诱变，破坏病毒的基因组导致疾病症状显著减轻。

CRISPR-Cas9 系统也可以通过设计使其同时靶向不同的病毒序列，证实所有合成的 sgRNA 都对病毒有干扰作用，其中针对共有区域的保守序列设计的 sgRNA 是对番茄黄化曲叶病毒产生持久抗性的最有效途径。番茄黄化曲叶病毒茎环区突变导致了对其他类似的双病毒产生大范围病毒干扰[83]。

应用 CRISPR-Cas9 系统，对严重威胁东南亚国家棉花种植的重要双病毒——棉花曲叶病毒进行编辑，发现通过在转基因植物中引入保守的核苷酸序列突变，导致双基因病毒更多的靶点被编辑，从而获得广泛持久的抗病毒特性[83]。2015 年，基于 CRISPR-Cas9 系统开发了病毒抗性转基因大锦兰和芥类植物。通过引入 sgRNA-Cas9 介导突变成功地抑制了甜菜严重卷曲的前病毒的复制，分析显示甜菜具有较高的抵抗病毒感染特性。甜菜严重卷曲病毒在这些植物中的积累与 sgRNA-Cas9 的表达水平呈负相关。

针对病毒基因组设计的 sgRNA-Cas9 基因的过表达有助于创建抗病毒植物。研究表明，在贝氏病毒基因组中选择不同的靶点，使复制所需的所有关键基因发生突变。当转基因烟草中感染贝氏病毒时，降低了病毒载量和症状[84]。也有对花椰菜花叶病毒获得较强病毒抗性的研究，其中，针对外壳蛋白区域的多个 sgRNA-Cas9 的表达导致 CP 区域 sgRNA 位点的短缺失或插入，从而使转基因拟南芥植株具有对病毒的抗性。编辑过的蛋白质外壳提前停止翻译，从而失去功能，也有报道称对小麦矮缩病毒产生抗性。

在单子叶植株（*Hordeum vulgare L. cv.*）中建立了对 WDV 的有效抗性。用 sgRNA-Cas9 开发了在 WDV 菌株保守区域的多个位点引入突变。不久之后，一个研究小组成功地对另一种逆转录病毒——香蕉条纹病毒（Banana streak virus，eBSV）的 DNA 序列进行了基因替换。证实了 CRISPR-Cas9 系统是一种强大的靶向诱变技术，有可能破坏内源性病毒序列，并提出了一种可靠和有前景的用于靶向内源性病毒基因组的工具。

近年来，基于 CRISPR-Cas9 系统的基因修饰主要通过引入病毒基因组突变来控制 DNA 病毒，因为它仅限于切割 dsDNA。然而，下一代测序技术的进步发现了更多的 Cas 基因，其中 CRISPR-Cas13a 相关蛋白使 RNA 编辑成为可能。

RNA 病毒是植物感染病毒的主要类型，对农业生产构成了严重威胁。

截至 2022 年，还没有用 CRISPR-Cas9 系统开发出基因工程工具用于抵抗对植物 RNA 病毒的相关报道。然而，不同的 Cas 变体，例如来自新弗朗西斯菌的 Cas9(*FnCas9*)和 CRISPR-Cas13 已经在体内测试了其靶向 RNA 的能力。这促使科学家开展 *FnCas9*-sgRNA 系统在转基因植物中用于黄瓜花叶病毒和烟草花叶病毒等 RNA 病毒的研究[76]。利用新发现的 CRISPR-Cas13a 系统，通过靶向大锦兰和拟南芥植株的病毒基因组片段，对 RNA 病毒（萝卜花叶病毒）进行干扰。同年，Khan 等人也揭示了 CRISPR-Cas13a 系统具有显著的操纵 RNA 的能力，可以干扰植物中的 RNA 病毒。

四、CRISPR-Cas9 系统通过干扰宿主编码基因调控病毒耐药性

考虑到病毒基因组靶向的风险，由于病毒 RNA 的翻译只有在宿主因子的帮助下才能实现，因此利用 CRSPR-Cas9 产生植物病毒抗性的隐性抗性基因的方法看起来更有希望。马铃薯病毒感染了许多重要的经济作物，该病毒基因组连接蛋白（VPg）和宿主基因编码真核翻译起始因子 4E（ *elF4E* ）或其异构体 *elF* （ *iso* ） *4E* 的单链阳性 RNA 基因组能够翻译其基因组。这种相互作用对宿主病毒感染发展来说是必要的。Pyott 等人构建了 CRISPR-Cas9 系统，在拟南芥的宿主基因 *elF* （ *iso* ） *4E* 中创建位点特异性突变，这些突变成功地提高了对马铃薯病毒高滴度的抗性，并具有良好的持久性。有趣的是，在正常生长条件下， *elF* （ *iso* ） *4E* 突变体与健康植物相比生长正常[82]。此外，CRISPR-Cas9 系统被设计用于在黄瓜植株的宿主基因 *elF4E* 中引入突变，从而对不同病毒产生有效抗性，包括西葫芦黄花叶病毒、黄瓜叶脉黄变病毒和环斑病毒。

CRISPR-Cas9 系统也被用于定向诱变木薯中编码真核翻译起始因子亚型帽结合蛋白 1（ *nCBP1* ）和 *nCBP2* 的基因，从而在木薯植株中产生对木薯褐条病毒的抗性。 *nCBP1/nCBP2* 突变体在木薯褐条病毒感染时，表现出延迟症状和疾病减轻现象。

第三节　在噬菌体中的应用

　　CRISPR-Cas9 系统作为一种抗菌工具，可以通过使用噬菌体来设计和生成新的递送策略发挥作用。噬菌体可以辅助携带载体并将其运输到所需的细菌中。由于已知的病毒宿主范围很窄，只感染某一种细菌，因此，获得具有广泛宿主范围的噬菌体极其难得。虽然噬菌体是一种可靠的递送系统，但令人遗憾的是，很少有人用它研究操纵更广泛的宿主范围。

　　如前所述，基于噬菌体的 CRISPR-Cas 系统转移具有杀死病原体并使其对传统抗生素重新敏感的能力，从而从种群中消除了整个细菌。但在选择耐药菌方面还缺乏选择优势，不能使耐药菌稳定地繁殖。解决上述问题的办法是使用温和噬菌体使细菌重新获得敏感性。与其用 CRISPR-Cas9 系统杀死病原体，不如让细菌重新获得敏感性，以便用常规抗生素就可实现治疗。CRISPR-Cas9 系统用于消除细菌中的耐药性基因，同时赋予这些药物敏感菌选择性优势，以抵抗裂解性噬菌体的感染。该策略的目的不是完全消灭经过治疗的细菌，而是设法使它们对抗生素敏感，同时杀死耐药或不敏感的细菌。

　　许多不同的噬菌体基因组是通过使用 PCR 技术设计和构建的，用交换尾部纤维蛋白质基因不同组合实现基因组合成，随后在酵母菌中复制，再转化入大肠埃希菌后，可以产生感染一系列宿主的杂合感染颗粒。这些研究为设计杂合噬菌体开辟了新的途径，从而扩大噬菌体靶向宿主的范围。虽然该技术还处于萌芽期，但今后，很可能会提供一个绝佳的机会来设计能作用诸多宿主的噬菌体。

本章小结

　　CRISPR-Cas 系统已成为作物改良的革命性技术，目前已经证明可以在许多作物中设计出对不同植物病毒的抗性。与其他基因组修饰技术相比，CRISPR 具有特异性的优势，首先靶向作用强，脱靶率低。其次该系统在设计和构造上简便。因此，该系统已广泛用于对抗多种重要经济作物的病毒。

　　虽然科学家们在病毒的广谱持久抗性领域开辟了一条新途径，但是 CRISPR-Cas 的主要缺点是它会导致病毒干扰。另外在载体递送方面，随着纳米技术的进步，Cas9 和 sgRNA 的递送变得更加容易。在应用 CRISPR-Cas 系统开发抗病毒耐药性工具时面临的问题包括病毒逃逸和非靶向位点的突变。由于 CRISPR 系统可能会诱导产生新的病毒变种或品系和编辑抗病品种，阻碍了其在工程病毒抗病植株方面的广泛应用。鉴于上述考虑，应用 CRISPR-Cas9 系统实现持久病毒抗性的工程应该非常谨慎，以尽量减少病毒逃逸和编辑抗性品种的出现，为了实现这一点，需要特异性更强的 Cas 核酸内切酶来降低突变体逃逸的风险。这是该技术在抗病毒领域中，得到广泛应用的前提。

第 五 章

CRISPR-Cas9 系统在细菌中的应用

在研究宏基因组学时代，各种病原菌及工业细菌基因组序列信息不断被揭示。这些基因不仅可以用来研究病原菌的毒力，而且还能用于研究某些工业品或微生物生产中所具有的重要生物学功能。因此，有必要从表型和基因型两方面对这些重要的生物从整体生物学功能方面进行研究。为了更好地了解基因的生物学功能，我们需要从分离目的基因入手来获得相应的突变体。然而，分离方法往往需要大量的实验资源并且耗时长、成本高，而且可能会导致假阳性结果。由于突变发生在蛋白质中，使得自然界很难从实验室获得精确的数据来预测其表型。CRISPR-Cas9 系统作为一种新发现的细菌免疫系统和高效的基因编辑策略，它为我们提供了研究丰富基因功能的技术，但同时我们也面临着巨大挑战。

抗生素的广泛使用导致了细菌对药物的耐药性增强，从而使细菌出现多重耐药性（MDR）甚至广泛耐药性（XDR）现象。细菌的耐药机制比较复杂，途径包括染色体畸变、突变和基因突变等，还涉及细胞外信号转导途经中多种信号通路以及线粒体通透性改变等方面。耐药性是在各种内外因素作用下引起细菌固有结构和功能特征发生变化，如通道蛋白阻塞、药物外排、抗生素耐受酶的产生等或者使耐药结构形成，例如荚膜和生物膜等。耐药微生物通过其在胞内复制所产生的泛宿主质粒来传播耐药性。从理论上讲，由于耐药基因可以通过质粒传递给 2 种及以上的细菌，可增加对某些抗生素的耐药性；细菌的耐药性使得许多抗菌药物难以在医疗机构和畜禽养殖场使用。

大肠埃希菌和肺炎克雷伯菌均能产生超广谱 β-内酰胺酶（ESBL），这两种细菌也被称为超级耐药菌株或"超级致病菌"，是造成医院获得性院内感染性疾病的重要原因之一。*ESBL* 基因序列保守性高，对大多数抗菌药物高度敏感。β-内酰胺类抗生素如青霉素、碳青霉烯类化合物及头孢菌素等已成为临床上应用最广泛的药物之一，而单环 β-内酰胺类抗生素是近年来发展起来的新的抗生素。ESBL 的表达是导致细菌性感染的重要原因之一，有研究表明，在无症状患者中也能检测到含有 ESBL 的细菌。

近年来，由于传统育种技术日益衰退，产生了以作物改良、管理及抗病虫害为目的的新型育种技术。发展新育种技术有赖于各种序列特异性核酸酶的研究，包括锌指核酸酶（锌指酶）、转录激活因子样效应核酸酶（转录激活因子）、归巢核酸内切酶（归巢内切酶）、Cas9 核酸内切酶等。多年来，高技术及烦琐蛋白质工程要求使得锌指核酸酶，转录激活因子样效应核酸酶及归巢核酸内切酶等工具不亲民。

自从 CRISPR 系统成为 2012 年度基因组编辑研究热点以来，也为科学家们针对多数生物使用该机制编辑基因组铺平了一条道路。目前，科学家正利用 CRISPR-Cas9 系统对不正确序列进行操控和改写。CRISPR-Cas9 系统不仅可实现对感兴趣动植物基因序列进行特异性编辑，而且能够特异性筛选对常规抗生素耐受的细菌。另外，以 CRISPR-Cas9 系统为基础的基因能够十分有效地限制通过质粒扩散而导致的疾病发生。本章将介绍 CRISPR-Cas9 系统在抑制动植物病原菌方面的应用。

第一节　编辑细菌的基因组

日趋成熟的 CRISPR-Cas9 系统已经开始用于靶向病原性细菌的基因组编辑，实现敲除耐药基因和毒力因子等，它可用作抗菌剂，从而控制细菌性传染病。

例如，2013 年 CRISPR-Cas9 系统首次用于细菌基因组编辑，实现了在肺炎链球菌和大肠埃希菌中引入突变[33]。2015 年，来自上海的研究团队使用 CRISPR-Cas9 系统开发了一种在大肠埃希菌基因组中同时进行多基因编辑的策略，实现了该菌控制。

此外，还可用于修饰有益菌，以提高代谢产物、化工制品和生物燃料的产量。

例如，梭状芽孢杆菌是丙酮、丁醇和乙醇生产中最重要的细菌之一。2015 年，研究人员首次应用 CRISPR-Cas9 系统在拜氏梭菌（*Clostridium beijerinckii*）中通过无标记染色体基因缺失进行梭菌基因组编辑。利用 CRISPR-Cas9 系统在同一细菌菌株中实现了基因的高效单步删除和整合。进一步开发了 CRISPR-Cas9 系统，用于生产乙醇的模型菌株永达尔梭菌（*Clostridium ljungdahlii*）进行基因组编辑。科学家创建了一种称为 CRMAGE 的新基因组工程技术，其中 CRISPR-Cas9 系统与 λ Red 重组相结合，可在大肠埃希菌中进行高效的多重自动化基因组工程。在大肠埃希菌中进行更复杂的染色体基因替换。实现了高达 19.4 kb 的 DNA 缺失和 3 kb 的异源 DNA 的插入。并且证实了 CRISPR-Cas 衍生的切口酶能够指导侧翼重复序列在大肠埃希菌中重复的大小基因组区域进行靶向重组。2017 年，为了编辑大肠埃希菌中无 PAM 和 CRISPR 耐受的区域，开发了 CRISPR-Cas9 系统辅助的无 sgRNA 一步基因组编辑技术。该技术需要通过同源重组将通用的 N20 序列插入大肠埃希菌染色体，然后通过 CRISPR-Cas9 系统进行双链断裂并诱导基因组内重组以完成编辑过程。

一、细菌中的多基因编辑

为了同时编辑大肠埃希菌中的多个基因位点，开发了 CRISPR-Cas9 系统辅助的多基因组编辑（CRISPR-Cas9 assisted multiplex genome editing, CMGE）技术。将功能部分组装成可复制的质粒，并通过可诱导的表达系统控制 Cas9 基因的表达，使转化与编辑过程分离，从而提高编辑效率。在该技术中，用模块化组装策略快速构建多个 sgRNA 质粒。

2018 年，研究人员对 CRISPR 基因编辑技术进行了改造，该技术称为 CRISPR-SKIP，使用胞苷脱氨酶单碱基编辑器，通过改变剪接接受器位点内的 DNA 碱基，可以使细胞将其作为非编码部分进行阅读，从而跳过外显子。

二、利用 CRISPR-Cas9 系统消除哺乳动物致病菌

CRISPR-Cas9 系统能够靶向有选择性地从混合菌中清除特定菌株。特别是当只关注致病菌而不考虑共生菌时，CRISPR-Cas9 系统提供的这种特性就显得极其重要。用两种基因型密切相关的不同大肠埃希菌作为研究对象，设计了每个基因型特有的 2 个不同的 sgRNA 和 1 个识别两个菌株共有序列的 sgRNA。不出所料，每个菌株特有的 Cas9 和 sgRNA 复合体能够成功地去除其相应的菌株，而不妨碍其密切相关的菌株，而设计的识别两种菌株共有序列的 sgRNA 能够将这两种菌株从小鼠的肠道菌群中剔除。此外，很少有单独研究对金黄色葡萄球菌和大肠埃希菌临床重要病原体的选择性靶向清除。在金黄色葡萄球菌的研究中，构建了噬菌体介导 CRISPR-Cas9 的递送系统，用于证实特异性序列能够特异性地去除携带毒力基因的细菌。事实证明，这种方法也能有效去除携带 *AMR* 基因的质粒，从而使细菌对抗生素重新敏感。

同在金黄色葡萄球菌中一样，在大肠埃希菌中也采用了基于噬菌体的转

导方式来递送 CRISPR-Cas9 系统，以特异性地去除质粒内的 *AMR* 基因。此外，以结合性质粒形式递送的 CRISPR 工具在杀死染色体中携带耐药基因的细菌方面也显示出很好的效果。上述两项研究在小鼠体内已经证实了杀菌效果。

携带 CRISPR-Cas9 系统的噬菌体能够杀死在小鼠皮肤上定植的金黄色葡萄球菌以及幼虫中的肠出血性大肠埃希菌。虽然上述方法能够靶向所选择的病原体，但是这些微生物不能传递给下一代耐药菌，其结果是耐药菌在群体中仍然稳定存在，该缺点可以使用溶源性和裂解性噬菌体克服。

通过使用 CRISPR-Cas9 系统对大肠埃希菌中的 β - 内酰胺酶基因进行敲除，避免了在大肠埃希菌中 β - 内酰胺酶基因的高序列突变体（>200 个突变）的出现。另一种引发条件性医源感染的肺炎克雷伯菌，该细菌耐受包括多黏菌素在内的大量药物，有科研团队正致力于通过靶向 *AMR* 相关基因或毒力基因来阻止该耐药菌的传播。CRISPR-Cas9 系统替代传统基因组编辑技术，在根除一些高耐药性菌株带来的可怕感染方面具有巨大潜力。

第二节　治疗植物病原体感染

植物通常容易受到细菌、真菌和病毒等大量病原体的感染，最终造成巨大的经济损失。虽然使用某些农药或抗病原体制剂有效，但是也会通过突变或重组获得的新基因型导致上述控制策略无效。随着耐药菌株的增加，以及它们在自然界中的大面积扩散，现有的控制策略可能会变得完全无效。因此，需要设计出新的方法来增强植物对病原体的抵抗力。CRISPR-Cas9 系统主要用于对付一些植物病毒和真菌，但用于对付细菌的研究却很少。可能的原因之一是，与真菌和病毒相比，在已知的众多细菌种类中，只有少数几种细菌感染植物。

植物病原菌常难以控制。首先，由于无适当的农药；其次，因为自然界中的感染通常是无症状的，难以被发现。这些细菌通常被归为多宿主性细菌，包括感染各种各样的宿主的细菌，主要有在一些单子叶植物和双子叶植物中引起疾病的细菌，如青枯雷尔氏菌（*Ralstonia solanacearum*）；只感染特定作物引起番茄细菌腐烂的细菌，如番茄溃疡病菌（*Clavibacter michiganensis*）；能够交叉污染动植物的"跨界交叉感染者"，例如可以感染植物和昆虫的软腐病原细菌（*Dickeya dadantii*）。

　　目前，用 CRISPR-Cas9 系统抵抗植物病原菌的报道非常少。其中之一是利用 CRISPR-Cas9 系统赋予柑橘治疗柑橘溃疡病。柑橘溃疡病是一种植物病害，其特征是叶斑和果皮上的斑点。在严重情况下，可能导致落叶甚至落果。该病的元凶是柑橘单胞菌亚种 *Xanthomonas citri* subsp.citri（Xcc）。另外 *CsLOB1* 基因是由致病因子 PthA4 诱导柑橘溃疡病的易感基因。 PthA4 附着在 *CsLOB1* 基因的启动子区并诱导其表达。一种用于破坏 PthA4 效应结合元件的穿梭载体，在接触柑橘 4 d 后，突变株的溃疡病症状明显减轻。PCR 测序显示 LOB 家族的其他基因无脱靶突变。在类似的研究中，设计了 pCas9-sgRNA 靶向柑橘 *CsLOB1* 等位基因中 PthA4 效应结合元件的整个序列，并将其删除。据报道，只修改易感 *CsLOB1* 基因的启动子区域就能够赋予高度抗性，实现阻断柑橘溃疡病的由 Xcc 产生的致病因子 PthA4，从而抑制 *CsLOB1* 基因的表达，实现对 Xcc 的控制，达到治疗柑橘溃疡病的效果。

　　另一个用 CRISPR-Cas9 系统的例子是治疗水稻的细菌性白叶枯病。细菌性白叶枯病是由稻瘟病病原菌 *Xanthomonas oryzae pv.oryzae*（Xoo）引起的植物病害。稻瘟病菌通过植物伤口和水蛭进入水稻，并寄居在维管组织中。为寄居在宿主中，病原体释放模仿宿主蛋白的效应性蛋白，调节宿主的免疫反应，以利于自己的生长。常见的机制是通过诱导宿主的易感基因，为细菌的增殖提供良好环境。转录激活因子样效应子介导的这些基因的激活已经通过序列特异性识别目的基因启动子区域的 EBE 来实现。

　　参与植物和病原菌互作的糖外排转运蛋白家族 SWEET 是 Xoo 效应蛋白

的主要靶标。据报道，*OsSWEET11* 和 *OsSWEET13* 的效应器结合元件是携带 PthXo1 和 PthXo2 效应蛋白的亚洲 Xoo 种群的共同靶标。2015 年，在水稻中引入了 *OsSWEET13* 易感基因的无效突变，使作物对细菌性白叶枯病产生了抗性。此前，有关于 *OsSWEET14*（Os11N3）类似的基于 TALEN 的启动子突变研究，也观察到破坏上述基因可以阻止 Xoo 赋予的致病机制引起的感染。将来，可通过 CRISPR-Cas9 系统对敏感植物基因进行启动子编辑，可能会帮助植物摆脱柑橘溃疡病和白叶枯病等疾病，从而提高种植者收益。

第三节　CRISPRi 在细菌中的应用

一、CRISPRi 的概念

CRISPR-Cas 基因组编辑策略与 CRISPRi 的一个主要区别在于，前者利用野生型 Cas9 的核酸酶活性引起基因组的固定变化，后者利用核酸酶缺陷型 Cas9（dCas9）在其酶活性所需的关键位点发生突变，阻碍 RNA 聚合酶的运动，从而阻断转录。因此，CRISPRi 可以帮助对细菌生长所必需的基因进行功能表征，而这些基因是传统的基因失活方法无法编辑的。开放读码框反义链的表达、启动子置换条件表达、受控蛋白质水解等是暂时沉默细菌必需基因表达的一些常用策略，包括：反义干扰开放读码框、置换启动子、水解受控蛋白质等，然而这些工具存在自身的局限性，使其应用受限。相比之下，CRISPRi 是一种相对简单且易于使用的基因沉默方法，同时也适用于细菌。

与 CRISPR-Cas9 系统类似，CRISPRi 用于转录抑制的工具需要多个组件。这些成分的恰当表达和定位显著影响抑制强度。虽然对不同生物的要求可能不同，但根本原则是一样的。在本节中，主要考虑如何实现 CRISPRi 在细菌中的表达调控。

二、CRISPRi 的作用机制

（一）CRISPRi 工具的结构组成

CRISPRi 的组成结构与 CRISPR-*Sp*Cas9 系统类似，基本元件需要 dcas9 和 sgRNA ，在 dcas9 的后面可以连接激活元件（例如 VP64 等）或者抑制元件（例如 KRAB 等）。

1. dCas 蛋白质

CRISPRi 最常用的是将 II 型系统的效应蛋白 *Sp*Cas9 蛋白进行点突变获得只有结合特性没有剪切特性的 dCas9。除此之外，有少量研究了 *Sa*Cas9（1053aa）、*Fn*Cas9（1629aa）和 *Nme*Cas9（1082aaa）。值得一提的是，虽然所有 II 型 Cas9 衍生物都带有保守的催化活性中心，但是它们的分子大小和 PAM 序列需求都不同，并且这些同源基因在功能上也存在差异。

*Sp*Cas9-crRNA- 靶标 DNA 复合体的晶体结构分为两部分，一部分是识别和结合 crRNA- 靶标 DNA 复合体（REC）所必需的，另一部分是切割靶标位点（NUC）的核酸酶活性所必需的（图 5.1）。结构分析显示这两部分中存在 3 个不同的结构域。NUC 部分包含 RuvC 结构域，跨越 1–59、718–769 和 909–1098aa 残基，HNH 结构域（775–908aa）和 PAM 相互作用结构域（1099–1368aa）；REC 部分包括 REC1 结构域（94–179 和 308–713aa）、REC2 结构域（180–307aa）和 α 螺旋桥（60–93aa）。值得注意的是，RuvC 结构域中的 D10、E762、H983 和 D986 对于靶标 DNA 非互补链的剪切至关重要；同样，HNH 中的 D839、H840 和 N863 残基在核酸内切酶结构域中是关键氨基酸，其中 H840 是切割靶 DNA 互补链所必需的。Cas9 的裂解活性位点的特异性由 PAM 序列、trcrRNA-crRNA 双链和靶向 DNA 的配对共同决定。由于核酸酶的活性，互补链上 PAM 上游 3nt 和非互补链上 PAM 上游 3–8 nt 被 Cas9 剪切。PI 结构域是 Cas9 与 PAM 序列相互作用的一个独特的蛋白质折叠，是决定不同 Cas9 同源序列 PAM 特异性的主要因素[9, 13]。

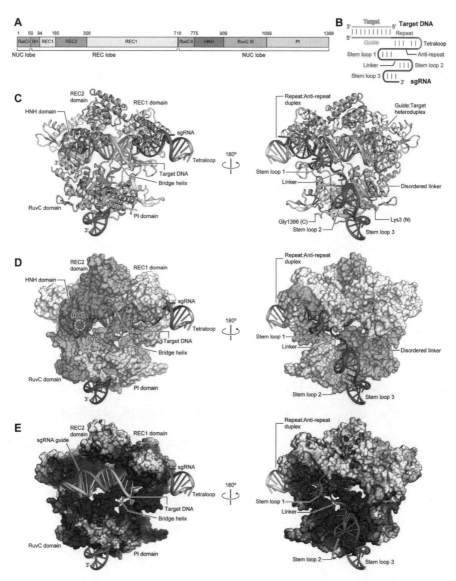

图 5.1　SpCas9-sgRNA-DNA 三元复合体的晶体结构[13]

（A）结构域组成示意图；（B）sgRNA：靶 DNA 复合体的结构示意图；（C）带状图表示 Cas9-sgRNA-DNA 复合体；（D）Cas9-sgRNA-DNA 复合体的表面，RuvC（D10A）和 HNH（H840A）结构域的活性中心由虚线圆圈强调；（E）Cas9 的静电表面电势。

NUC lobe 为核酸酶叶；Rec lobe 为 cRNA 识别叶；heteroduplex 为异源双链核酸分子；domain 为结构域；Bridge helix 为螺旋桥；Tetraloop 为四核苷酸环；Stem loop 为茎环；Anti-repeat duplex 为反向重复双螺旋结构。

通过晶体结构研究构建了具有差异核酸酶活性的 Cas9 突变体。而野生型 Cas9 具有在 DNA 中产生位点特异性双链断裂的核酸酶性质，其中突变酶 nCas9（D10A 或 H840A）能够产生单链缺口，dCas9（D10A 和 H840A）完全没有核酸酶活性。因此，dCas9 可以用于 CRISPRi。

2. crRNA 和 tracrRNA

crRNA 是 CRISPR 工具的一部分。前 crRNA 成熟为 crRNA 后，在 5' 端携带 20 nt 能够与靶标序列互补的导向序列；在 3' 端保守序列携带 19-22 nt 重复序列，能够与 tracrRNA 中的反向重复序列互补。与 crRNA 相反，编码 tracrRNA 的序列存在于 Ⅱ 型系统中 CRISPR-Cas 的上游，其转录方向与 CRISPR 相关基因相反。前 tracrRNA 转录本长度为 171 nt 和 89 nt，成熟的 tracrRNA 长度为 75 nt。值得注意的是，171 nt 和 89 nt 形式的前 tracrRNA 都包含 25 nt 的序列区域，该区域的碱基是前 crRNA。与 tracrRNA 匹配的 42 nt 成熟 crRNA 再与 Cas9 形成效应复合体（crRNA：tracrRNA：Cas9），再执行基因组的靶向编辑。基于这些发现，Jinek 等人设计了一种嵌合的 RNA，该 RNA 在 5' 末端可用于识别靶标序列的结构，随后序列是类似于 tracrRNA-crRNA 相互作用的发夹环，并将 5-12 nt 延伸到发夹结构之外，以有效地容纳 Cas9 和随后识别靶标[11]。单链转录本又称 sgRNA，可以在靶标位点特异性引导 Cas9，而不会改变其基因组编辑功效。

3. 原间隔序列临近基序（protospacer adjacent motif，PAM）

因为 sgRNA 和 Cas9 可以在任何生物系统中普遍共表达，所以 sgRNA 的设计简化了 CRISPR-Cas9 的基因组编辑过程。sgRNA-Cas9 系统的主要优点是，只要改变 sgRNA 的 5' 端就可以靶向 PAM 旁边的任何序列。PAM 位于被编辑基因位点序列的旁边，由 2-5 nt 组成，其序列因 CRISPR-Cas 系统的 Cas 蛋白质的类别不同而不同。PAM 的特异性取决于它们所参与的分子过程，该过程可分为间隔区获取复合体识别的空间获取基序（space acquisition motif，SAM）或靶标基因剪切过程中原间隔区识别所需的靶标干扰基序（target interference motif，TIM）。最初，认为 PAM 基序与特定类型 CRISPR-Cas 系统的功能有关，然而最近的研究已经证实不同的 PAM 序列也可以参与靶标 DNA 的识别和特定 CRISPR-Cas 系统的干扰。借助新开发的 PAM-SCANR（PAM screen achieved by NOT-gate repression）技术构建了非门控的遗传回路，实现 PAM 序列的筛选。如图 5.2 所示，基因上游启动子区的 -35bp 元件 *lacI* 被 CRISPR-Cas 系统阻断，该系统影响 *lacI* 阻遏物的表达，进而控制 gfp 的启动子活性。使用该策略，通过在 -35bp 上游插入 PAM 文库并分析其对 GFP 荧光的影响来评估 PAM 序列。通过靶向 *lacI* 启动子的正、反义链，评估了 PAM 5' 端序列。以下 PAM 的功能通过该方法在不同的体系中得到证实：Ⅱ型 SpCas9 的 NGG 或 NAG，NNGRR（其中 R 表示 A 或 A G），第 6 位的 T 残基有轻微偏差，与 Ⅱ -A 型 SaCas9 的少数 PAM 有关，包括已知的 3 nt 功能 PAM（NGAG，NTAG、NAAG、NAGG、NATG）用于 E 的 I-E 型。V 型 fnCpf1 的 PAM 序列是 NTTN 或 NCTN，以及耐盐芽孢杆菌 I-C 型 Cas 蛋白的 PAM 序列是 NTTC[87]。因此，功能性 PAM 的多样性为扩大 CRISPR-Cas 的基因编辑或干扰范围提供了机会，可应用于具有不同基因组结构生物体中的任何所需位置。

4. 三元复合体 dCas9-sgRNA-DNA 的形成

深入研究 dCas9-sgRNA-DNA 三元复合体形成过程，对于进一步优化 CRISPRi 的功效至关重要。从 sgRNA-dCas9 结合开始到转录抑制的最后一步，CRISPRi 是不同组分经历了多步骤结合和结构重排的结果。下面概述三元复合体的形成过程。

（1）活性 DNA 控制复合体的形成过程

该过程从 dCas9 和含有与靶标 DNA 互补的导向区的 sgRNA 之间形成二元复合体开始。sgRNA 与 dCas9 结合导致 dCas9 的结构重排，从而提供 DNA 识别的成熟构象。确切地说，装载到 dCas9 上的 sgRNA 涉及 3 个主要相互作用点：①引导区的磷酸主链与 REC 部分的相互作用；② REC 以独

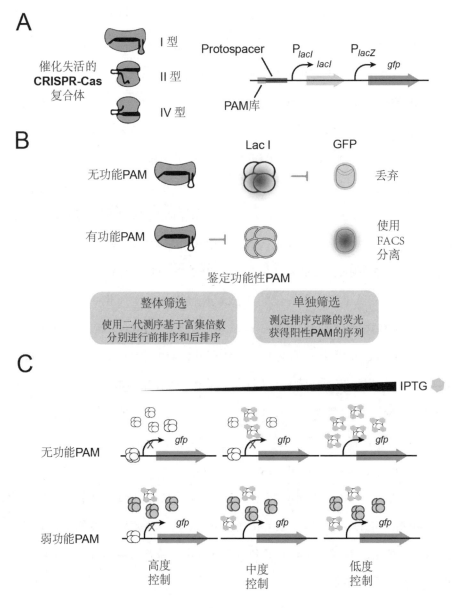

图 5.2　PAM-SCANR 筛选平台示意图 [87]

（A）筛选平台由潜在 PAM 序列库组成，*lacI* 启动子上游克隆。*lacI* 的下游是 *LacI* 依赖的 *lacZ* 启动子控制 GFP 的表达。催化 CRISPR-dCas 系统靶向 *lacI* 启动子内的 PAM，仅具有功能性 PAM 的情况下产生 GFP 荧光。（B）含有功能性 PAM 的细胞可以通过 FACS 分离，全面识别功能性 PAM。（C）使用 IPTG 筛选 PAM 的严格性，IPTG 的存在减少能够抑制基因的 LacI 蛋白质的比例，从而促进 GFP 的上调。更多 IPTG 降低了 GFP 的阈值上调，反过来降低 PAM 的限制性。

立序列方式连接 dCas9 蛋白质的螺旋区；③ REC 结构域同反向重复区域中 G43 和 U44 残基的特异性识别。对特定部分的识别也表明 dCas9 对 II 型系统的 sgRNA 具有特异性。证实二元络合物形成的 sgRNA 的另一个特征是其中存在 3 个环状结构，其可通过 dCas9 的 REC、NUC 和 PI 结构域进行可变识别，并有助于建立活性复合物。

（2）PAM 序列的控制

一旦 sgRNA-dCas9 复合体形成，dCas9 蛋白的 PI 结构域将检索基因组中与靶标相反的链上与导向区互补的特定 PAM 序列。与靶标位点相邻的 PAM 序列对于识别靶标 DNA 上潜在的 sgRNA 互补序列至关重要，甚至在检索基因组核苷酸的导向区互补性之前就已经进行了核对。dCas9 的 PI 结构域中 133 和 1335 位的精氨酸残基与 PAM 基序（5'-NGG-3'）的 GG 二核苷酸形成氢键相互作用。dCas9 与靶标 DNA 无物理接触，只与含有非靶标链的 PAM 区域形成相互作用。

（3）形成 dCas9-sgRNA-DNA 三元复合体

dCas9 结合 sgRNA 的 PAM 中暴露的近端核苷酸在靶标识别后，在 sgRNA 的识别区与互补的靶 DNA 链之间生成核位点，从而触发 DNA 解旋，形成 R 环。Cas9 还含有一个磷酸锁环，能与靠近 PAM 的靶链 DNA 中的磷酸部分相互作用，并将 PAM 的上游区域稳定在解旋的构象中，导致碱基对 DNA 向 sgRNA 的局部退火。

sgRNA 的 5' 端和靶标 DNA 的 3' 端发生同源互补匹配，再结合 dCas9 形成了 dCas9-sgRNA 和靶标 DNA 的三元复合体。在 sgRNA 靶向序列 3' 末端的 10 nt 称为 sgRNA 的识别区，对于 sgRNA 同靶标 DNA 的匹配至关重要。sgRNA 与靶标 DNA 的碱基互补配对是从识别区开始的，从 3' 到 5' 的方向上形成完整的 20 bp 区域的匹配。sgRNA 的识别序列使 dCas9-sgRNA 二元复合体倾向于与靶标 DNA 序列保持结合，赋予 dCas9 具有 DNA 识别的活性构象。带负电的 sgRNA 靶标 DNA 复合体与 dCas9 的 REC 和 NUC

区域形成的带正电凹槽相匹配，促进磷酸主链和碳原子与 dCas9 的 REC1、RuvC 和 PI 结构域相互作用。由于与 RNA 聚合酶的物理碰撞，无论是在起始阶段，还是 mRNA 转录延伸阶段，dCas9 在靶标位点的滞留直接阻断转录。对延伸转录物测序证明 dCas9 不会改变 mRNA 稳定性或其翻译，但会使在靶标位点激活 sgRNA 上游的转录暂停。相反，在基因组编辑的情况下，三元复合体的这种定位带来构象变化，使得野生型 Cas9 的 HNH 结构域能够接触到靶标 DNA 的互补链，从而在 PAM 上游 3 nt 处进行剪切。同时，RuvC 结构域在非互补链中也产生缺口，从而导致基因被剪断[33]。

（二）CRISPRi 工作元件的表达方式

通常 CRISPRi 行使其职能所必需的 dCas9 及 sgRNA 表达都需要启动或调节。组成性的靶序列可以通过转录或翻译后修饰等方式与特定的调控启动子结合，从而实现条件表达或者剂量依赖方式可逆地靶向目的基因。而 dCas9 与蛋白质相互作用时具有很强的结合能力。因此，dCas9 对于物种都具有广泛的调控作用。但是，CRISPRi 是高度保守且缺乏特异性的，所以对于组成型启动子，dCas9 则有可能在非特异性位点产生脱靶效应。为使脱靶效应降低到最低，应使 dCas9 适量表达或在启动子的调节下表达，表达的高低可受外源调节剂量控制。

（三）CRISPRi 工作元件的递送方式

在 dCas9 和 sgRNA 递送方式的选择上可以用单质粒或双质粒载体，两者各有优缺点。单质粒系统操作简单，只需要单一的抗生素抗性标记。此外，在使用单个质粒时，仍有可能为其他研究引入替代质粒，如同时表达无关转录本。dCas9 全长序列 >4 000 bp，这使得重组质粒的大小明显增大。因此，含有 dCas9 序列的表位质粒的稳定性可能是一个问题，而整合质粒可以作为 dCas9 长期维持和表达的替代质粒。单拷贝整合质粒还限制了细胞内 dCas9 的整体浓度，有助于避免其非特异性作用。也可能在单拷贝整合质粒中 sgRNA 的表达不足以完全沉默靶序列；来自多拷贝复制质粒载体的表达导致抑制效率大于 99%。因此，如果将 sgRNA 和 dcas9 同时在一个质粒中表达，最好的选择是整合质粒，包含一个温和的或可以调节的启动子来促进 dCas9 转录，并且需要一个强的启动子来促进 sgRNA 的转录。更为重要的是，dCas9 上游的序列必须含有核糖体结合位点才能翻译，而在质粒中 sgRNA 序列前必须存在核糖体结合位点，从而避免 sgRNA 被核糖体占据。

质粒大小的限制是单质粒系统面临的挑战之一。其不允许克隆多个启动子的 sgRNA 结构，因为大小的增加明显阻碍了重组质粒的转化效率和稳定性。这就需要将多个 sgRNA 使用独立的第二个质粒来进行表达。然而，双质粒系统的缺点是要实现抑制基因的表达，就必须增加额外的步骤。重组菌株也必须在多种抗生素存在下才能维持这两种质粒的稳定性，这对环境会造成严重威胁。

（四）sgRNA 靶向位点的选择

CRISPRi 的有效性显著与 sgRNA 结合的靶序列的控制有关。有研究发现，在大肠埃希菌和结核分枝杆菌中，当 sgRNA 靶向转录起始位点附近的序列时，由 d *sp*Cas9 产生的干扰更有效。重要的是，靶向编码区的 sgRNA 只有与正义链杂交才能获得成功，而与反义链结合的 sgRNA 则不能有效地抑制基因的表达。抑制也可以通过靶向启动子区域实现，特别是在 −35 nt 和 −10 nt 位置。值得注意的是，无论 sgRNA 结合在启动子区域的 DNA 链任何位置，其干扰效果一致。然而，来源于嗜热链球菌（*S. thermophilus*）的 *st*Cas9 在编码区的转录起始位点附近就能发挥作用。

在寻找靶向位点的同时，另一个关键的要求是 sgRNA 杂交附近需要有 PAM 序列。如上所述，由于 *sp*Cas9 的 PAM 序列偏好为 5'- NGG-3'，所以在利用 d *sp*Cas9 进行 CRISPRi 的 sgRNA-DNA 杂合定位后，反义链上也需要同样的位置。值得一提的是，PAM 序列不属于 sgRNA，而属于 DNA 能够与靶位结合的 dCas9-sgRNA 复合体识别。

1. 设计 sgRNA

全长 sgRNA 需要 3 个不同的序列，从 5' 向 3' 方向分别是引导序列（大约 20~25 nt 碱基），骨架序列（大约 42 nt 能够与 Cas9 结合）和终止子序列（大约 40 nt）。为了表达完整的 sgRNA，可以将骨架序列和转录终止子序列的通用序列永久整合到质粒载体中。

在上游位置可创建多克隆位点，用于插入靶特异的 20~25 nt 引导序列，在合适的启动子控制下进行。虽然传统克隆的酶切位点可以用来插入单个的引导序列，但是无缝克隆是克隆多个 sgRNA 的首选方法。

已有研究发现，某些引导序列，特别是富含 GC 的引导序列，在介导抑制方面无效。因此，可能需要对多个 sgRNA 序列进行评价。影响引导序列有效性的因素有很多，如二级结构的形成、DNA-RNA 杂交的稳定性等。为了尽量减少实验验证工作，科学家们可以借助靶向不同生物体专门设计的在线工具，并预测适当的引导序列。这些设计多样化的工具在预测模型时，会考虑某些参数，例如基因组类型（富含 AT 还是 GC）、Cas 蛋白质种类、PAM 序列特征等。根据每个引导序列的评分，选择评分最高的引导序列进一步开展实验证实。一些工具如 CHOPCHOP、CasPER 和 GuideScan 对设计 sgRNA 非常有用。一旦引导序列确定下来，就可以通过 BLAST 比对进一步评估，以识别 sgRNA 的引导序列在对应基因组中是否具有潜在的脱靶结合区。据研究证实，sgRNA 中至少需要 12 nt 序列才能被抑制。因此，应严格避免与任何 12 nt 或更长的脱靶序列具有同源性的 sgRNA。

2. 基因沉默评价

抑制转录可由 dCas9 和靶特异性 sgRNA 的共表达实现。实验结果表明这种方法是可行的，例如，用 dCas9 和 sgRNA 靶向必需基因的方法来鉴定细菌中感兴趣的目的基因。在这种情况下，如果发现细菌的生长急剧减少则表明沉默有效。因为组成性表达会增加杀伤力，并限制细菌在转化 CRISPRi 质粒后生长出菌落，所以该方法严格要求诱导启动子来表达 CRISPRi 元件。

同时需要对影响抑制效率的其他因素进行考虑，如选择合适的基因、适当的起始密码子以及使用特定的抑制剂等。为了克服这些缺点，人们提出了一些新的方法来解决定量控制基因的问题，例如使用可测量、基于形态学或生化改变的检测等沉默表型。更精确的定量方法是比较分析抑制后靶标序列的转录水平。如果蛋白质编码序列具有靶向性，也可以通过特异性抗体的免疫印迹来定量评价抑制效果。

三、CRISPRi 的优缺点

目前，Pubmed 数据库已经收录约 2.7 万篇关于 CRISPR-Cas9 系统的研究文章，凸显了该系统的热度。与其他当代技术相比，CRISPR-Cas9 之所以引起全世界的关注，主要原因是该系统在任何生物中都具有易实现性和普遍适用性。然而，与其他基因策略一样，CRISPR-Cas9 也存在一定的问题。本部分主要讨论 CRISPRi 用于基因沉默时的优缺点。

（一）CRISPRi 的优势

1. 可逆性

因为 dCas9 是通过 RNA 引导的方式结合目标序列，所以调控 sgRNA 及 dCas9 的表达可以逆转 CRISPRi。虽然干扰会与调节子共同发挥功能，但是如果 sgRNA 及 dCas9 的表达量不足，就会使干扰恢复到正常状态。CRISPRi 的这种可逆性，可以实现对目标序列的精确控制，能够用于测定生物体的必需基因和新转录本的功能研究。

2. 用于研究必需基因的特性

在 CRISPRi 出现前，必需基因的功能鉴定极为烦琐。早期研究某些必需基因重要程度的策略（例如构建转座子置入突变体库和利用调控启动子代替原有启动子进行转录本条件表达）并不理想，原因是耗时且耗力。例如建立转座子突变体库就涉及将转座子随机地插入基因组，然后将生成的克隆测序以便准确地确定每一个克隆的插入位点。一旦有足够多的克隆被筛选出来，这些保留完好的位点便被视为编码基因的产物。用此法可能要对基因组平均 3~4 Mb 克隆进行筛选以获得转录本的功能特性。类似地，启动子互换能否成功取决于同源重组发生频率，而同源重组发生频率物种之间也存在显著差别，往往会引起非特异性的整合。与此相对应，用 CRISPRi 的可逆性来抑制基因沉默这一方法已经被证实对于获取必需基因所具有的功能是十分明智的。通过对细菌诱导 dCas9 及对应 sgRNA 的监测可明确预测转录本的功能。另外，调控分子经简单测定即可系统地诠释靶基因的功能。

3. 多基因快速干预

正如上文所述，常规基因编辑技术既费时又不适用于在限定时间内对多种基因进行功能解析。CRISPRi 构建 sgRNA 克隆文库可在短期内得到与其功能相关的信息，对多种靶序列的研究很有帮助。该方法既能研究编码基因，又能研究非编码基因的功能。sgRNA 文库经过精心设计，合成对所关注靶点具有互补作用的寡核苷酸，再退火后插入适当质粒载体 Cas9 序列旁边。在含 dCas9 细菌上，经 DNA 测序证实后，再对融合 sgRNA 进行克隆改造，形成了一系列具有表达选择性且可控培养的 sgRNA 文库菌落。先提取质粒构建 DNA 文库，经二代测序（NGS）后检测每个 sgRNA 在选择性条件与对照条件之间的改变来评价 sgRNA 的功能适合性。对每个靶序列和基因组内无同源性对照 sgRNA 分布进行对比分析，以揭示在特定条件下该特定序列和相关表型之间的关联程度。

CRISPRi 工具在同时抑制多个基因的情况下，并没有进一步提高重组菌株对于多种抗生素耐药性。多基因 CRISPRi 方法可以帮助表征组成代谢通路多种基因的功能，从而揭示其级联作用和层次。另外，常规启动子替换方法在基因组已复制靶基因沉默时具有局限性。对这种冗余基因来说，下调一个拷贝是没有效果的，因为它在细胞中表达是多拷贝的。由于 CRISPRi 技术与 sgRNA-dCas9 复合体匹配有关，细胞内表达以同源基因为靶标的引导序列将同时对多种拷贝产生抑制作用。

4. 关键蛋白质结构域的体内鉴定

有很多基因编码包含多种结构域的蛋白质，其中结构域至关重要，可被用作药物靶点来探究。尽管以突变为基础的方法对于体外表征不同蛋白质结构域有很好的结果，但是对识别对蛋白质体内功能非常关键的残基是一个挑战。由于 CRISPRi 是由 20 nt 短序列参与并作用于靶位点 100 nt 左右，所以其能够对细胞内特定蛋白质结构域进行有效抑制。根据其在细胞生长过程中的作用，能够方便地确定相应功能，这种作用既可以在正常生长条件进行，又可以在干预条件下进行。若某一特定结构域对保持蛋白质活性非常关键，则其特异性抑制对细胞生长不利。相比较而言，若这种结构域冗余，那么它抑制生长的作用较小，甚至不产生任何作用[40]。

5. 药物靶点的鉴定

CRISPRi 使用调控启动子沉默达到了调节调控因子的作用，使基因表达达到期望水平。这对于表征潜在药物靶点很有帮助，且由于无须真正筛选出价格高昂的小分子抑制剂，就能筛选对细菌生长有半数抑制作用的基因，因此可考虑应用于以靶点为基础的小分子抑制剂的筛选。

判断药物疗效好坏的一个主要参数，就是它对胞内靶蛋白质功能实现 99% 最小抑制浓度。即使在 50% 或更低的表达水平下支持细菌生长的蛋白质，也会增加相应抑制剂的最低抑制浓度，因此可能不适合用于抑制剂的筛选。利用 CRISPRi 技术得到的蛋白质剂量需求信息可以帮助识别潜在药物靶标的优先顺序。

6. 用于定位启动子区域或者鉴定操纵子

有时零散的基因通过其启动子序列重叠而转录。此外，如果相邻基因在同一方向转录，下游基因的启动子元件可能与上游编码序列重叠。因此，即使两个基因在功能上不相关，一个基因元件中的任何干扰都会非特异性地影响相邻转录本的表达。由于 CRISPRi 方法不需要对启动子元件上的 DNA 链产生任何改造，因此该技术可以通过检查多个位置，从而精确定位基因组上两个方向的启动子区域。从而有助于识别转录到操纵子中的基因。在这种情况下，位于潜在操纵子第一个基因上游区域的位点上 dCas9 的结合将对所有基因的转录产生类似的作用，而附近独立转录的基因则不受影响。

7. 其他优势

尽管 CRISPRi 已提供了多种用途，但是该技术的使用潜力仍可在许多方面得到深入挖掘。在 CRISPRi 对微生物的研究中，已证明对于表征多种物种同源基因功能是十分有益的。单一的 sgRNA 序列就足以扰乱包含在不同细菌种中与导向序列相匹配的同源基因表达，从而可方便地分析某一基因的功能并进一步判断该基因在有关细菌内是否保守。值得一提的是，该技术还可以有效地对各种丰度的转录本进行沉默。相对于传统的基因敲除方法，CRISPRi 质粒转化细菌并没有带来非特异性恢复菌落的危险，这进一步提升了这一技术的应用效率。

（二）CRISPRi 的局限性

1. Cas 蛋白质需要密码子优化和高效表达

尽管 CRISPRi 是一种在不同生物系统中进行转录抑制的非常有用的技术，但它本质上需要大量的 dCas9 蛋白质，这是 Ⅱ 型 CRISPR-Cas 系统的变种，在细菌中很少存在。因此，表达外源的功能性 dCas9 蛋白质仍然是一项具有挑战性的工作。由于富含 AT 的肺炎链球菌和嗜热链球菌是基因组干扰 CRISPR-Cas 技术中最常见的 Cas9 蛋白质来源，它们在富含 GC 基因组的其他生物中很难实现表达。这需要对大于 4 000 bp 的 dCas9 的基因进行密码子优化和合成，使其有效地转化为不相关生物体内的功能蛋白质，这显然不经济。因此，表达外源的功能性 dCas9 蛋白质仍然是一项具有挑战性的工作。

2. 优化 sgRNA

sgRNA 与靶序列匹配的稳定性决定了 CRISPRi 抑制基因表达的有效性。虽然有多个在线工具可用于设计 sgRNA，但这些工具仅限于少数物种。因此，需要通过反复试错，多次优化 sgRNA 序列设计的工具，直到找到沉默效果最好的 sgRNA。

3. 对 PAM 的要求

CRISPRi 需要 PAM 序列对 dCas9-sgRNA 复合体在靶基因组上进行适当定位。然而，PAM 序列限制了这种方法在任意期望位置干扰基因。如第三章所述，现在有不同的 Cas 蛋白质需要特定的 PAM 序列，利用基因突变的核酸酶，可以增加 CRISPRi 方法的通用性。然而，每次这样的尝试都会增加突变体的构建成本，需要进行额外的优化。

4. 对邻近基因的影响

由于 dCas9 蛋白质的大量存在，CRISPRi 的作用从匹配位点扩散到邻近的 100 nt，如果将其定位于 100 nt 内，短开放读码框的干扰可能导致相邻转录本的非特异性抑制。因此，在实施 CRISPRi 抑制此类基因时，需要谨慎。此外，这种非特异性需要检测相邻基因的表达水平，以确定表型与靶标基因是否相关联。

5. 抗生素的持续使用的问题

尽管 CRISPRi 能使用单一抗生素标记对多个靶点进行抑制，但必须在抗生素作用下才能维持基因敲低菌株中含有的质粒。如果持续使用抗生素，可能会通过水平基因转移或者耐药菌向环境扩散等途径增加相应抗生素耐药基因导入其他易感细菌中的风险。

第 六 章

CRISPR-Cas9 系统在真菌中的应用

真菌是单细胞或多细胞的真核微生物，主要用于维护生态系统的平衡和碳源的回收及利用。根据形态和生活周期，真菌分为 3 大类，即酵母菌、霉菌和蘑菇。本章将介绍酵母菌和丝状真菌两种类型的基因组编辑。

酿酒酵母菌（*Saccharomyces cerevisiae*）属于芽殖酵母菌，是酵母菌的代表菌和研究真核分子生物学的理想单细胞生物模型。另外，酿酒酵母菌具有生产生物制品的潜力可用于制作各种食物和饮料以及作为细胞工厂生产各种各样的化学制品，例如乙醇和油。一些其他种类的酵母菌称为非传统酵母菌，包括致病酵母菌，例如使人体得病的白色念珠菌（*Candida albicans*）。

丝状真菌是多细胞真核微生物，包括霉菌和蘑菇，很多丝状真菌与食物、农业和制药密切相关，因为它们在用于与食品和饮料生产相关的发酵以及生产有机酸、乙醇、脂肪酸、酶、抗生素和色素等方面非常有用。蘑菇形成子实体，其中一些是可食用的。相反，丝状真菌还包括各种动植物病原体，例如一些能够产生真菌毒素的真菌。

快速可靠的真菌基因组编辑，是深入了解真菌特定基因的分子机制的关键，人们需要对这些基因进行编辑，以证实特定基因的功能。目前，CRISPR–Cas9 系统基因组编辑技术已经给基因组工程带来了革命性的变化，正被广泛用于生物学研究中，成为不可或缺的 RNA 引导的基因组编辑工具。本章就 CRISPR–Cas9 系统在真菌中的应用进行概述。

第一节　酵母菌中的基因组编辑

尽管在酿酒酵母菌中同源重组具有极好的修复能力，可以实现基因的缺失、插入、倒位和易位等基因操作，但大量选择标记及营养缺乏性标记只适用于较复杂生物学研究及高通量功能基因组操作。另外，非传统酵母菌及工业酿酒酵母菌高效基因组操作仍具有挑战。这类非常规酵母菌株，分子工具少，同源重组效率差，是制约功能基因分析研究的重要因素。本节将重点概述 CRISPR–Cas9 系统在酿酒酵母菌和非传统常规酵母菌中基因组编辑的应用。

一、多基因编辑

用 CRISPR–Cas9 系统对酵母菌进行多基因编辑，使用不同的 sgRNA 靶向于基因组内 5 个不同的位点（*bts1*、*yjI064w*、*erg9*、*ypl062W* 和 *rox1*），实现了在酿酒酵母菌中进行突变筛选，发现突变效率为 100%。该研究敲除了一条甲羟戊酸合成的竞争通路，最终使酿酒酵母菌的甲羟戊产量比天然菌株增加了 41 倍。CRISPR–Cas9 系统用于控制植物中的真菌感染，以提高作物产量。密码子优化的 Cas9 提高了在许多真菌中的基因组编辑能力[88-90]。

（一）酿酒酵母菌的基因组编辑

1. Cas9 和 sgRNA 的表达和递送

自 CRISPR–Cas9 系统首次在酿酒酵母菌中应用以来，最初的基因组编辑策略及相关技术已经得到了极大优化，并且应用于各种酵母菌中（表 6.1）。

表 6.1　酿酒酵母菌中 CRISPR-Cas 系统应用概述

菌株	sgRNA 或 Cas9 表达载体	CRISPR-Cas 系统递送方式	基因编辑效率	特征与标记	参考文献
BY4733（n）	SNR52 pro.（CEN/ARS）/TEF1 pro. or GALL pro.- human codon Cas9（2m）	sgRNA 和供体片段转化 Cas9 表达细胞	HR 介导的单基因干扰（99%）	首次酿酒酵母菌基因组中编辑	[91]
S288c（n,2n）	tRNA pro.-HDV ribozyme（2m）/RNR2 pro.-native spCas9（2m）	与单个 CRISPR-Cas9 载体和供体片段的共转化	HR 介导的单基因干扰（90%~100%） HR 介导的多基因干扰（19%~85%） HR 介导的三个标记插入（70%~85%）	无标记 / 基因组装和 DNA 文库插入 / 多基因断裂 / 二倍体菌株	[92]
LPY16936（n）	ADH1 pro.-HH 和 HDV ribo- zyme（2m）/H1 pro.- human codon Cas9（2m）	Cas9 表达细胞和 sgRNA 表达载体的共转化	NHEJ 介导的单基因干扰（n.d.）	GFP 靶向分析	[93]
ATCC4124（poly）	SNR52 pro.（2m）/TEF1-human codon Cas9（CEN/ARS）	sgRNA 表达载体和供体片段转化 Cas9 表达细胞	HR 介导的单基因干扰（15%~60%）	工业多倍体菌株	[94]
BY4741（n）	SNR52 pro.-crRNA（2m），RPR1 pro.-tracrRNA（2m）/TEF1 pro.-iCas9（2m）	与 Cas9 和 tracrRNA 表达载体以及 crRNA 表达载体（包含供体片段）的共转化	HR 介导的多基因干扰（27%~100%）	多基因干扰	[95]

续表

菌株	sgRNA 或 Cas9 表达载体	CRISPR-Cas 系统递送方式	基因编辑效率	特征与标记	参考文献
CEN. PK2-1c（n）	SNR52 pro.（2m）/FBA1 pro.-codon optimized Cas9（genome integration）	Cas9 表达细胞与体内组装骨架载体、sgRNA-PCR 扩增片段和供体片段的共转化	HR 介导的单基因干扰（82%~100%） HR 介导的多基因干扰（65%~91%） HR 介导的多基因干扰（4.2%）	无标记体内多基因干扰	[96]
CEN. PK2-1c（n）	SNR52 pro.（2m）/TEF1 pro.-human codon Cas9（CEN/ARS）	Cas9 表达细胞与体内组装骨架载体、sgRNA 表达载体和供体片段的共转化	HR 介导的单基因干扰（100%） HR 介导的多基因干扰（50%~100%）	无标记体内多基因干扰	[97]

　　如上所述，成功的基因组编辑依赖于 Cas9 和 sgRNA 的有效表达。在众多的报道中，密码子优化或酵母菌密码子优化具有核定位信号的 SpCas9 已经用于酿酒酵母菌。已知稳定的启动子 TEF1 常用于表达 Cas9，如果使用 HXT7 和 TDH3 启动子将会对该菌的生长产生负面作用。研究证实使用较弱或中等强度的启动子（ADH1、ROX3、FBA1 和 RNR2）表达 Cas9 足以进行基因组编辑。诱导型启动子也可用于调节 Cas9 的表达。自我复制低拷贝的 CEN/ARS 载体或高拷贝的 2μ 质粒载体也已经用于 Cas9 的递送和稳定表达。

　　为了有效地进行基因组编辑，功能性 sgRNA 的表达产物两端必须精确。在大多数情况下，SNR52 启动子或者其他的 RNA 聚合酶Ⅲ启动子已经用于酿酒酵母菌的 sgRNA 的转录。已有报道使用 2 个 RNA 聚合酶 III 启动子（SNR52 和 RPR1 启动子）对分别表达的 crRNA 和 tracrRNA，可以成功地进行基因组编辑。此外，将 RNA 聚合酶III启动子与丁型肝炎病毒的核酸酶相融合，可以通过剪切产物的 5' 端转录功能性 sgRNA。也有用 RNA 聚合酶 II 启动子和改良的 T7 启动子转录 sgRNA 后携带 Cas9 核酸酶阻止 mRNA 修饰并转运到胞浆。当 T7 聚合酶在细胞中表达时，改良的 T7 启动子也可作为通用的 sgRNA 启动子。

在大多数情况下，采用高拷贝的 2μ 质粒载体表达 sgRNA 和 Cas9 的研究策略最完善。对于复杂的基因组编辑来说，可以采用克隆多个 sgRNA 的方法来实现。

2. 靶基因修饰

在很多真核细胞中，通过 CRISPR-Cas9 系统介导的非同源末端连接实现干预基因功能。然而，当一开始在酿酒酵母菌中使用它时，与用于其他的真核生物相比较，该方法的效率比较低（0.5%~1.1%）。解决策略是使用 CRISPR-Cas9 系统和供体 DNA 片段联合高效的同源重组实现基因修饰、靶向基因破坏、缺失、单等位基因交换和碱基替换等，编辑效率可以达到 25%~100%（表 6.1）。然而，当细胞中不存在供体 DNA 片段时，通过 CRISPR-Cas9 系统重复导入双链断裂会产生不利影响。因此，CRISPR-Cas9 系统不仅实现了在酿酒酵母菌中无标记基因组编辑，而且在二倍体（30%~100%）和多倍体（15%~60%）工业酵母菌中也高效编辑了多个等位基因。

最近，其他的 Cas9 突变体、同源体或者不同类型的 CRISPR-Cas 系统已经被用于更复杂的基因组编辑[47]。不同细菌 CRISPR-Cas9 系统之间的 PAM 需求和核酸酶特性各不相同，例如脑膜炎奈瑟菌 Cas9（NmCas9，NNGRRT PAM），嗜热链球菌 （St1Cas9，TTTN PAM）。除 2 类 II 型 CRISPR-Cas 系统外，2 类 V 型的 CRISPR-Cpf1 也被用在一些真菌中作为替代基因编辑工具。CRISPR-Cpf1 系统识别富含胸腺嘧啶的 PAM，例如来自于乳螺科细菌的 Cpf1（*Lb*Cpf1，TTN PAM）、*As*Cpf1（TTTn PAM）和 *Fn*Cpf1（TTTN PAM）位于靶区 5' 端，可以不需要 tracrRNA，用单个具有自我加工活性的 crRNA 募集核酸内切酶[10]。

虽然这些 Cas 同工酶在哺乳动物细胞中有功能，但是在酿酒酵母菌中 *Nm*Cas9 和 *As*Cpf1 无功能，而 *St*1Cas9、*Lb*Cpf1 和 *Fn*Cpf1 有功能。Cas9 变体和同源酶可以用于酵母菌基因组编辑，但对于酵母菌来说，优化这些系统需要优化密码子，并在 Cas 蛋白质的 N 端和 C 端添加核定位信号（Nuclear location signal，NLS）序列。

3. 多基因编辑和基因整合

CRISPR-Cas9 系统基因组编辑的优势是具有简单构建靶向所需基因位点 sgRNA 的潜力。在酿酒酵母菌中进行多基因编辑，能够避免耗时的标记、回收和再转化。已经有几个研究团队进行了多基因编辑的整合开发，证明获得高效、无缝和无标记的基因组编辑，需要简单地进行克隆或组装独立的多 sgRNA。用源于 tRNA 启动子的 HDV-sgRNA 表达实现单倍体菌株中同时存在 2~3 个基因缺失（2 个基因缺失效率达到 86%；3 个基因缺失效率达到 81%）或 1 个二倍体菌株（2 个基因缺失：43%；3 个基因缺失：19%）。2015 年，Bao 等人表达了 3 种不同的 crRNA，同时进行了 3 个基因删除（27%~100%）。同年，也用携带 2 个 sgRNA 表达的载体进行共转化，发现多基因缺失的效率为 100%（2 个基因）、70%（4 个基因）和 65%（6 个基因）。这种方法可以实现靶向基因的删除和整合。虽然效率（15%~60%）低于单倍体实验菌株，但是用 CRISPR-Cas9 系统在多倍体工业菌株中也成功地进行了 4 个基因的删除。2018 年，Ferreira 等人通过使用细菌核糖核酸内切酶 Cy4 改进了 sgRNA 的加工，该酶允许单一转录本中实现多个 sgRNA 的表达，轻松实现 4 个基因的高效缺失。2019 年，Zhang 等人报道了将无缝 sgRNA 组装与 tRNA 加工结合，可以同时破坏 8 个基因，效率为 87%。此外，直接使用无缝连接反应混合物进行转化，在 3 d 内获得的突变体可以同时破坏 6 个基因，并且效率为 60%。另外，通过单个载体共表达 2 个 sgRNA 的方法也可以实现靶向基因的缺失和整合。

虽然多基因的有效编辑在应用 CRISPR-Cas9 系统时很少通过单步转化实现，但是也有非常有效地编辑了 3 个基因，获得 64% 缺失效率的报道。曾有研究人员将代谢途径相关的基因整合到含有多个拷贝基因的真菌基因组中并获得很高的编辑效率。虽然体内组装可以使用无缝克隆的基因组编辑工具，但需要大约 1 kb 长的同源臂，才能实现有效的基因组编辑。

总之，无标记多基因编辑是一种强有力的工具，可能有助于复杂的生物学研究和菌株工程。利用载体携带 CRISPR-Cas9 系统的菌株可以通过选择自由培养去除标记，实现多基因编辑，这将有助于对酿酒酵母菌（包括工业菌株）进行更深入的研究。

4. 染色体编辑工程

使用 CRISPR-Cas9 系统在不同基因位点上的多个切割不仅可以同时进行多个基因的编辑，也可以开展染色体编辑。已有研究证明 CRISPR-Cas9 系统介导两个基因位点的双链断裂可以诱导大片段的染色体缺失（大约 38 kb），效率约为 10%。另一个研究利用 CRISPR-Cas9 系统和由两个片段组成的编辑工具能够实现染色体编辑。一个仅仅包含端粒片段，另一个同时包含着丝点和端粒片段。这个方法依赖于裂解染色体和每次分裂之间的双链断裂和同源重组修复的效率，它允许同时剪切三个单一染色体和从一个单染色体构建四个不同的染色体位点的剪切，成功地创建了染色体融合酿酒酵母菌。

基于上述 CRISPR-Cas9 介导的 DNA 切割和同源重组修复染色体和供体片段之间的修复的策略，实现了逐步减少染色体数目，并且获得了只有一条染色体和两条染色体的酿酒酵母工程菌。科学家还开发出了一种不使用杂交的遗传图谱方法，通过诱导有丝分裂细胞分裂过程中分裂功能的丢失来实现，这需要依赖于 CRISPR-Cas9 系统介导切割一条染色体。使用该方法，证实菌株对锰的敏感性是由转运体 *Pmr1* 基因的单一多态性引起的，可能有助于理解染色体中未知基因片段的生物学功能，例如基因组进化、结构功能和复制等。

5. 高通量基因组编辑研究

为了能够更好地理解基因组的功能，需要使用有效的工具构建大量的基因突变体。目前，CRISPR-Cas9 系统介导的基因编辑已经成为一个先进的基因组大规模、高通量构建基因突变体的工具，再结合同源重组修复模板和相应的 sgRNA 表达载体可建立高通量基因编辑文库。2015 年，Bao 等人报道了一种优化的、易于处理的酵母菌高通量基因编辑的策略。在该技术中，大规模合成的寡核苷酸相应的 sgRNA 和供体 DNA，通过同源重组引入到设计的突变体中，用随机条形码标记。条形码标记的序列被插入到主要载体中，携带专用 sgRNA，靶向质粒和染色体 *FCY1* 位点，以及 *FCY1* 侧翼区域。这些构建的质粒与条形码一一对应。因为 sgRNA 供体 DNA 是线性化的，并且 DNA 通过切割整合到 *FCY1* 的基因位点上。最后，基因编辑效率可以通过招募供体 DNA 中的特性来证实，例如用 LexA-Fkh1p 融合蛋白质切割DNA。使用该技术，获得了突变的酵母菌文库，并鉴定了抑制脂质信号的重要氨基酸序列，证明了用 sgRNA 供体 DNA 文库转化表达 Cas9 的细胞可以产生数百个突变体。另有研究使用 PAM 序列删除供体 DNA-sgRNA 文库的策略，为了鉴定单个突变体，在酵母菌中提高了对不同生长抑制剂的耐受性所有注释的必需基因文库。基于 sgRNA 供体模板库开发了基于逆转录酶的天然 DNA 元件，与供体 DNA-sgRNA 融合产生了多拷贝单链供体模板。使用上述技术研究了酵母菌中的 16 006 个天然遗传变异，并且鉴定了 572 个在葡萄糖培养基中具有差异的突变体。

总之，上述开发的针对全基因组的高通量策略将大大加快功能基因研究和菌株改良的进程。

6. 碱基编辑

CRISPR-Cas9 系统促进的同源重组能够在基因组中引入点突变。这种情况下，供体片段的修改以避免 CRISPR /Cas9 在重组后重复切割，或者需要两步策略。在另一种方法中，解释了在酿酒酵母菌基因中，nCas9 也能够诱导有效的同源重组修复，因此，开发了 nCas9 介导的酵母菌全基因碱基编辑。使用 nCas9 可以避免在靶标序列中形成双链断裂，从而克服脱靶效应。使用该方法在 5 d 内即可以获得碱基编辑的酵母菌突变体。2016 年，Nishiola 等人在酿酒酵母菌中开发了进化基因编辑的工具，用于全基因的不可逆修饰。该工具包含一个来自七鳃鳗的同源 *PmCDA1* 活化诱导的胞苷脱氨酶，可以用 nCas9 或 dCas9 将转移上述酶携带到靶标 DNA 位点，通过 CRISPR/Cas9 系统转化碱基从 C 到 T 或者从 G 到 A。使用 nCas9-PmCDA1 进行碱基编辑 *ADE1H* 基因或 *CAN1* 基因后获得的突变率分别是 51% 和 31%。

上述碱基编辑系统能够更简单地应用无缝克隆实现全基因高通量分析。其他的碱基编辑策略，例如 BE 系统实现从 C:G 到 T:A 编辑（见图 6.1），ABE 系统实现从 A:T 到 G:C 的碱基编辑[99]，CRISPR-CasX 可以实现局部特异性随机诱变，可以在酵母菌基因组中开展其他类型的碱基编辑。

综上所述，有效的同源重组机制使得 CRISPR-Cas9 系统介导的在酿酒酵母菌中的基因编辑已经通过各种方法得到了广泛的应用，然而由于同源重组效率较低及多倍体的存在，对于非模式酵母菌的基因操作还是比较困难的。为了解决这个问题，CRISPR-Cas9 系统已经实现了关于非模式酵母菌的研究，其他酵母菌株可以通过非同源末端连接介导的靶基因突变进行编辑。另外，使用优化的 CRISPR-Cas9 系统也提高了同源重组介导的靶基因替换的效率。

（二）CRISPR-Cas9 系统在其他酵母菌中的应用

1. 裂殖酵母菌的基因编辑

裂殖酵母菌是一种单细胞真核生物。2014 年，Jacobs 等人首次报道使用

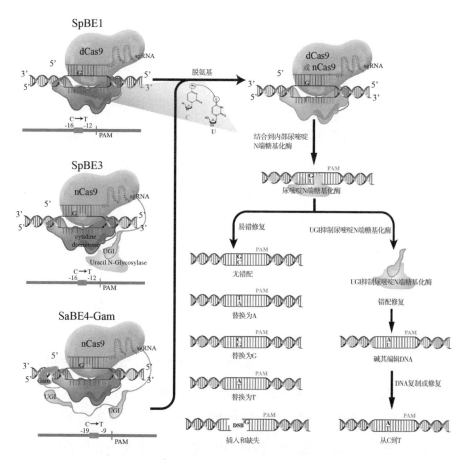

图 6.1　CRISPR-dCas9 系统介导碱基编辑示意图[98]

UGI，尿嘧啶糖基化酶。CRISPR 在 C 到 T 碱基编辑中的应用 *Sp*dCas9、*Sp*Cas9（D10A：n）或 nCas9（SaBE-4-Gam）可与胞苷脱氨酶和 UGI 融合，用于 C：G 到 T：A 的碱基编辑。

CRISPR-Cas9 系统编辑裂殖酵母菌的靶基因，通过破坏非同源末端连接和同源重组修复，在不引入任何标记的情况下突变了裂殖酵母菌的基因组。鉴定过程中使用 2 种新的阳性选择标记（*Fex1p* 和 *Fex2p*），这是裂殖酵母菌的选择标记；在 CRISPR-Cas9 系统载体上用 *Fex1p* 替换 *URA*4p 缩短了基因编辑突变体获得的时间。2017 年，Rodriguez 等人开发了名为 CRISPR4R 的网络工具，专门用于裂殖酵母菌基因组编辑。该工具能够设计所有基因组编辑所需的 sgRNA 和引物。通过该工具设计，成功获得 80 多个突变体，能够删除非编码基因，并在 4 个基因位点中插入了 7 个点突变。

2. 解脂耶氏酵母菌的基因组编辑

解脂耶氏酵母菌（*Yarrowia lipolytica*）是研究最多的油质酵母菌之一，被用作各种产品的工业宿主菌。在该酵母菌中使用 CRISPR-Cas9 系统介导的基因编辑工具构建番茄红素生物合成途径。2016 年，Gao 等人构建了由内源性启动子（TEFin）启动的 CRISPR-Cas9 系统，利用该系统 4 d 内在菌株中实现 *ku70/80* 基因双敲除，效率最高为 85.6%，双重和三重基因破坏效率分别为 36.7% 和 19.3%。该基因编辑系统也能够应用于其他溶菌菌株的选育。在罗威亚酵母菌中也有关于使用 T7 启动子表达 sgRNA 的研究。

3. 毕赤酵母菌的基因组编辑

毕赤酵母菌（*Pichia pastoris*）是最常用于真核异源表达蛋白质的工具。已经研究测定了 96 个密码子优化的 Cas9 基因、sgRNA、sgRNA 启动子和用于有效基因编辑的 Cas9 启动子。最有效的 CRISPR-Cas9 系统是使用 1 个强的组成型启动子 *pHXT1* 来表达 Cas9 和 sgRNA 表达并且使用 ARS 低拷贝自我复制质粒。利用该工具，实现了非同源末端重组的单基因编辑，效率为 83%~94%，双基因编辑的效率为 18%~69%。然而，同源重组介导的基因整合效率比较低，约为 2%。利用 *ku70* 基因破坏菌株提高了同源重组介导的基因组编辑的效率，实现了无标记基因整合。

4. 乳酸克鲁维酵母菌和耐热克鲁维酵母菌的基因组编辑

乳酸克鲁维酵母菌（*Kluyveromyces lactis*）也被用作生物生产的宿主，将稳定元素 pKD1 整合到高拷贝复制质粒中，用 T7 启动子表达 sgRNA，使酿酒酵母菌的 CRISPR-Cas9 系统适应于乳酸克鲁维酵母菌。这个系统允许同时整合 3 个基因进入到 3 个不同基因位点。

耐热克鲁维酵母菌（*Kluyveromyces marxianus*）是生产乙醇和其他产品的重要耐热菌。开发能够应用于耐热克鲁维酵母菌的综合性 CRISPR-Cas9 系统工具。通过自我复制的质粒递送该工具，使用内源性 SNR52 启动子表达 sgRNA，PDC1 启动子调控表达密码子优化的 Cas9。使用该工具获得 2 株耐热克鲁维酵母菌突变体，阻碍了非同源末端连接通路，并建立了体内整合组装无标记基因的短基因片段，其效率为 100%。利用 RPR1-tRNA 启动子，非同源末端连接介导的基因组编辑的最高效率为 66%。CRISPR-Cas9 系统不仅能够被用来编辑酵母菌的 4 种基因，而且也可以用酵母菌的强启动子 TEF1 调节 CRISPR-Cas9 系统的表达。在乳酸克鲁维酵母菌和耐热克鲁维酵母菌中通过非同源末端连接修复进行基因编辑的效率分别大于 96% 或 24%。

5. 巴斯德酵母菌的基因编辑

巴斯德酵母菌（*Saccharomyces pastorianus*）用于多种啤酒的发酵，是 *S. cerevisiae* 和 *S. eubayanus* 的非整倍体种间杂合体。使用启动子 TEF1 调节 Cas9 基因，用 SNR52 启动子和 RNA 聚合酶 II 启动子（THD3）-HH/HDV 转录 sgRNA。SNR52 启动子没有显示有效的基因编辑，TDH3 启动子 -HH/HDV 结构允许删除 4 个等位基因，编辑效率为 100%。该系统也可以与单个质粒一起递送 Cas9 和 sgRNA，也可以应用于多形汉逊氏酵母菌（*Ogataea polymorpha*）和副多形汉逊氏酵母菌（*Ogataea parapolymorpha*）等几种酵母菌中。

6. 多形汉逊氏酵母菌和卵形酵母菌的基因组编辑

多形汉逊氏酵母菌（*Ogataea polymorpha* 或者 *Hansenula polymorpha*）是一个耐热甲基营养型的酵母菌，在不同温度下用作重组表达蛋白质的宿主菌。2018 年，使用启动子 DH3 调节密码子优化的 Cas9 基因，5 个基因非同源末端连接介导的靶向基因编辑效率为 17%~71%，同源重组介导的标记基因整合效率为 47%。在多形汉逊氏酵母菌中进行非同源末端连接介导的基因编辑需要较长的时间（96 h）才能实现 61%~63% 的编辑效率。如果同时编辑 2 个基因，其效率为 2%~5%。

7. 致病性真菌的基因编辑

白色念珠菌为条件致病菌，会引起严重的念珠菌病。它没有自我复制的载体或单倍体状态菌株。2015 年，用一个强启动子 SNR52 表达密码子优化的 Cas9 和 sgRNA 编辑 ADE2 基因的突变体，其效率为 60%~80%。然而，突变体没有通过非同源末端连接介导基因断裂。另外，使用瞬时表达的 CRISPR-Cas9 系统可以在白色念珠菌中实现同源重组介导的基因组编辑。

光滑念珠菌是一种单倍体酵母菌，可引起念珠菌病，属于第二大机会致病真菌病原体。通过优化 CRISPR-Cas9 系统，分别实现对酿酒酵母菌和光滑念珠菌系统（内源性组成启动子 CYC1 表达 Cas9 和内源性 RNA 聚合酶Ⅲ启动子 RNAH1 表达 sgRNA）。对酿酒酵母菌系统进行优化的体系显示出比光滑念珠菌更有效的非同源末端连接介导的基因编辑效果。另外，较短的同源臂（20 bp）比较长的同源臂（200 bp）具有更高的同源重组介导的基因组编辑效率。

新型隐球菌能够引起缺陷个体的脑膜炎。2016 年，Arras 等人开发了启动子 TEF1 调控的 Cas9，用启动子 -HH/HDV 核酶系统表达 sgRNA，其中供体片段使 *ADE1* 基因缺失突变体获得 70% 基因编辑效率。使用启动子 ACT1 用于密码子优化的 Cas9 表达，U6 启动子用于 sgRNA 的表达，当携带的线性化载体被整合到基因组中时，非同源末端连接介导的靶向基因编辑效率为 82%~88%。通过与供体片段融合的 CRISPR-Cas9 系统载体的转化，同源重组介导的突变体的编辑效率大约为 90%。

第二节   丝状真菌中的基因组编辑

在丝状真菌中，首次成功使用真菌 TALEN（PtFg TALEN）进行基因组编辑的是稻瘟病真菌（*Pyricularia Oryzae*）[100]。它是水稻植物中最具破坏性的真菌病的主要致病菌，是研究植物病原菌与寄主－寄生作用的优良模式生物。对 PtFg TALENs 进行密码子优化后，在丝状真菌中实现了具有非重复可变双残基（第 4 个和第 32 个残基）的突变，其活性高于未经变异的 TALENs。使用 PtFg-TALENs 和供体基因编辑水稻基因组，结果将同源重组介导的靶向基因替换效率提高了 1 倍。此外，在米曲霉（*Aspergillus oryzae*）中的瞬时表达 PtFg TALENs 引起靶向效率显著增强，瞬时表达的 PtFg TALENs 表达元件不以质粒载体保存，也没有整合到稻瘟病真菌的基因组中。

米曲霉用于生产发酵食品和饮料，是商业酶的主要来源。随后，2015 年，首次使用 CRISPR-Cas9 系统进行里氏木霉的基因组编辑。因为里氏木霉不含 RNA 聚合酶Ⅲ的激活启动子，所以在体外构建 sgRNA，再通过易于操作的非同源末端连接修复和同源重组与里氏木霉的供体 DNA 的基因组进行编辑，诱导靶基因 *URA5* 失活，制备了 2 种里氏木霉的 Cas9 重组菌株：一种表达 Cas9 与 PDC 启动子，而另一种表达 Cas9 诱导促进 CBH1 启动子。设计为靶向 sgRNA5 基因，递送方式采用聚乙二醇介导的原生质体转化技术。所有里氏木霉获得了 5-FOA 的抗性转化体。通过同源重组与供体 DNA 进行基因组编辑，选择了甲基转移酶的 *LAE1* 基因作为靶标。将 sgRNA 设计为具有供体 DNA 的 sgRNA 的嵌合体进行共转化，其中包含作为筛选标记的外源草酸青霉（*Penicillium oxalicum*）URA5 和 *LAE1* 基因分别在基因的 3' 和 5' 区域，所有 14 种基因编辑菌株中的 *LAE1* 由 URA5 取代，还验证了使用 CRISPR-Cas9 系统在基因组编辑中的重组效率可达 93％或更高。结果表明，只有一次转化和相同的标记基因，可以获得 2~3 倍的破坏作用，还需要优化多种基因的 sgRNA 和供体 DNA 的比例，以实现高效率的基因编辑[100]。

在草酸青霉上使用 CRISPR-Cas9 系统的相关研究。2015 年，对草酸青霉的密码子优化和 sgRNA 进行修饰，制备了一种含 Cas9 核酸酶的表达质粒。使用上述 CRISPR-Cas9 表达质粒和供体 DNA 联合同源重组修复，在该真菌中成功进行了基因组编辑。Cas9 核酸酶在组成型启动子下表达，翻译延伸因子基因（TEF）的启动子，而 sgRNA 通过 RNA 聚合酶 Ⅲ 启动子（U6-1 和 U6-2）或 RNA 聚合酶Ⅱ的 TRPC 启动子表达。在草酸青霉的基因组中，U6-1 和 U6-2 作为人 U6 SnRNA 基因的同源物，使用 RNA 聚合酶 Ⅱ TRPC 启动子，通过 RNA 聚合酶 Ⅱ 启动子，成功表达了 sgRNA。在草酸青霉中使用 CRISPR-Cas9 系统，不用插入表达质粒的基因组就瞬时表达了 Cas9 和 sgRNA，编辑了 *SDH* 基因和 *SRS2* 基因。结果证明，使用启动子 U6-1 和 U6-2 表达的 sgRNA 在草酸青霉中通过同源重组编辑基因组表现出 36%~100％的效率。另外，虽然瞬时表达的活性低，但是由 RNA 聚合酶 Ⅱ 启动子 TRPC 表达的 sgRNA 也可用于基因组编辑。

为了更快地使用 CRISPR-Cas9 系统编辑各种靶标基因，通过 Golden gate 无缝连接技术方便地构建了能够插入 sgRNA 的靶向序列的载体。2015 年，报道了使用 6 种曲霉的 CRISPR-Cas9 系统进行了基因组编辑，其中构巢曲霉（*Aspergillus nidulans*）为曲霉的模式真菌，棘孢曲霉（*Aspergillus aculeatus*）属于丝状真菌，产生纤维素分解酶和各种各样的半纤维素酶，黑曲霉（*Aspergillus niger*）是一种用于生产柠檬酸和工业酶的重要微生物，炭黑曲霉（*Aspergillus carbonarius*）是一种能够产生赭曲霉素 A（Ochratoxin A）的真菌，是污染葡萄和葡萄酒的毒素，泡盛曲霉（*Aspergillus luchuensis*）用于生产蒸馏酒、烧酒和淡森酒，巴西曲霉（*Aspergillus brasiliensis*）用于生产工业酶。通过对黑曲霉的密码子优化进行修饰，并在 C 末端区域中添加了编码 SV40 核定位信号（PKKKRKV）序列。sgRNA 通过 RNA 聚合酶 Ⅱ 调节构巢曲霉的甘氨醛 -3- 磷酸脱氢酶（GPDA）启动子。使用具有 ARGB 标记的 CRISPR-Cas9 对构巢曲霉进行基因组编辑，靶向抑制 YA 基因，真菌由绿色野生型变为黄色。根据所有 10 个选定的黄色菌株中确认了基因组编辑效果[101]。虽然，*Alba* 基因编码聚酮合成酶，其突变体诱导形成白色表

型。结果表明，基因组编辑在所有菌株中是成功的。此外，使用 CRISPR-
Cas9 载体和含有 Pyrg 标志物的供体 DNA 诱靶向 *A. nidulans* 的 *YA* 基
因效率高。

粗糙脉孢菌（*N.crassa*）是一种丝状真菌。 使用 Cas9 源于质粒 p415-
gall-cas9-cyc1t（addgene 质粒：# 43804），其通过使用人类的特定密码子
优化的 Cas9；sgRNA 质粒 p426-SNR52P-SGRNA.CAN1 Y-sup4t（addgene
质粒：# 43803），并通过 *S.cerevisiae* 的 SNR52 启动子表达，靶向酪氨酸
TRNA 基因的终止子。又通过同源重组成功靶向 *CLR2* 和 *CSR-1*。 *CLR2* 基
因编码了调节 *N.crassa* 中许多纤维素酶合成相关的转录因子。 *CSR-1* 基因
编码环孢菌素 A 结合蛋白质，其突变导致抗环孢菌素 A[102]。

在烟曲霉（*A. fumigatus*）中，通过非同源末端连接修复进行基因组编
辑[103-104]。*A. fumigatus* 是对免疫功能亢进患者具有严重威胁的丝状真菌。
因为曲霉病的死亡率非常高，所以对 *A. fumigatus* 的研究非常重要。在 *A.
fumigatus* 基因组编辑中，Cas9 和 sgRNA 的表达构建体与 *N.crassa* 的表达构
建体相同。2015 年，Fuller 等人基于 P415-GALL-Cas9-CYC1T（ADDGENE
质粒：# 43804）和 P426-SNR52P-SGRNA.CAN1，构建了 Cas9 和 sgRNA
表达的质粒 Y-sup4t（addgene 质粒：# 43803）。选择编码聚酮化合成酶的
PKSP 基因，该基因是合成二羟基萘半苯胺素的关键酶。*PKSP* 基因突变体
导致不产黑色素而呈现白化表型。 *A. fumigatus* 的基因组编辑需要使用两种
野生型菌株，AF293 和 CEA10 作为宿主菌。首先，Cas9 和 sgRNA 的共表达
随机整合到 *A.fumigatus* AF293 菌株的基因组中。由于 AF293 菌株中的非同
源末端连接可以修复基因组，获得 PKSP 基因突变的白化表型菌株，测定的
编辑效率是 53%。其次，构建了 AF293 和 CEA10 菌株的 Cas9 表达系统，
通过随机将 sgRNA 随机整合到这些菌株的基因组中，再通过非同源末端连
接修复进行基因组编辑。结果证明分别在 AF293 Cas9-HPH 和 CEA10 Cas9-
HPH 中获得 PKSP 突变的白化性表型菌株编辑效率分别为 46.3% 和 25.4%。

此外，Cas9 的组成型表达在 AF293 或 *A.fumigatus* 的 CeA10 中没有改变生长，发育或毒力。许多关于丝状真菌基因组编辑的研究如表 6.2 所示。人源密码子优化的 Cas9 用于 *N. crassa*[102]和 *A. fumigatus*，可从 Addgene 网站获得质粒，因此使用 CRISPR-Cas9 系统在丝状真菌中进行基因组编辑更为便捷[105-106]。

表 6.2　CRISPR-Cas9 系统介导的基因组编辑在各种真菌物种中的应用举例

物种	转化方法	靶标基因	启动子的类型		特征	表型	参考文献
			Cas9	gRNA			
C. militaris	农杆菌和 PEG	*cmcas9*	Pcmlsm3	Ura3	NA	分生孢子	[107]
Aspergillus niger	PEG-CaCl2	*albA*	PglaA	PhU6	黑色孢子	菌落白化	[108]
Saccharomyces cerevisiae	NA	*kanMX natMX hphMX*	CLN2	Ura3	酵母型菌落	NA	[106]
A. carbonarius	原生质体和农杆菌	*Ayg1*	Ptef	PgpdA	黑色分生孢子	黄色/黑色分生孢子	[109]
A. fumigatus	PEG	*PksP*	NA	gpdA	黄色分生孢子	白色分生孢子	[110]
	原生质体	*tynC*	gpdA	tet	NA	产生色氨酸	[89]
	原生质体	*GFP*	NA	T7	NA	荧光素	[111]
A. niger	原生质体	*mttA*	PcoxA	PmbfA	NA	制备乌头酸	[112]
	NA	*GluD GluF*	Tef1	In vitro synthesis	NA	分解 D-GlcUA	[113]
Alternaria alternata	原生质体	*brm2 pksA*	Tef1	NA	棕色菌落 白色菌落	尿嘧啶亲核突变体	[114]
Nodulisporium sp.	原生质体	*neo*	trpC	U6	NA	抗 G418	[115]

续表

物种	转化方法	靶标基因	启动子的类型		特征	表型	参考文献
			Cas9	gRNA			
Ganoderma lucidum	PEG	*Ura3*	gpdA	T7	NA	抗5-FOA	[105]
Talaromyces atroroseus	基于 hph SM 质粒的 PEG	*albA*	NA	NA	绿色菌落	白色表型	[116]
Coprinopsis cinerea	NA	*CC1G*	CcDED1	U6	NA	NA	[117]
Beauveria bassiana	PEG	*Bar*	gpdA	In vitro synthesis	NA	抗5-FOA	[118]
Shiraia bambusicola	PEG	*MFS*	Tef1	U6	产竹红菌素	能够在竹叶上产生孢子	[119]
Candida albicans	Lithium acetate	*RFP*	ADH1	SNR52	白色菌落	荧光显微镜下红色菌落	[120]
Myceliophthora thermophila	农杆菌	*amdS cre-1*	Ptef1	U6	NA	NA	[121]
A. oryzae		*wA*	amyB	U6		白色分生孢子	NA	[88]
		yA				黄色分生孢子		
		pyrG				NA		
A. niger	AMA1 质粒	*GaaA*	Ptef1	gpdA	分解半乳酸	抗潮霉素	[113]
A. fumigatus	AMA1 质粒	*pksP*	pgdA	U6	NA	无色素白化病	[104]
		cnaA				NA	
Penicillium chrysogenum	原生质体	*pks17*	lysY	T7	绿色菌落	白色菌落	[90]

物种	转化方法	靶标基因	启动子的类型		特征	表型	参考文献
			Cas9	gRNA			
Ustilago maydis	NA	*bE1, bW2*	Otef	U6	含炭琼脂中纤维形成受损	抗卡那霉素	[122]
Phytophthora sojae	原生质体	*Avr4/6*	Ham34	U6	NA	抗 G418	[123]
A. fumigatus	PEG	*abr2*	Ptef1	SNR52	无色突变	NA	[103]
A. nidulans		*yA*			绿色分生孢子	黄色分生孢子	
A. aculeatus	原生质体	*albA*	Ptef1	PgpdA	黑色菌落	有 5-FOA 就不产生菌落	[101]
		pyrG					
Trichoderma reesei	原生质体	*URA5, clr2*	Ppdc & Pcbh1	In vitro synthesis	NA	耐受 5FOA	[124]
Neurospora crassa	NA	*Clr2 &w csr1*	trpC	SNR52	NA	制备纤维素	[102]
Pyricularia oryzae	PEG	*SDH*	Tef1	U6	NA	白色菌落	[100]

注：NA 代表未提及。

　　2016 年后发表的丝状真菌中的 CRISPR-Cas9 系统对基因组编辑的不同报道，展示了在 *A. fumigatus* 中 CRISPR-Cas9 系统的基因组编辑所需的各种条件，揭示了允许高效基因靶向的短同源臂（28~39 bp），对 *A. fumigatus* 中的基因组编辑研究使用含有 Cas9 突变体的质粒 pX330（addgene 质粒：# 42230），融合 *A. fumigatus* 的 RNA 聚合酶 Ⅲ 启动子 U6-1，U6-2 和 U6-3 表达 sgRNA，该融合基因与人 U6 SnRNA 序列具有约 65% 的同源性。选择 *pksP* 作为靶基因，并瞬时表达 *pksP*-sgRNA，结果只获得了几个 *pksP* 基因的突变体，约 57% 的突变率。接下来，将含有 PKSPRNA 和 Cas9 表达序列的 CRISPR-Cas9 系统插入含 PYR4 标记的自主复制质粒中。最终在 A.

fumigatus 中进行了有效的基因组编辑[104]。此外，根据对酿酒酵母菌的详细研究，提出微同源区的长度为 5~25 bp。因此，需要更详细的研究数据来确定微同源末端连接（microhomology-mediated end joining，MMEJ）是否在烟曲霉中发挥重要作用。因为烟曲霉中使用的微同源区长度大于 25 bp，所以可能是通过单链退火而不用 MMEJ 进行修复[104]。

　　在青霉菌中，使用通过大肠埃希菌表达的重组 Cas9 和体外合成的 sgRNA 进行基因组编辑，使用 PEG 将预组装的 CRISPR-Cas9 复合体和供体 DNA 混合到制备好的青霉菌原生质体细胞中，所述供体 DNA 包含 amdS 基因标记盒，两侧为短的 60 bp 同源臂。CRISPR-Cas9 复合体在 37 ℃孵育 15 min 制备而成[90]。在产黄假单胞菌中通过同源重组进行基因组编辑，结果获得了 8 株在预期的靶标区域插入 amdS 标记的候选菌株。除上述方法外，还有将蛋白质导入丝状真菌原生质体细胞的方法包括限制性内切酶介导的整合方法和 Cre-loxP 介导的标记方法。尽管使用 pET 系统制备了来源于大肠埃希菌的重组 Cas9 酶，但由于商业上可获得更便宜的 Cas9 酶，因此后来，在各种丝状真菌中报道了通过将 CRISPR-Cas9 复合体直接导入原生质体细胞进行基因组编辑。在烟曲霉中，使用直接引入 CRISPR-Cas9 复合体的方法成功高效地敲除了具有 35~50 bp 同源性的基因供体 DNA。也有报道称，基因组编辑可以通过将 CRISPR-Cas9 复合体直接导入环状毛霉和稻瘟病菌的原生质体细胞中。研究表明，100 mM 浓度的 Cas9 蛋白和 sgRNA 适合于卷枝毛霉（Mucor circinelloides）的基因组编辑。此外，在米曲霉中使用 Cas9 蛋白进行组成性表达进行基因组编辑比较困难。在尖孢镰刀菌（Fusarium oxysporum）中，通过直接引入含有 Cas9 的蛋白质并添加来自尖孢镰刀菌的核定位信号肽可以成功地进行基因组编辑。

　　除了上文介绍的丝状真菌基因组编辑外，还可以使用针对毒力基因的基因组编辑在植物与大豆疫霉（大豆的一种植物病原）相互作用中进行应用。在玉米黑粉菌中，使用携带 CRISPR-Cas9 系统的自主复制质粒进行基因敲除的效率约为 70%。利用 CRISPR-Cas9 系统不仅可以在实验室菌株中进行基因组编辑，而且可以在米曲霉的工业菌株中进行编辑。在 *A. nidulans* 中，使用有 90 nt 单链寡核苷酸的 CRISPR-Cas9 系统作为 DNA 供体进行了高效基因敲除。此外，CRISPR-Cas9 系统也可以在结节菌属、菌核病菌、藤仓赤霉（*Fusarium fujikuroi*）和灵芝中进行基因组编辑并轻松实现基因敲除[105]。最近，在稻瘟病菌中，也报道了使用 CRISPR-Cas9 系统的碱基编辑工具进行碱基替换。

当对米曲霉（*A. oryzae*）和稻瘟霉（*P. oryzae*）进行基因组编辑时，通过非同源末端连接修复大量缺失从而编辑该类丝状真菌的基因组。研究人员观察到，除了正常的插入删除突变外，还发生了大片段缺失。通常超过 1 kb 的缺失称为大缺失，在 *A. oryzae* 中观察到针对 *PtFg* 基因使用 TALEN 介导的基因编辑时，有大约一半缺失突变是大片段基因缺失。在米曲霉中用 PCR 技术分析大片段缺失时，首先设计引物扩增出 5.2 kb 的基因组区域，再以 *PtFg*-TALEN 靶向区域为中心进行扩增测序分析，结果表明，扩增的 PCR 片段大多数为较短的基因片段。在缺失突变体中，也发现了删除超过 5 kb 的菌株。在 *P. oryzae* 中，在诱导 I-SceI 产生的位点特异性双链断裂后，由于非同源末端连接修复易于出错，产生了大片段的缺失。此外，已经确认了在某些草酸青霉突变体中使用 CRISPR-Cas9 系统也可以引起大片段缺失。2017 年报道了非同源末端连接介导的基因组编辑在卷枝毛霉（*Mucor circinelloides*）中引起了大片段基因缺失。在各种丝状真菌的基因组编辑的研究中，也发现了大量缺失的现象。例如，当 *RaqA* 基因通过基因组编辑在产黄青霉（*Penicillium chrysogenum*）中进行突变时，用于确认基因组编辑的 PCR 片段的 8 个样品中有 5 个样品中未能扩增出来[90]。在 *A. fumigatus* 中使用 CRISPR-Cas9 系统编辑 *pksP* 基因的研究中，也没有扩增出含有突变位点的突变体的 PCR 产物[104]。这些现象可能是由于在目标区域中发生了大片段的缺失。因为基因组编辑诱导的靶向区域中的大缺失的频率在更高级的真核生物中非常低，所以很可能这种现象是丝状真菌的特征。然而，在丝状真菌中非同源末端连接修复会导致基因组中产生基因组大片段缺失的机制尚不清楚，深入研究该机制具有重要意义。

第三节　在工业真菌菌株中的应用

CRISPR-Cas9 系统在细菌、植物及哺乳动物中的应用均有大量报道，已经成为多种真菌全基因组研究中一种快捷、简便、适应性强的技术。在 CRISPR-Cas9 系统出现之前，在真菌中开展遗传操作比较困难。第一个获得批准的 CRISPR 基因编辑食物是白蘑菇。该蘑菇已经被改良，在没有使用来自"植物害虫"（如病毒或细菌）的外源 DNA 的情况下能够抵抗褐变。本节关注在工业真菌中 CRISPR-Cas9 系统的主要应用。

一、CRISPR-Cas9 系统在工业真菌中的基因组编辑

由于一系列障碍，导致现在开发新药的周期长、费用高。在此背景下，基因组编辑技术作为有前景的补充技术。在工业和临床应用中显得尤为重要。随着高效基因组工程的飞速发展，从事药物检测的人员现在可以利用 CRISPR-Cas9 系统精准敲除靶标序列。进而深入理解特定基因在生物体中的功能及其作用机制。目前，真菌天然化合物鉴定与合成的研究也处于快速发展期。已被工业化使用的酿酒酵母菌，广泛用于作为重组蛋白质、食品、饮料以及生物燃料的制备，是工业上重要的真菌。鉴于酿酒酵母菌是一种成熟的模式生物，其基因组已被注释，且部分代谢途径也被阐明。这使得人们在对其进行基因编辑时，选择靶标基因比较容易。因此可以广泛利用 CRISPR-Cas9 系统在酵母菌及其他重要工业真菌中进行基因编辑。

CRISPR-Cas9 系统能够对多种重要真菌进行基因编辑，例如可以在基因组中实施精准的遗传修饰、插入缺失的选择标记、调控多个等位基因的表

达等。此外，通过在 DNA 链中插入或删除特定核苷酸执行多基因修饰，并阐明所改变蛋白质的结构与功能，也可用系统破坏基因生成筛选标记，进而开发酿酒酵母菌的耐热突变体，这在酒精饮料（如葡萄酒和啤酒）及发酵产品（如有机酸、葡萄糖和甘油等）的连续发酵方面具有良好的应用前景。在乳酸生产的工业真菌菌株中，通过基因编辑可以促进脂质合成，从而提高乳酸的发酵产量。

二、CRISPR-Cas9 系统在真菌中的无标记应用

深入探究各种真菌的细胞生物学特性，不仅与人类生活息息相关，对人类健康有益，而且能够推进基因工程、测序技术和基因转染技术的发展。对工业上必需的真菌物种进行优化，能显著提升经济效益。此外，科学家也可以精确地使用工程真菌创造、开发新的真菌。例如 CRISPR-Cas9 系统基因组工程可有效地用于 *A. fumigatus* 及其聚酮酶，提高生物合成颜料制备所需的聚酮类化合物、代谢物或者酶类。丝状真菌是制备活性药物化合物的重要菌株，包括最广泛使用的抗生素（例如头孢菌素和青霉素）、抗真菌药物［棘球白素（echinocandinin）和灰黄霉素（Griseofulvin）］，以及降低胆固醇的药物等。修饰真菌的基因能够提高合成复杂生物活性化合物的产量，带来巨大利益。亦有研究证实，CRISPR-Cas9 系统在里氏木霉（*Trichoderma reesei*）中进行了有效的基因编辑，并对其进行精确基因修饰，同时诱变突变菌株的产生比预期更快。在酿酒酵母菌中报道了一种无标记的 CRISPR-Cas9 的基因组编辑系统，改变了 Cas9 基因和启动子，并且与高通量技术相组合[106]。在产黄青霉中开发了另一种无标记非常灵活的 CRISPR-Cas9 系统，可用于最少克隆数获得突变的基因组[90]。

三、CRISPR 在调控工业真菌基因中的应用

在 CRISPR-Cas9 系统基因组编辑被阐明之后，研究人员已经考虑如何

使其应用于真菌进行靶基因的删除、插入或抑制。最近，在百色念珠菌中使用 CRISPR-Cas9 系统表达基因，调控该菌株的多种毒力基因的表达，揭示了编码细胞溶胶过滤酶基因的过度激活或抑制对菌株至关重要，从而为开发出新型抗真菌药物提供了借鉴。此外，基于 CRISPR-Cas9 系统也开发出了无筛选标记的白色念珠菌的基因编辑系统。

植物的大多数疾病是由真菌引起的，能够导致作物的减产造成重大经济损失。在许多病原体的抗性作物开发中最重要的遗传操作工具是基因组工程重组技术，它曾在作物中开发过生物应激耐受性的植物。CRISPR-Cas9 系统广泛使用于农作物之后也能成功改善生物胁迫耐受性，筛选到许多潜在的候选基因，开发了抗植物真菌性疾病的物种。因此，CRISPR-Cas9 系统也被迅速发展为作物改善的关键资源。利用 CRISPR-Cas9 系统靶向植物易感基因 Mildew Locus O（*MLO*），可赋予植物抵抗真菌禾本科布氏白粉菌（*Blumeria graminis*）的能力，从而避免作物的白粉病。通过调节植物免疫系统的利钠肽受体 3（*NPR3*）基因，植物产生了对抗黑色豆荚疾病的突变体。也通过靶向编辑转录因子乙烯响应因子基因 *OsERF922*，作物增强对稻瘟病的抵抗能力，并增加了水杨酸的含量。总而言之，这些结果证实 CRISPR-Cas9 系统基因组工程在真菌中的普遍和有益应用，为治疗植物真菌病提供了备选策略。

第四节　CRISPR-Cas9 系统编辑真菌基因组面临的挑战

真菌会影响我们生产及生活的诸多方面，例如医疗、食品、农业等。真菌在生态系统中也扮演重要角色，它不仅控制着土壤微生物群落结构，而且还与其他物种共存，形成复杂的生态系统。真菌益处巨大，它可以促进作物生长、提高产量和减少温室气体排放。例如增加植物营养、保护酶、抗生素、治疗药物分子等。真菌合成了很多宝贵的工业原料与药物，例如生物碱、多糖、类固醇、萜烯抗生素和抗癌药物等，某些代谢产物同时具有抗菌性和抗肿瘤作用（图 6.2）。

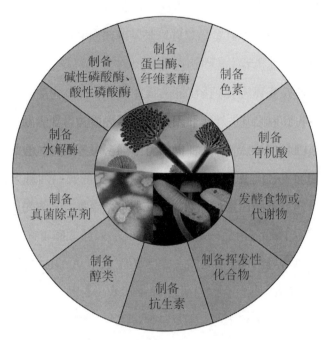

图 6.2　真菌来源的代谢产物的功能

真菌遗传学在解决植物真菌之间的相互作用、物种变异和全球碳循环等问题方面已日趋成熟。当前真菌在次级代谢物、蛋白质和有机酸等合成中处于重要的地位。尽管这些研究工作取得很大进展，但仍然存在着很多困难和挑战。在大多数情况下，真菌与宿主之间相互作用的复杂性使其应用受到限制。可通过加强真菌利用获取生物活性物质，大量生产新分子，制备成微生物细胞工厂。利用真菌合成新化合物，需要高效基因组编辑技术，才能实现对基因的调节。多种真菌基因组学研究方法推动了真菌基因编辑的发展，曾经采用常规基因敲除方法实现基因干预阐明了部分关键基因对真菌生理过程的影响，这些方法一般会形成异质核或诱导产生多细胞无性孢子。

然而，缺少对这些生物进行研究的分子方法不仅制约了包括蘑菇等优质真菌物种代谢的调控，而且还制约了用遗传方法制备新菌株的研究。利用同源定向重组获得真菌基因组编辑的技术可以将一个或多个功能基因整合到宿主细胞内并且改变其表达水平，从而提高真菌对环境胁迫的适应性。但在真菌平菇（*Pleurotus ostreatus*）和白参菇（*Schizphylhls conmne*）中，获得基因敲除转化体的数目有限。利用原生质体联合 CRISPR-Cas9 系统对 Ku 蛋白质复合体的基因进行编辑，生成的基因编辑菌株同源定向重组效率高达98%。CRISPR-Cas9 系统成为克服技术壁垒的替代工具。迄今为止，该方法已经在多种模型真菌生物中实现高效基因组编辑。在利用 CRISPR-Cas9系统进行真菌基因组的研究中，已经采用了数种方法在真菌的细胞内表达sgRNA，即在多种真菌启动子上表达体外转录 sgRNA 基因的序列。

近十年来，基因组编辑工具不断完善，DNA 测序方法新进展揭示出多个真菌物种基因组序列，并准确地拟合出众多先前未知生物活性分子的基因序列。这些发现使我们能够对已知微生物进行鉴定、分类或生物学性状分析，并确定其与人类疾病间存在的复杂关系（如癌症等）。从而研发出一些有前景的候选药物。就真菌而言，基因组大小、核型、倍增性等诸多问题的细节仍不清楚。基因靶向性差是实现遗传修饰所面临的最大阻碍，也限制了真菌功能基因组学的发展。基因组工程技术不应该仅仅成为用来研究真菌新基因功能的工具，而且应该成为一个改造并发展有用的真菌生物学特性的工具。所以，近十年来，真菌中也出现了基因组编辑的 CRISPR-Cas9 体系，已展示出该系统在工业重要真菌基因组中的优势（图 6.3 和表 6.1）。

第五节　真菌基因组编辑未来发展需求

CRISPR-Cas9 系统已经应用于不同真菌物种基因组工程中，并取得了诸多进展。例如将第三代生物炼油与可再生材料掺入到生物炼油厂，就需要通过基因组工程的方法来开发各种特性的工业真菌菌株。可再生化合物、药品和生物燃料的合成必须具有效益高、环境友好的特点，并且通常被公众和

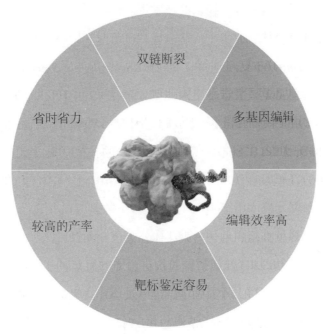

图 6.3　CRISPR-Cas9 系统在重要工业真菌基因组工程中的优势

社会接受。在这方面，转基因酵母菌 / 真菌和其他生物在生态产品的生产中发挥重要作用，它们可以使用低成本原料例如淀粉、蔗糖、木糖、纤维生物糖和木质纤维素等。生物修复是减少塑料和其他废物的重要方法，它依赖于生物还原方法，因为某些微生物和许多酶能够分解不同种类的污染物。为了研究参与塑料生物减少基因的多样性，研究人员测试了几种内生真菌的塑料降解能力。使用 CRISPR-Cas9 系统改造真菌实现生物修复具有巨大的应用前景。

CRISPR-Cas9 系统基因组编辑在各种工业真菌物种中的修饰基因，产生新的生物学特性。在过去十年中，尤其是在真菌的各种模型生物中引入基因组编辑，证实该工具切实可用，实现了几种重要的工业真菌基因的修饰从而获得新表型真菌菌株。CRISPR-Cas9 系统在真菌基因组的新发现方面具有独特的能力，在工业生物技术方面有潜在应用价值，也证明了在未培养的真菌基因组中蕴含了其他潜在的基因操作工具。未来 CRISPR-Cas9 基因组编辑技术在真菌中的应用将经历从模式生物到工业生物，再到工业应用的阶段。

本章小结 ————————————————————————————•

　　本章主要概述了使用 CRISPR-Cas9 系统编辑真菌的基因组。自 2015 年报告了真菌中的基因组编辑以来，它已显示出很好的效果。特别是使用 CRISPR-Cas9 系统的同源重组诱导在真菌中相对简单，并且编辑效率高。因此，希望借助同源重组的独特基因组编辑技术的发展对真菌基因的功能进行研究。因此，将传统分子工具与新型基因组编辑 CRISPR-Cas9 系统联合应用，可用于酵母菌、丝状真菌等真菌的研究。毫无疑问，利用新的基因组编辑技术将在未来加速真菌基因功能的研究和应用。

第 七 章

CRISPR-Cas9 系统在植物中的应用

    CRISPR-Cas9 系统技术为开发转基因植物提供了一种准确的靶向性编辑的工具，这是之前技术无法做到的。此外，该系统可以改变任何基因组序列，通过可用的 PAM 序列在植物中获得所需的编辑。本章详细介绍 CRISPR-Cas9 系统在植物中的应用进展（图 7.1）。

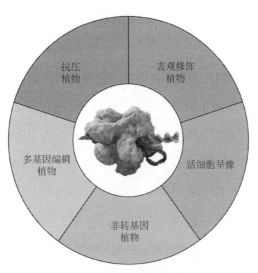

图 7.1　CRISPR-Cas9 系统在植物中的应用

第一节　在拟南芥和经济作物中的应用

CRISPR-Cas9 系统可用于改变多个基因组，通过单个特异性 sgRNA 修饰多个基因位点。利用多种 CRISPR-Cas9 载体，包括不同的 Cas9 表达启动子，并结合多种 sgRNA 组合，在番茄中进行研究。当使用番茄延伸因子 -1a（SIEF1a）启动子启动 Cas9 时，突变效率很高。在序列分析中发现，对 CRISPR-Cas9 编辑的 2 个靶点进行检测时发现了特异性缺失。

已经在拟南芥和烟草中，使用 dCas9-VP64 激活编码蛋白质和非编码蛋白质的基因，通过 dCas9-SRDX 抑制编码蛋白质和非编码蛋白质的基因，也开发了一种增强植物转录激活的二代载体系统。通过使用 dCas9 转录激活的多种策略，dCas9 同时募集 VP64。其中多基因编辑的 CRISPR-Act2.0 比之前的系统激活功能更强。此外，研究还表明，一些内源性基因在触发转录时更敏感，少数严谨调控的基因能够诱导基因的特异性抑制。

利用多基因编辑 CRISPR-Cas9 系统，在拟南芥中共表达 6 个 sgRNA 模块。3 种不同类型的 RNA 聚合酶Ⅲ依赖启动子，分别用于启动 sgRNA 模块的转录。以 ABA 受体基因的 6 个 PYL 家族基因为研究对象，证实了该系统的有效性。6 个靶点的突变频率为 13 %~ 93%。在 ABA 的作用下，PYL 基因发生突变的转基因植株萌发率最高，为 37%。在子代中也发现了突变体特征。

在植物中跨代编辑的能力可以作为影响 CRISPR-Cas9 系统应用的主要因素。多基因编辑 CRISPR-Cas9 系统，将 tRNA-sgRNA 串联复合体结合在一起，实现了小麦（*Triticum aestivum*）*Ta*MLO、*Ta*Lpx-1 和 *Ta*GW2 基因的遗传变化。*Ta*GW2 基因敲除突变后，籽粒大小和粒重均增加。这表明可以通过在编辑基因结构与感兴趣的品系之间建立杂交来实现 Cas9 诱导的性状转移。

CRISPR-Cas9 系统已经迅速发展成为在多种植物物种中进行有针对性的基因修饰的常用工具，包括模式植物（拟南芥和烟草等），粮食作物（大米，玉米，高粱和小麦等），水果作物（香蕉，苹果和橘子等）和药用植物（罂粟和丹参等）。该系统可以一次靶向单个或多个目标基因，曾有研究将 6 个不同的靶标基因编辑到茄果基因组中，同野生型相比，它果实的大小和数量增加了，并且具有更高的营养价值。

通过多基因编辑 pYLCRISPR-Cas9 系统，使用单个 sgRNA 靶向番茄植物烯去饱和酶基因。当植株再生时出现白化表型，获得的编辑效率超过 61%。同时，当 pYLCRISPR-Cas9 复合体调控茄属番茄 γ－氨基丁酸（GABA）后，果实和叶片中 GABA 的分泌量显著增加，与野生型植物相比，四基因突变体叶片中的 GABA 含量增加了 19 倍。

多基因编辑 CRISPR-Cas9 系统在植物育种中引入遗传多样性的能力极强。2017 年，科学家利用多基因编辑 CRISPR-Cas9 系统开发了一种专用于水稻基因组的载体。结果显示所有靶基因的突变率都很高，并且在纯合突变体中观察到 6、7 和 8 组突变。

要实现多基因编辑，就需要开发对应的编辑工具。第 1 个多基因编辑工具于 2014 年开发出来，用于敲除 3 个拟南芥基因。第 2 个工具是用 PCR 和无缝连接克隆技术构建载体。2015 年开发了第 3 个多基因编辑工具，该工具可以用于基因组编辑和转录调控，并且能够确保在组装过程中不会发生突变。

第二节　在重要药用植物中的应用

药用灌木和乔木，例如艾蒿、金鸡纳、颠茄、罂粟等，能够产生不同类型的生物活性化合物和次生代谢产物。次生代谢产物的含量又是评价药用特性的重要指标。次生代谢产物主要分为萜类或异戊二烯类、酚类化合物和含氮化合物。全世界约 80% 的人口主要依赖草药植物提取物及其衍生物进行初级卫生保健。这些自然资源的替代品虽然可以化学合成，但是成本很高。因此，全球药用植物的需求日益增长。对于次生代谢产物的需求可以通过常规育种或基因工程方法来满足。然而，由于传统育种方法的局限性，植物基因工程是生产这些生物活性化合物和次生代谢产物的首选方法。

　　到目前为止，CRISPR-Cas9 系统已经成功地编辑了大约 30 多种不同的植物，但在药用植物中的应用并不多。这可能是由于大多数药用植物的基因组信息未被揭示而受限制。要想改变植物的基因，必须弄清楚该植物的整个基因组序列，以避免脱靶效应的发生。使用 CRISPR-Cas9 通过农杆菌编辑丹参、罂粟和橡胶等植物的研究[125-127]，为 CRISPR-Cas9 系统在药用植物中开展植物次生代谢产物品系的改良和高产打开了大门。通过根癌农杆菌介导的番茄毛状根遗传操作，探讨了 *SHORT-ROOT* 基因和 *SCARECROW* 基因在细胞特异性表达中的作用，基因组编辑的毛状根系培植对于生产各种根系使用的药用植物的生物活性分子具有重要意义。本节聚焦于 CRISPR-Cas9系统在改进具有药用植物中的应用。

一、设计和构建药用植物 sgRNA 基因编辑载体

　　在药用植物基因组编辑中，非常重要的步骤是在其基因组中选择正确的目标区域，但是这只有在全部基因组完成测序的植物内才能容易完成。许多基于网络的生物信息学工具可用于靶标识别和脱靶预测。例如 ATUM、Alt-RTM CRISPR-Cas9 system、CROP-IT、CCTop、CRISPR MultiTargeter、CHOPCHOP v2、Cas-OFFinder、MIT CRISPR design、GT-Scan 和 sgRNA Designer 等。

　　公开可用的药用植物基因组资源比较少。在各种药用植物种类中，开展靶标 DNA 预测的主要困难是基因组的多态性、单核苷酸多态性的存在和剪接变异。青蒿和罂粟的全基因组测序结果的公布为利用 CRISR-Cas9 系统

在这些植物中进行代谢产物合成途径的改变开辟了新途径。

二、构建用于植物细胞的 CRISPR-Cas9 系统的递送体

CRISPR-Cas9 系统目前已经成为所有从事植物科学领域，特别是从事遗传和代谢工程领域研究人员的理想工具。然而，使用 CRISPR-Cas9 系统能否成功编辑通常取决于递送系统能否高效将 sgRNA 和 Cas9 导入到细胞内。植物中使用 CRISPR-Cas9 系统进行位点特异性编辑的典型的结构由 80~90 bp 小 RNA 启动子调控的 sgRNA 和由强启动子调控的 Cas9 组成。

目前已经有多种不同的载体提供植物密码子优化过的 Cas9 基因，该基因受组织特异性的启动子调控。载体中的 sgRNA 和 Cas9 的递送可以通过不同的方法进行，例如根瘤农杆菌、聚乙二醇（PEG）和金颗粒等（图7.2）。

根瘤农杆菌介导的植物转化用途最广，也是药用植物转化的最佳途径。在这个过程中，T-DNA 包含了植物选择标记及 Cas9 和 sgRNA。在大多数药用植物愈伤组织中，叶或子叶被用作转化的初始外植体。选择再生转化组织是组织培养的关键步骤。

1. 农杆菌渗透入叶法

在罂粟中能够合成最重要的生物碱可待因和吗啡等。使用根癌菌株 EHA105 将具有 35S：hCas9 和 AtU6p：sgRNA_4OMT2 的 CRISPR 质粒递送到罂粟叶，其中编码 4OMT2 蛋白质的 DNA 是苄基异喹啉生物碱生物合成的关键酶。配制：由氯化镁（$MgCl_2$）、2-（N-吗啉）乙磺酸一水物（MES）MES 和乙酰丁香酮的诱导缓冲混合菌液后，再使用注射器进一步渗透到罂粟叶中，2 d 后，再次渗透以提高 sgRNA/Cas9 的渗入效果[125]。

2. 发根农杆菌介导的转化

将含有 CRISPR-Cas9 系统质粒的根瘤菌菌株 Accc10060，放在含有适当抗生素的培养基中，28 ℃摇瓶培养，再将细菌溶液悬浮在 MS 液体培养基中，最终 $OD_{600 nm}$ 为 0.3。使用的外植体是小盘状叶片，预培养 2 d。然后，

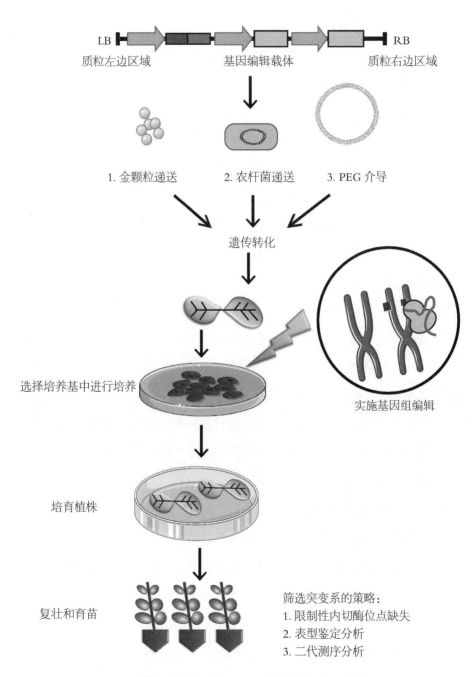

图 7.2　CRISPR-Cas9 系统编辑植物的示意图

将这些细菌与小盘状叶片共同培养、清洗和转移，以形成毛状根。当毛状根在适当的选择压力下生长后，进一步分析基因组内的突变。

3. 基因敲除转化利于无 DNA 的基因组编辑

基因敲除介导的转化可以转移大片段 DNA、RNA 甚至蛋白质进入细胞核。使用该方法可以有效地靶向不同的组织或植物。采用基因敲除法成功地转化了杜仲叶组织和孜然的胚轴。该方法优于农杆菌介导的转化，可以在不插入 CRISPR-Cas9 结构的情况下，产生突变植株。虽然农杆菌介导的转化比基因敲除更有效，但是转化效率却取决于农杆菌菌株的类型。尽管基因敲除已经成功地应用于小麦，但是目前，还没有关于通过基因敲除转化进行基因组编辑药用植物的报道。

4. PEG 介导的 CRISPR-Cas9 系统递送

使用 PEG 方法必须有效地分离原生质体并再生到整个植物中。可以将 DNA 和蛋白质递送到植物细胞中。使用 CRISPR-Cas9 系统不需要转基因也可以创造出突变的植物。目前，Cas9 蛋白质和 sgRNA 已经成功使用 PEG 方法转化入拟南芥、烟草、生菜和水稻等，并且生成植物的突变率高达 46%[128]。此外，用 PEG 方法不仅在蝴蝶兰中进行瞬时转化开展基因编辑，而且在西兰花（*Brassica oleracea*）、油菜（*Brassica napus*）和芜菁（*Brassica rapa*）中也实现了无载体基因组编辑。

5. 使用 CRISPR-Cas9 系统进行代谢通路编辑

通过改变植物代谢通路，合成重要的生物活性物质，可以改变植物的药用特性。因此，通常使用共抑制、RNAi、siRNA 和反义 RNA 等技术改变特定的代谢通路来增强所需的代谢物。然而，传统育种技术应用于制备植物突变体实现代谢通路干预通常都比较耗时。如果遇到对多个基因进行调控，就更复杂了。CRISPR-Cas9 系统却可以解决上述困难。

在罂粟中应用 CRISPR-Cas9 系统突变苄基异喹啉生物碱途径中的基因[125]。用同样技术在丹参中突变了紫草酸 B 的生物合成途径，改变了代谢物的含量[129]。在番茄中应用 CRISPR-Cas9 系统同时编辑了 γ-氨基丁酸生物合成途径的 5 个关键基因。在菊花中，通过 AtU6 启动子调控了 2 个 sgRNA 靶向突变 *YGFP* 基因，而 Cas9 使用 PcUbi 启动子进行调控，最终实现了 *YGFP* 基因的稳定表达。

6. 编辑药用植物毛状根

增加药用重要代谢物的含量，在体外生长的毛状根与其野生型相比更为急需。在不同植物根系中发现的多种次生代谢产物，如生物碱（奎宁、吗啡、卡因等）、萜类（倍半萜和二萜等）和酚类物质（类黄酮、单宁和木质素等），具有重要的治疗和工业价值。到目前为止，各种基因已经被鉴别出来，这些基因可以用基因工程手段进行编辑增加次级代谢物的产生。

丹参是一种药用植物，可以用于心血管疾病，如动脉粥样硬化、血栓形成和心绞痛。丹参根内含有多种生物活性物质，主要分为亲水性和亲脂性两类化合物。丹酚酸 A-E，迷迭香酸，丹酚酸 G，甲基迷迭香等都属于亲水性化合物，而丹参酮、隐丹参酮、丹参酚和丹参新酮等都属于亲脂化合物。在丹参中，使用 CRISPR-Cas9 系统靶向编辑迷迭香酸合成酶基因可以有效地提高代谢物的产量。丹参在毛根培养中，使用 ATU6 和 OSU3 启动子调节 sgRNA，CaMV 调节 Cas9，以酚酸途径为靶点开展研究。获得的 16 个毛状根系中，5 个为双等位基因，2 个为杂合子，只有 1 个为杂合突变体。代谢谱显示，转化纯合子毛状根系中酚酸的浓度降低 90%，同时 *SMRAS* 基因的表达水平也降低。结果证明，CRISPR-Cas9 系统是丹参基因组编辑的有效工具[129]。另一项研究中，靶向敲除参与丁他酮生物合成途径的二萜合成酶基因。获得了 26 条不同的毛状根，其中 3 个是纯合体，8 个是杂合突变体。代谢组学分析表明，在不影响其他酚类物质的情况下，纯合突变体中无苯酮，杂合突变体中减少了苯酮[129]。

在产生天然橡胶的植物中有一个编码果聚糖：果聚糖 1-果糖基转移酶（*1-FTT*）的基因，它参与菊粉的生物合成。通过 CRISPR-Cas9 系统靶向

1-FFT 基因获得的毛状根，有效提高了橡胶的产量[126]。

甘蓝属于芸香科植物，既可以作为食物也可以用于治疗皮肤红斑。通过靶向束状素样阿拉伯半乳聚糖蛋白质1基因（fasciclin-like arabinogalactan protein 1），在体外培养的毛状根比对照根更短。

用组合超级转化法将青蒿酸生物合成的全途径复制到烟草中制备青蒿素的前体，可以有助于治疗疟疾药物的开发。将青蒿素生物合成途径的必需基因转化到烟草中属于跨物种携带不同基因，常规技术的整个过程烦琐、耗时、费力。

药用植物代谢工程致力于根系代谢物含量的增加、非生物抗逆性和保质期的提高等方面。这些性状可能是单基因或多基因的，并且对育种技术改进具有挑战性。然而，CRISPR-Cas9系统可以很容易通过同源重组在特定位点实现插入多个基因。目前大量药用植物的整体基因组和mRNA序列还不够全面，这也是在各种重要药用植物中，开展使用CRISPR-Cas9系统的主要挑战和限制因素。另外，体外再生和有效的植物转化技术也是衡量使用基因编辑工具的基本标准。上述问题的解决，将会大大促进CRISPR-Cas9系统应用于药用植物基因组编辑从而造福人类。

第三节　在果树改良中的应用

水果是人类健康生活中必不可少的维生素、膳食纤维、抗氧化剂和矿物质（铁、锌、碘和钙等）的重要来源。不断提高水果的品质和产量十分重要。在同时使用传统的育种技术和现代基因工程技术研究中发现，虽然最新进展标记育种能够减少时间，但是对于部分水果作物效果仍然不显著。此外，连锁障碍也是植物育种中迫切需要解决的瓶颈问题。

因为水果作物漫长的生命周期及其染色体多倍性和单性结实果实发育，所以其作物的改良和植物育种仍然是一项具有挑战的任务。基因工程的发展及新分子工具的出现，为解决上述挑战提供了机遇。例如利用农杆菌介导的基因转移方法可以实现基因的过表达，基于RNA干扰可以实现基因沉默。这也是改善水果作物营养和抗病力方面的重要关键技术。然而，此类改良水果作物的实地应用和商业化案例却很少。社会对转基因作物的安全性的疑惑和误导信息已经成为转基因作物商业道路上的最大阻碍。

新的基因编辑工具的发展使植物基因组的工程化成为可能，并缩短了基因组编辑水果作物的商业化进程，例如苹果、西瓜、香蕉和葡萄等，对生物安全和监管的考虑综合利用使基因编辑水果的安全性有所提高。

目前，CRISPR-Cas9系统是一种常用于编辑植物基因组的方法。利用CRISPR-Cas9系统在植物基因组编辑领域发表的研究论文数量呈指数增长。果树基因组学数据的持续增加和基因编辑技术的进步，为开发具有新特性的果树品种奠定了基础。这些新特性可以赋予果树抵抗不同类型的环境压力，提高水果作物的保质期和抗病虫害能力。这些性状的改善也有助于实现更便捷的可持续栽培，部分表型也可用于提高水果的产量。

一、CRISPR-Cas9系统在水果作物营养富集中的应用

水果是人体重要营养物质的天然来源，也是均衡饮食的重要组成部分。各种颜色鲜艳、美味、芳香的水果，营养价值都不同。它们可以生食，也可做熟或晾干食用。大部分水果不含胆固醇、能量低、不含脂肪（鳄梨和橄榄除外），同时水果也是人体水、碳水化合物、矿物质、膳食纤维和维生素的良好的来源。水果含有低钠和高钾，有利于人体的健康。此外，水果中还含有丰富的植物化合物，具有促进健康、抗氧化以及抗炎的效果。然而，没有一种水果含有人体所需所有的营养成分。

植物化合物包括类胡萝卜素、类黄酮、叶黄素、生育酚和酚类化合物，有助于从体内清除活性氧。活性氧具有部分还原形式的氧，单线态氧分子、超氧化物（O_2^-）、过氧化氢（H_2O_2）或羟基自由基（·OH）。活性氧可

以改变蛋白质、脂类和核酸，导致代谢紊乱。食用富含抗氧化剂的水果有助于维持新陈代谢平衡和改善皮肤。此外，从水果中获得的膳食纤维，可以降低胆固醇，帮助人体保持适当的肠道活动，有助于降低心血管疾病和肥胖的风险。

微量营养素、矿物质和维生素能够保持正常身体功能。从水果中获得的矿物质有助于激活身体的代谢功能。叶酸和铁有助于血红蛋白和钾的形成，帮助维持血压。维生素 A、C 和 E 具有抗氧化的属性以及其他促进健康的活性。维生素 A 对视力至关重要，缺乏维生素 A 可能导致夜盲症和更多与视力有关的问题。维生素 C 是一种强大的抗氧化剂，它有助于保持健康的皮肤、牙齿、牙龈，延缓衰老，对普通感冒和伤口愈合也很重要。此外，维生素 C 增加了食物中铁的生物利用度。人体代谢功能所需的许多其他微量元素可以从水果中获得。

水果糖类，例如果糖在小肠吸收不好，作为膳食纤维在大肠发酵，形成短链脂肪酸，可用于治疗儿童便秘。来自果汁的发酵产物有它们自己独特的健康益处，例如葡萄酿制的红酒富含黄酮和多酚。这些化合物抑制低密度脂蛋白氧化，从而减少动脉粥样硬化。还有助于降低血小板聚集、血压和减少炎症发生，从而提高内皮细胞功能，还可激活新蛋白质来预防细胞衰老。然而，水果中的营养素会随着时间增长而减少。

此外，由于一些水果的保质期短，很难储存这些营养物质。因此，有必要保持和提高营养以及水果的保质期。一些水果，如芒果和苹果，只能季节性种植，不能在不利条件下生存。因此，有必要改进或改造它们，使其能在极端条件下生存。此外，有些水果富含一种营养，但缺乏其他营养。因此，了解水果中营养物质的生物合成途径，使一种水果作物富含多种营养素成为可能。

水果中营养成分的日渐减少是主要问题之一。通过生物强化来开发营养丰富的水果被认为是饮食健康的可持续途径。利用基因编辑为提高水果质量铺路，同时深入研究生物合成途径，有助于增加维生素、矿物质、抗氧化剂并改善口味，可能有助于消除微量营养元素缺乏，解决许多与年龄增长有关的问题。

基因编辑可以沉默或敲除负责产生抗营养素如单宁、草酸和凝集素的基因，从而限制营养元素的生物利用度或改变水果的味道。单宁是一种苦涩味的化合物，存在于葡萄和石榴等水果中，它可以使人胃部受到刺激，发生恶心、呕吐等症状。除此之外，草酸盐存在于一些水果中，摄入后对人体有毒。因此，可以利用 CRISPR-Cas9 系统降低或阻断这些化合物的生物合成，从而增强风味，同时降低毒性。

多酚氧化物酶与天然存在的酚类化合物发生反应，随后在水果中产生醌。醌类物质具有自组装或与氨基酸和蛋白质反应的能力，形成棕色的化合物。水果中的褐变降低了消费者的接受度，从而降低了产品的市场价值。通过使用 RNAi 沉默多酚氧化酶基因发现了抗褐变苹果，并将其列为转基因生物。利用 CRISPR-Cas9 系统，可以为无转基因的苹果引入多酚氧化酶引起基因突变，具有公众的可接受性。同样，这种方法也可以用于其他水果，如梨和桃子等，使它们免受褐变的影响。这种方法不仅保护了水果中的酚类化合物，而且延长了切碎的水果的保质期和改善其口味。

水果富含膳食纤维，但其仍有质量提高的空间。膳食纤维如抗性淀粉不易消化，因此可作为益生元。食用抗性淀粉可导致血糖指数（GI）降低。通过使用 CRISPR-Cas9 系统沉默参与支链淀粉生物合成或淀粉分支的酶，可以增加水果中的抗性淀粉。应用该技术沉默淀粉分支酶已经在大米中得到验证，它可以提高抗性淀粉的含量，此外可在水果作物中选择类似的靶，以提高水果可食用部分的抗性淀粉含量。

维生素对人的生长发育很重要，可通过饮食获得。水果是维生素的天然来源。有报道称，通过 RNAi 方法增加食物（番茄、马铃薯和大米）和模式作物（拟南芥）中的维生素 A 前体含量。沉默类胡萝卜素的主要靶基因，即

番茄红素 ε 环化酶、β - 胡萝卜素羟化酶和类胡萝卜素裂解双加氧酶，以提高维生素 A 前体的含量和稳定性。

最近，CRISPR-Cas9 系统被用于沉默番茄红素 ε 环化酶和番茄红素 β 环化酶，来增加番茄中的番茄红素含量。相似的方法也可用于增加水果作物中能促进健康的类胡萝卜素，如 β - 胡萝卜素（维生素 A 的主要前体）、番茄红素或叶黄素。此外，维生素 C（抗坏血酸）参与许多生理过程例如免疫刺激，胶原蛋白和激素的合成以及人体中铁的吸收。在植物中，维生素 C 的合成通过 Smirnoffe-Wheeler 途径，该途径以甘露糖和半乳糖为主要合成维生素 C 的中间底物，也用于合成其他糖蛋白和细胞壁多糖。因此，通过 CRISPR-Cas9 沉默其他分支通路基因，将代谢通量转向 Smirnoffe-Wheeler 通路，可能会增强维生素 C 的生成。

在许多水果作物中，种子是可食用部分，但是种子很难嚼，味道很苦。发展水果种子在生物加工工业中有着巨大的需求，不仅是为了更好的口感，而且是为了增加可食用部分的数量。CRISPR-Cas9 系统有希望通过编辑 / 突变负责种子形成的基因来培育无种子果实。例如，RNAi 沉默 *Aucsia* 基因导致番茄单性结实。通过 CRISPR-Cas9 系统敲除或突变 *SlAGL6* 和 *SlIAA9* 基因在番茄中也报道了兼性单性结实。CRISPR-Cas9 系统编辑的单性结实发育方法可应用于柑橘、番荔枝、葡萄、金橘、橙子和西瓜等高需求的无籽果实。

二、CRISPR-Cas9 系统在果树改良中的应用

CRISPR-Cas9 的出现彻底改变了基因编辑在包括水果作物改良在内的多种植物中的应用。通过 CRISPR-Cas9 系统编辑水果作物研究的数量正在以指数方式增加。表 7.1 总结了不同基因编辑工具在水果作物中的应用。

表 7.1　果树基因组编辑修饰示例

水果	靶标位点	基因组编辑工具	递送方式	操作对象	特征	参考文献
香蕉	*MaPDS*	CRISPR-Cas9	农杆菌	胚性细胞悬浮液	类胡萝卜素生物合成	[130]
甜橙	*CsPDS*	CRISPR-Cas9	农杆菌	叶子	类胡萝卜素生物合成	[131]
葡萄	L-碘酸脱氢酶基因 *IdnDH*	CRISPR-Cas9	农杆菌	细胞悬浮液	酒石酸生物合成	[132]
	MLO-7	CRISPR-Cas9	原生质体转化	原生质体	抗白粉病	[133]
	VvWRKY52	CRISPR-Cas9	农杆菌	体细胞	抗白粉病	[134]
苹果	*DIPM-1, DIPM-2, 和 DIPM-4*	CRISPR-Cas9	原生质体转化	原生质体	火疫病抗性	[133]
	PDS	CRISPR-Cas9	农杆菌	叶子	类胡萝卜素生物合成	[135]
	uidA	ZFNs	农杆菌	叶子	β-葡萄糖醛酸酶活性	[136]
无花果	*uidA*	ZFNs	农杆菌	叶子	β-葡萄糖醛酸酶活性	[136]
西瓜	*ClPDS*	CRISPR-Cas9	农杆菌	子叶	类胡萝卜素生物合成	[137]
野草莓	*TAA1* 和 *ARF8*	CRISPR-Cas9	农杆菌	幼子叶	生长素生物合成和信号传导	[129]
栽培草莓	*FaTM6*	CRISPR-Cas9	农杆菌	幼子叶	花卉发育	[138]
猕猴桃	*AcPDS*	CRISPR-Cas9	农杆菌	叶子	类胡萝卜素生物合成	[139]
万金城橙	*Promoter region of CsLOB1 gene*	CRISPR-Cas9	农杆菌	上胚轴外植体	柑橘溃疡病抗性	[140]
樱桃	*Self-Pruning SP gene*	CRISPR-Cas9	农杆菌	子叶	调节合轴生长	[141]

（一）使用 CRISPR-Cas9 系统基因敲入或激活果树基因启动子

除了传统的转基因技术，CRISPR-Cas9 介导的基因过表达或敲入也可以改善果树的某一特定性状。通过同源定向重组介导的 CRISPR-Cas9 系统在植物基因水平上进行定点突变，可以实现启动子的敲入激活和提高酶活性。例如，葡萄二苯乙烯合酶基因在苹果中的过表达表明，植保素白藜芦醇的高沉积增强了转基因苹果的抗氧化性。因此，利用 CRISPR-Cas9 系统可以很容易地将传统转基因方法获得的科学信息应用于果树改良。

某些已经被证明的基因在不同作物中的作用可以使用新基因编辑系统来实现。例如，通过在香蕉和番茄中过表达植物烯合成酶（PSY）和番茄红素 β 环化酶（LCYβ）培育的转基因植物使维生素 A 含量增加。因此，已知的限速基因可以通过 CRISPR-Cas9 系统敲入到水果作物的基因组内。通过该方法获得的水果作物属于非转基因植物。

在模式植物拟南芥中，通过过表达同源酸－香叶基－香叶基转移酶（HGGT）基因使维生素 E 含量增加了 10~15 倍，证实这可以富集维生素 E，并且能增强抗氧化性。敲入或激活 HGGT 基因可以在杏、橄榄、木瓜、香蕉等水果中增加维生素 E。

在水果中增加维生素 C，能提高水果营养价值。脱氢抗坏血酸还原酶（DHAR）在烟草和玉米中的过表达可使维生素 C 含量增加。使用 CRISPR-Cas9 系统敲入表达 DHAR 基因是提升水果中维生素 C 含量的高效技术。

某些候选基因可以增强矿物质。例如，铁蛋白可提高香蕉、玉米和小麦中的铁含量。此外，还报道了烟酰胺合成酶基因提高大米中的铁含量。在大麦中，锌含量通过过表达的锌转运蛋白而增加。

通过基于 CRISPR-Cas9 的敲入方法，可用于控制微量元素基因在水果中的表达量，用于补充微量元素缺乏。2018 年，在拟南芥中发现敲入 CRISPR-Cas9 系统最显著的优点是可以根据需要改变蛋白质的氨基酸序列，替代任何基因的非功能性部分，使其发挥诱导作用[142]。同年，研究人员利用 CRISPR-dCas9 联合染色质重组技术，在特定基因位点调控基因表达，可以应用于水果中，以提高其香味、风味和营养相关品质。在番茄中控制 *SlCLV3* 基因启动子区域可以增加果实的数量，也可以使用 CRISPR-Cas9 系统提高水果作物的品质，为实现全球范围内的营养安全提供了机遇。

（二）利用 CRISPR-Cas9 系统提高果树抗逆性

气候条件的变化会影响植物的数量，果实的产量和品质。非生物（干旱、土壤盐分和热胁迫）和生物（真菌、病原体、病毒、细菌和害虫）引起的植物疾病能影响植物的营养，降低了植物的强度，甚至导致植物死亡。据报道，病原微生物导致的潜在产量损失超过 42%，其结果使全球食物产量下降约 15%。因此，开发抗逆作物是满足全球粮食需求的先决条件。

1. 非生物因素的威胁

非生物因素对植物的生存和生产力产生了负面影响。通常，由多个基因负责控制胁迫抗性反应，因此限制了提高作物非生物胁迫耐受性的育种应用。目前，已经确认了与盐、冷、干旱和热胁迫适应相关的多个基因。

离子失衡和渗透效应会影响植物的生长。离子失衡可以通过使用不同的促进剂使离子通过液泡的方式减少。据报道，液泡 Nap/Hp 逆向转运蛋白（NHX1）和 Hp 易位焦磷酸酶（AVP1）基因的过表达可增加 Nap 进入液泡，从而增强 Nap 的积累和耐受性。

此外，植物产生或积累许多有机化合物，例如氨基酸、季铵盐、胺（甘氨酸甜菜碱和多胺）、糖（果糖和蔗糖）、复合糖（海藻糖和果聚糖）以及有机酸（草酸和苹果酸），在不利条件下保护细胞蛋白质，并实现保护植物细胞的作用。

酵母菌海藻糖 -6- 磷酸合酶基因过表达的转基因番茄表现出对盐、干旱和氧化胁迫的耐受性。在冷胁迫中，C- 重复结合因子（CBF）是一种转录因子，据报道，通过积累脯氨酸、棉子糖和蔗糖等低温保护分子而赋予耐寒性的基因的调节剂。

烟草中葡萄基因（*VvWRKY2*）的过表达增强了植物对盐和渗透胁迫的耐受性。渗透压的积累也为维持植物细胞的渗透水平提供了支持。因此，通过 CRISPR-Cas9 系统敲入增强已知的反转运蛋白、渗透保护剂和低温保护剂基因及转录因子的表达，可以保证植物在不同胁迫条件下的高耐性。

氧化应激是植物体内自由基形成的主要原因，它使细胞膜脂质过氧化，进而导致细胞死亡。众所周知，可以防止植物的氧化损伤的途径包括非酶途径（谷胱甘肽和抗坏血酸）和酶途径［过氧化氢酶（CAT）、超氧化物歧化酶（SOD）和抗坏血酸过氧化物酶（APX）］。在甘薯中过表达 *SOD* 和 *APX* 基因可增强干旱胁迫下的恢复和耐受性。同样地，通过在拟南芥中过表达乙醛脱氢酶（*ALDH3*）基因维持了细胞膜的稳定性而赋予了拟南芥对干旱和高盐的耐受性，并且去除了活性氧化物。在梨中，来自苹果的亚精胺合酶基因的过表达改变了多胺效价并赋予多种非生物因素的耐受性。在拟南芥、番茄和苹果中过表达苹果的 *CIPK* 基因（*MdCIPK6L*），可以增强对盐的耐受性，提高由干旱和低温造成的生物胁迫，从而保护植物根系发育。

CRISPR-Cas9 系统已被证明是开发作物抗逆性的有效工具。2017 年，利用 CRISPR-Cas9 开发了多种玉米，使其不受干旱条件的影响。例如，等诱导 *ARGOS8* 基因突变时，提高了干旱条件玉米的产量。

在大豆中，使用 CRISPR-Cas9 靶向双链 RNA 结合蛋白 2（*Drb2a* 和 *Drb2b*）基因，能够增强耐盐性和耐旱性。2016 年，报道了通过 CRISPR-Cas9 系统编辑了 *OST2/AHA1* 等位基因增强了拟南芥的气孔打开或关闭反应。这些结果表明 CRISPR-Cas9 系统可以有效地用于产生新的等位基因变异，以培育不同果树间的抗逆品种。此外，先前确定的潜在抗逆基因，可用于 CRISPR-Cas9 系统进行基因的敲入或敲除，从而开发出重要水果作物的非转基因农艺改良品种，例如苹果、香蕉、石榴、橘子和葡萄。

2. 生物胁迫

生物胁迫是农作物收获前后时期造成作物损失的主要原因。基因编辑已经在使粮食作物朝向生物制剂产生抗药性方面迈出了一步。例如，利用葡萄和小麦[133] 中的 CRISPR–Cas9 系统编辑抗霉基因位点 O（*MLO-7*）基因，对白粉病易感性有效。在葡萄中，*VvWRKY52* 基因的敲除已显示出可增强对灰葡萄孢真菌病的抗性。

植物侧生器官边界（Lateral Organ Boundaries，*LOB*）基因已经显示出对细菌性柑橘溃疡病的敏感性。*LOB* 基因促进病原体的生长，导致植物形成瘤。通过删除 *CsLOB1* 基因启动子区域的效应结合元件（EBEPthA4）序列，万金城橙获得了柑橘溃疡病抗性。此外，*CsLOB1* 两个等位基因的突变导致葡萄柚对柑橘溃疡病的抗性。

2017 年，报道了转基因香蕉中 *RGA2* 基因的表达增强，并提供了对尖孢镰刀菌家族 4 的抗性。内源 RGA2 同源物存在于香蕉基因组中，但其表达量极低。利用 CRISPR–Cas9 基因编辑技术敲入 RGA2 同源基因，开发出了非转基因抗 TR4 香蕉。类似地，其他已知基因如脂氧合酶（*LOX*）、乙烯反应因子（*ERF*）、*SWEET13* 和抗白粉病 4（*PMR*）等对不同疾病具有抗性 / 易感性的基因，均可以通过 CRISPR–Cas9 系统在许多水果作物中进行过表达或沉默。

（三）利用 CRISPR-Cas9 系统改良水果作物存在的挑战

CRISPR–Cas9 系统彻底改变了现有的植物生物技术方法，也是目前最流行的基因编辑工具。由于其具有高效率、易于设计和灵活性等优点，很快被用于植物基因编辑。使用该系统改良的植物与传统育种或自然 / 诱导突变产生的植物相同，而且通过基因编辑修改开发的植物被认为是非转基因植物。因此，这也有助于节省转基因评估时所需花费的大量时间。除了以上优点外，在实施 CRISPR–Cas9 系统改进水果作物的过程中还需要解决一些挑战（表 7.2）。

表 7.2　CRISPR-Cas9 系统改良水果作物的应用和挑战

类型	举例
应用	无籽
	耐受生物或非生物胁迫
	富集微量营养元素
	减少水果的不利成分
挑战	植物的基因组测序不完整
	脱靶效应
	开发更适合的组织培养技术
	有效简单的 CRISPR-Cas9 系统递送技术

1. 基因组完整性和脱靶效应

Cas9 能够特异性与 sgRNA 序列和基因组中的 PAM 区域紧密控制，即使在 sgRNA 引导序列的 PAM 远端部分存在 3~5 bp 不匹配也可能发挥功能，这是潜在的脱靶发生的原因。同时，sgRNA 的靶标或非靶标位点也影响了靶位点的裂解效率。晶体结构分析表明，PAM（NGG）位点对 Cas9 结合非常重要，而 10~12 bp 邻近 PAM 区域的 3' 端对 R 环的形成和 Cas9 核酸酶的激活至关重要。为了确定特定基因的脱靶效应，有多种工具，如 CRISPR design，E-CRISPR，Cas-offender，Breaking CAS；可以帮助设计更合适的 sgRNA。基因组序列数据的可用性是有效使用这些工具的先决条件。

基因组序列数据的缺乏可能导致更多的脱靶效应，这是由于在基因组中设计非特异性靶点的可能性很大。梨、菠萝、荔枝和西瓜等水果作物的完整基因组还没有测序，在这些水果作物中设计基于 CRISPR-Cas9 系统的基因编辑靶标，缺乏全基因组序列是最大障碍。因此，在特定的作物基因组中独特的基因靶区的选择是减少脱靶效应的关键标准。

香蕉、草莓、橘子、葡萄等各种水果作物的基因组序列是已知的，但对基因组中大量基因的完整功能了解仍不清楚。随着下一代测序（NGS）

和全基因组关联研究（GWAS）的发展，预测和验证基因功能成为可能。例如，在二倍体香蕉中识别 *RGA2* 基因可获得对尖孢镰刀菌（TR4）的抗性。*MaAGPase* 和 *MaSWEETs* 基因的表达增加了香蕉对盐、冷和干旱的耐受。因此，有关特定作物植物的功能基因组学知识，将有助于设计适当的目标来改善水果作物。

2. 组织培养和 CRISPR-Cas9 系统递送方法

通过 CRISPR-Cas9 系统成功实现转基因的一个重要挑战是可用的水果作物的组织培养和转化技术。木质果树，例如芒果、番石榴、桑树和黑李等不易再生。因此，与番茄、拟南芥和烟草等模式植物相比，利用转基因技术对木质果树进行基因改良仍然具有挑战性。

尽管困难，可是已经有了 CRISPR-Cas9 系统在其他水平作物中成功递送的实例报道[130, 135]，但是基因编辑的效率不确定，其中基因转化的方法是影响基因组基因编辑效率的重要因素之一。

以基因枪或 PEG 为基础的递送方法的主要局限性是只对来自原生质体的再生植物有效。农杆菌介导的转化被广泛用于植物中基于 CRISPR-Cas9 系统的转基因[130, 138]。芒果、柑橘、荔枝和香蕉等几种作物都是营养繁殖的作物。因此，有必要使用 CRISPR-Cas9 系统为这些作物开发一种无 DNA 递送的技术。

利用 sgRNA 载体或核糖核蛋白（RNP）复合体对原生质体进行基因枪或 PEG 转化，可以避免基因在其基因组中整合而实现非转基因。从原生质体中优化基因编辑植物的高效再生和密集筛选颗粒轰击生成的植物可以开发非转基因编辑的水果作物。

因此，需要开发可靠的 CRISPR-Cas9 递送方法作为特定水果作物的非转基因作物平台，对研究人员来说仍然是一大挑战。

3. CRISPR-Cas9 系统引入基因敲入的挑战

CRISPR-Cas9 系统可用于在特定基因组位点通过同源定向重组机制精

确引入或替换 DNA 序列。同源定向重组敲入的频率远低于非同源末端连接敲出的频率。因此，利用 CRISPR-Cas9 基因敲除方法开发具有重要生物学意义的性状（耐旱、抗病、雄性不育、改良成熟和其他农艺因素）已被广泛应用于水果作物中。然而，基因敲入有着巨大的应用潜力。例如，它可以是一种替代策略，在基因组中插入单拷贝，使基因在一个精确位置过表达。传统的农杆菌介导的过表达产生随机插入，在基因组的不同位置有很高多拷贝整合的可能性，因此可能会降低转基因或植物原本基因的活性。

目前面临的关键挑战是如何提高基于敲入的 CRISPR-Cas9 系统元件的传递效率。有报告表明，在拟南芥、小麦、玉米、烟草和苔藓等植物中采用基因敲入[142]，但效率较低。同源臂的长度是提高敲入效率的影响因素之一。

最近在拟南芥中，单独使用供体和 CRISPR 结构体提高了敲入效率。在拟南芥中，种系驱动的 Cas9 表达证明能提高基因敲除效率[142]。因此，非常有必要在木质果树中优化 CRISPR-Cas9 系统，以扩大该技术的应用范围。

第四节　在植物代谢工程中的应用

由于植物代谢过程中产生了某些生物活性化合物，他们具有较高的治疗应用价值。因此，通过调控化合物的代谢途径来增强其代谢产物的研究备受关注。CRISPR-Cas9 基因组编辑系统可用于调节与代谢相关的多个基因。采用双向 CRISPR-Cas9 系统阻止胡萝卜素的转化，从而提高了番茄红素的产量。递送载体是根瘤农杆菌，成功实现了 5 种基因的位点特异性编辑，番茄中的番茄红素含量增加了 5.1 倍，并且在连续几代中观察到纯合突变体的稳定遗传。

为了提高药用植物丹参的代谢产物酚类物质的产量，利用 CRISPR-Cas9 系统修饰了酚类物质产生途径中的迷迭香酸合成酶基因（*SmRAS*）。使用拟南芥 U6 启动子调控 sgRNA 的表达，观察到在 16 个转化后的毛状根系中，5 个是双等位的，2 个是杂合的，只有 1 个是杂合突变体。再经过代谢分析显示在纯合的转化毛状根系中酚酸的浓度升高和 *SmRAS* 的表达水平降低（90%）。结果表明 CRISPR-Cas9 系统是改造丹参的有效工具。另外敲除参与丹参酮生物合成的二萜合酶基因，获得了 26 个独立的转基因毛状根系，鉴定到 8 个嵌合突变体和 3 个纯合突变体。通过代谢组学分析，观察到纯合突变体中缺失丹参酮，而嵌合突变体中丹参酮减少[127]。

糙伏毛内酯可以抑制植物枝条的分枝，从而决定枝条、初生根和侧根的生长。类胡萝卜素切割双加氧酶 7（*CCD7*）是一种新的基因，参与 S1 的产生。利用 CRISPR-Cas9 系统对水稻 *CCD7* 基因进行了定点突变，获得的突变体显示根显著增加，同时其高度降低。这揭示了 CRISPR-Cas9 在植物位点特异性修饰方面的潜在应用价值。

2016 年，第一个通过 CRISPR-Cas9 基因组编辑改变罂粟代谢途径的研究证实 4'*OMT2* 基因具有调节苄基异喹啉生物碱（BIA）生物合成的能力。基于病毒开发用于 sgRNA 的转录的二合一质粒，通过农杆菌介导的转化使用 Cas9 将该基因装载到植物细胞中。结果显示再生植株中 BIA 的含量减少，通过 CRISPR-Cas9 系统证明了 4'*OMT2* 敲除[125]，为利用 CRISPR-Cas9 系统提高高价值药用植物次生代谢物产量的研究奠定了基础。

第五节　通过 CRISPR-Cas9 构建非转基因植物

通过农杆菌转化是观察基因组整合以往植物中递送 CRISPR-Cas9 系统的最普遍技术。在番茄等植物的有性繁殖过程中，可以通过连续几代的分离来去除转移的 DNA，从而产生非转基因植物。但是在像马铃薯无性繁殖中，这种方法无效，因为它会导致有益性状的损失。

最近，通过将腺嘌呤或胞苷脱氨酶与 nCas9 结合，在 CRISPR-Cas9 系统中使用胞苷碱基编辑器（cytidine base editor，CBE）。由于 CBE 在不引入双链断裂的情况下，就能够替代靶基因，所以在西瓜、番茄、水稻、玉米和小麦等许多作物中备受青睐，研究人员借助 CBE 和农杆菌转化，以番茄和马铃薯中的乙酰乳酸合酶（*acetolactate synthase*）为靶标，通过 CRISPR-Cas9 系统成功编辑胞苷碱基，在番茄中产生具有抗氯硫脲的基因组编辑效率约为 70% 的植物。此外，通过这种方法，在第一代植物中产生了非转基因番茄和马铃薯，并且在宿主的基因组中减少了由转基因的随机整合所引起的有害影响。

为了生产杂交种子，在玉米中通过 CRISPR-Cas9 系统开发了雄性不育突变体。Cas9 基因优化为能够在玉米中适合表达的密码子。以玉米的 *MS8* 基因为靶标构建了 CRISPR-Cas9 系统的载体，并在细菌的帮助下，将该基因转化到玉米中。测序后，在 T0 转化系中没有观察到 *MS8* 基因突变。但是，在 H17 转基因株系中检测到含有 *MS8* 基因的突变后代。遵循孟德尔法则，突变 *MS8* 基因和雄性不育表型在下一代发生遗传。此外，在 F2 代筛选雄性不育植物时，选择了不含转基因的 *MS8* 基因突变的雄性不育玉米。

利用 CRISPR-Cas9 系统产生非转基因突变体的方法，特别适用于多年生无性繁殖的作物。使用 CRISPR-Cas9 系统和农杆菌进行基因表达所开发的非转基因突变植物不存在性别分离。开发了含有植物烯去饱和酶（phytoene desaturase，PDS）基因的烟草 4 个等位基因突变的突变体，并使用 Illumina 测序和高分辨率熔解曲线分析对这些突变体进行了筛选。在全部 PDS 植物中，获得了 17.2% 的非转基因植物。由此，在无性繁殖的作物中建立了产生非转基因突变体的新方案[107]。

利用 CRISPR-Cas9 系统，以抗白粉病基因位点 O（*Mlo*）为靶标，开发了多种具有抗白粉病病原体抗性的非转基因番茄。在 16 个基因中，已知 *Sl-Mlo*1 是主要致病基因。从所有转化体中选出 3 个双等位基因突变体。然后在 T1 代中分离 T0 转化子以产生非转基因系，并通过 Illumina 测序进行鉴定。

2016 年，Pyott 等人使用 CRISPR-Cas9 系统在主要作物中产生病毒的抗性等位基因[82]。为了启动病毒翻译，病毒基因组连接蛋白质（VPg）通过与病毒 RNA 的 50 非翻译区和宿主的真核起始因子（eIFs）形成复合体来捕获宿主的翻译，在拟南芥中已经得到证实。利用 CRISPR-Cas9 基因组编辑系统在拟南芥的 eIF4E 位点引入了靶特异性缺失，从而提供了对芜菁花叶病毒的保护。此外，与野生品种相比，在 4 个不同的 T3 品系中没有观察到干重或开花时间的变化。

植物基因组编辑通常涉及已知干扰调控过程的转基因中间体。因此，用于小麦细胞突变愈伤组织再生的植物基因组编辑方法包括 ECDNA（瞬时表达 CRISPR-Cas9 系统的 DNA）和 TECCRNA（瞬时表达 CRISPR-Cas9 RNA），见图 7.3。此外，该编辑系统能够在 T0 代中产生纯合和非转基因突变体，从而扩大了在其他作物中进一步研究的范围。同样，通过 CRISPR-Cas9 为 4 种不同的水稻基因演示了基因组编辑系统。结果显示 T0 代突变和双等位基因突变频率高。此外，T1 代的突变体是稳定的，并随着对非靶效应的正确评估而传递给下一代，这具有选择特异性。由此，通过 CRISPR-Cas9 系统在水稻中产生无转基因序列特异性的基因组编辑植物是可行的。

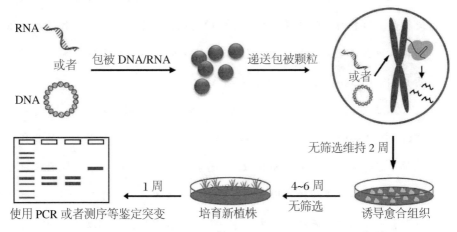

图 7.3　TECCDNA 或 TECCRNA 基因组编辑技术示意图[143]

综上所述，CRISPR-Cas9 系统现在被认为是一种先进的基因组编辑方法。目前在园艺领域的应用代表了转基因植物生产的进步和替代方法，通过编辑与胁迫反应有关的靶基因来增加产量。此外，该技术提供了在不同植物物种中开发与特定性状及其基因相关的研究的机会。CRISPR-Cas9 系统现在已经能够通过改变靶标化合物的代谢途径来提高次级代谢物的产量。众所周知，涉及个体系统中不同性状快速排列的多重基因组编辑对改善农艺性状具有积极影响。

为了扩大该技术的应用范围还需要解决其他问题。例如植物 DNA 甲基化和组蛋白修饰等表现遗传修饰，从而扩大 CRISPR-Cas9 系统在植物中的应用范围。因此，需要增加它的研究范围，提高在植物中使用 CRISPR-Cas9 系统进行表观基因组编辑的效率。另外，还可以开发出用荧光标记的 Cas9 蛋白质和 sgRNA 复合体标记的植物 DNA 实现细胞成像的功能。

本章小结

在不同的基因编辑技术中，CRISPR-Cas9 在植物生物技术领域被广泛接受。随着新一代高通量测序方法的发展，有希望将多种作物的基因组数据很快上传至公共数据库。这将有助于功能基因组的研究，也可促进利用 CRISPR-Cas9 系统设计作物新品系。

本章主要介绍了在模式植物、经济作物、药用植物等领域应用 CRISPR-Cas9 系统开展单基因或者多基因编辑，以实现植物品系的改良。列举了在植物中递送 CRISPR-Cas9 的主要技术：PEG 介导或根瘤农杆菌介导的技术。在果树的基因编辑改良中，该技术主要用于提升水果的微量营养素、矿物质、果糖和维生素等，甚至延长水果保质期或者提出改善生物胁迫的基因编辑策略等。本章还分析了应用 CRISPR-Cas9 系统开展基因编辑构建非转基因植物方面的探索，为未来构建更多的非转基因植物提供借鉴。

目前 CRISPR-Cas9 系统在植物中应用的主要限制有：首先部分植物的基因组测序不完整无法设计和预测靶向效应与脱靶效应；其次，有待开发新型的组织培养技术以及更简单有效的 CRISPR-Cas9 递送系统。

第 八 章

CRISPR-Cas9 系统在模式动物中的应用

第一节　在哺乳动物中的应用

以 CRISPR-Cas9 系统的使用作为基本原理，在许多生物模型中已经得到证实，可用于治疗遗传相关疾病。

一、在肿瘤治疗中的应用

肿瘤是由于肿瘤抑制系统或者原癌基因突变所诱发的疾病，导致细胞异常生长和分裂。不良的生活方式例如抽烟、久坐、营养不良和辐射等都会诱发肿瘤。肿瘤致死率在全球排第二，现已经成为了全球公共卫生问题，带来沉重的社会负担。

随着对肿瘤的分子生物学深入探索，人们希望能够找到可靠的替代疗法。使用药物调控抑癌基因或致癌基因，可以实现肿瘤治疗。例如，在慢性粒细胞白血病和非小细胞性肺癌中，*BCR-ABL1* 与突变的表皮生长因子受体（*EGFR*）融合用于治疗肿瘤。虽然目前仍未应用于临床，但是已经证明了使用 CRISPR-Cas9 系统开展靶向基因治疗具有一定的可行性。

CRISPR-Cas9 系统有很多可用于肿瘤治疗的策略。例如 dCas9 与转录激活和抑制有关，可以抑制或者过表达致癌基因的产物[41]。CHEK2 蛋白是肿瘤的抑制蛋白，苏氨酸蛋白激酶在致癌作用下通过 TP53 促进细胞的凋亡。在癌细胞系中 CHEK2 蛋白表达减少。因此，细胞中 CHEK2 蛋白的规律表达可能帮助患者抑制肿瘤。使用重组 dCas9-VP64 上调 *Chek2* 基因，在小鼠肿瘤模型中阻止了肿瘤的扩散和进展。

CRISPR-Cas9 系统可以通过表观遗传编辑进行肿瘤治疗。在诸多肿瘤中，均能发现组蛋白修饰酶和甲基转移酶的失调，例如胶质母细胞瘤，软骨肉瘤和恶性白血病等。在许多散发性的乳腺癌中发现，*BRCA1* 基因（属于抑癌基因）的启动子甲基化能够沉默该基因。因此，特异性诱导 *BRCA1* 基因启动子区去甲基化可以激活该基因的表达，并发挥抑制肿瘤的功能。基于该理论，有一些实验证据表明，dCas9 蛋白与 TET 结构域（10-11 易位双加氧酶1）融合蛋白质，可以通过特异性 sgRNA 将 dCas9 引导到 *BRCA1* 基因的特异性启动子区域，再由 TET 结构域发挥去甲基化功能，从而降低 HeLa 细胞株的生长和增殖能力。如果再结合化疗，可以观察到这种表观修饰能够显著抑制肿瘤细胞的生长，说明联合治疗可增强抗肿瘤的效果。

无酶切活性的 dCas9 和具有催化双链断裂的 Cas9 均具有开发成为肿瘤治疗药物的潜力。众所周知，程序性细胞死亡蛋白1（PD1）和其配体 PD-L1 是通过抑制细胞毒性 T 淋巴细胞（CTL）活化进而促进肿瘤细胞产生。在正常情况下，PD1 在 CTL 细胞表面表达，而 PD-L1 与 PD1 结合可以抑制 CTL 细胞的活化。在大多数种类的细胞中都有 PD1 相应配体表达，通过表达 PD-L1 配体发挥逃避 CTL 细胞的细胞毒性。在 Cas9 蛋白的帮助下，通过靶向 *PD1* 基因的特异性 sgRNA 来破坏 PD1/PD-L1 通路，可以在体外对多发性骨髓瘤细胞以及在小鼠体内异种移植瘤上治疗肿瘤。

二、在白内障治疗中的应用

白内障是由人眼中晶状体的混浊引起的，其原因是晶状体中蛋白质的结构发生改变，从而导致人视物模糊不清。晶状体混浊的诱因多样，包括家族基因、年龄及生活习惯（抽烟和紫外光的暴露）等。

在基因水平上，显性白内障，又称核性白内障，是由 *Crygc* 基因外显子 3 区 1bp 的突变引起的，导致 rC-crystal 蛋白表达不完全。为了纠正这种基因的突变，就需要将突变的基因序列用野生型的基因序列进行替换。在细胞水平，可以通过转染表达密码子优化的 Cas9 和位点特异性 sgRNA 的质粒以及提供替代基因序列的供体寡核苷酸序列来实现。Cas9 实现对靶标基因序列突变位点的剪切，使断裂的双链 DNA 可以激活同源定向修复机制，将突变序列替代为正确的插入序列。如果在体内操作，Cas9 应该直接插入其mRNA，相应的 sgRNA 以及矫正 *Crygc* 基因突变的序列直接表达，而不能使用质粒表达载体。此外，基因编辑的操作应在生物体处于生长发育期进行[144]。上述技术有纠正显性白内障疾病的可能，并且在小鼠模型中几乎没有脱靶效应。更有价值的发现是小鼠能够把正确的基因遗传给后代。

三、在 DMD 治疗中的应用

DMD 是一种普遍的遗传性疾病，每 5 000 名新生男婴中就有一人发病，但在女婴中很少发现。该病会导致心肌和骨骼肌的肌肉发生退行性病变，病因是 X 染色体的肌营养不良蛋白质基因产生了突变。营养不良蛋白及营养不良蛋白相关蛋白复合体（DAPC）作为细胞内细胞骨架和细胞外基质之间的连接，可在肌肉收缩时保护肌肉细胞。DMD 不仅仅是由肌营养不良蛋白基因突变所致的综合症状，而且在 DAPC 复合体中还会发生多个基因错误的糖基化。

遗传性疾病的发生是通常由于基因序列的替换，治愈的希望是用功能正确的基因替换掉错误的基因。使用 CRISPR-Cas9 系统，在小鼠模型中，设计划正突变的 DMD 基因第 23 外显子区域所携带的无意义突变。在小鼠生长发育阶段早期进行纠正治疗，发现在未受孕的小鼠中植入纠正过的细胞可以产生正确基因型的后代，其嵌合体细胞在单个机体内的比例为 2%~100%。研究证明无脱靶效应，矫正细胞在 mdx 小鼠中具有对肌肉的再生优势[145]。

　　目前，已经利用 CRISPR-Cas9 系统开发出了几种可以恢复肌营养不良蛋白功能失调的技术。例如，对比贝克尔肌营养不良（Becker muscular dystrophy，BMD）的患者与 DMD 患者在同一外显子区域发生的突变，就严重程度而言，BMD 的功能障碍程度比 DMD 要低。其原因是删除部分外显子后，研究者发现在 DMD 中仍然会有部分正常功能蛋白的表达。基于上述原理，人们开始研究如何通过 CRISPR-Cas9 系统进行基因组编辑，使其能够恢复蛋白质的表达功能。有研究人员设计了 3 种不同的策略：①基于外显子跳跃的策略，在外显子跳跃过程中，利用 CRISPR-Cas9 系统完成对 dystrophin 基因的编辑，使得在 mRNA 成熟过程中，外显子的突变区域可以通过细胞剪接体机制从早期的转录本中被删除，从而使 BMD 中缺失的蛋白得以正确表达；②用小的插入或删除基因片段来恢复基因的读码框；③敲入正确的基因外显子序列，这也是最有效策略。上述策略效果是通过使用 DMD 患者的多能干细胞进行体外实验证实的。研究结果还表明不存在脱靶风险。

四、在 I 型酪蛋白血症治疗中的应用

　　肝细胞和肾小管细胞参与酪氨酸转化为乙酰乙酸、延胡索酸酯、琥珀酸的生物合成过程。因为这些细胞可以同时表达 5 种酶，并且有足够的酶进行酪氨酸的分解及代谢产物的转化。延胡索酰乙酰乙酸酶（FAH）是酪氨酸分解代谢途径最后一步关键酶，可以将延胡索酰乙酰乙酸酶和琥珀酰乙酰乙酸分解为乙酰乙酸盐、延胡索酸盐和琥珀酸盐。在 I 型遗传性酪氨酸中毒中，fah 基因的点突变使 FAH 酶变短导致表达功能丧失，从而积累有毒化合物，

例如在肝细胞中积累延胡索酰乙酰乙酸盐。FAH 截断表达的机制是基因点突变导致了外显子跳跃，使早期转录的第八外显子不能通过剪接复合体组成成熟的 mRNA，最终导致了翻译产物被截断。为了恢复 FAH 酶的功能，在小鼠模型中使用 CRISPR-Cas9 系统成功地恢复了野生型 *fah* 基因序列。使含有 Cas9 蛋白与对应靶向 sgRNA 的质粒共表达，肝细胞中的 Cas9 在小鼠模型中的体内校正率为 0.4%。此外，与分别单独使用 CRISPR-Cas9 系统的小鼠相比，使用共表达联合 2- 硝基 -4- 三氟甲基苯甲酰基 -1，3- 环己二酮（NTBC）处理的小鼠模型体重显著增加。NTBC 作为酪氨酸分解代谢通路的抑制剂，阻断延胡索酰乙酰乙酸盐的形成，因此可以防止肝损伤。实验证实 *fah* 基因得到纠正但是有肝损伤小鼠体重会减轻；共表达 CRISPR-Cas9 系统或者与 NTBC 联合使用都可以增加模型中小鼠的体重，所以联合治疗效果更好[146]。后来发现用 NTBC 可以保护未纠正的细胞，并且能够与纠正的细胞共同生长。

　　另外一种替代突变基因的治疗方法是使用离体编辑，该方法比体内基因编辑更安全有效。在体外，首先从患者处收集细胞，然后接受纠正治疗。纠正后的细胞经过鉴定正确后，再转入机体。具体实施方案是将收集的细胞用病毒载体转染递送 CRISPR-Cas9 系统开展基因纠正治疗，纠正后的肝细胞经过筛选鉴定后，再将它们植入机体。此后，机体使用 NTBC 控制循环途径，直到机体增长到合适的体重而不再使用 NTBC。

五、在囊性纤维化治疗中的应用

　　囊性纤维化跨膜电导调节子（Cystic fibrosis transmembrane conductance regulator，CFTR）是一种离子通道，正常情况下，能够帮助转运氯离子进入细胞膜，它的功能受到环磷酸腺苷（cAMP）依赖的磷酸化调控。与 CFTR 有关的突变机制包括氨基酸置换，提前了终止密码子等形成，使 CFTR 表达的 mRNA 过早成熟或异常调节引发启动子序列的替换，从而发生囊性纤维化（cystic fibrosis，CF）。CF 是常染色体隐性遗传病，患者的 CFTR 跨膜蛋白功能的异常会导致个体表现异常或氯离子通道改变。从 CF 患者体内分离的肠细胞使用 CRISPR-Cas9 系统进行基因纠正，在囊性纤维化细胞中可以精确地实现纠正 F508 的等位基因突变[147]，纠正后的细胞生长正常。分段类器官系统是能使细胞在特定条件下长成所需器官的微型版本。这为研究系统提供了更好和更灵活的选择，因为它提供了接近于三维和生理相关的环境，相当于在活的器官内观察。此外，将 CRISPR-Cas9 系统介导的基因纠正技术与类器官培养和移植技术结合起来可以治疗遗传疾病[147]。最近，使用 CRISPR-Cas9 系统突变羊胎成纤维细胞中的 CFTR 基因，再经过体细胞核移植繁育出 CFTR /CFTRp 的羔羊，因表现出与囊性纤维化患者相似的表型，可以作为研究囊性纤维化的模型。

六、在尿素循环障碍治疗中的应用

尿素循环有助于形成氨基酸，如精氨酸、鸟氨酸和瓜氨酸。此外，它还有助于清除蛋白质转换过程中产生的含氮废物。在尿素循环的许多酶中，鸟氨酸转氨基甲酰基酶促进氨甲酰磷酸盐和鸟氨酸转化为瓜氨酸。上述酶存在于线粒体基质中，其缺乏会导致高氨血症。在小鼠模型中，推导出与鸟氨酸转氨基甲酸酯酶基因对应的第 4 外显子剪接位点的点突变导致异常剪接。合成酶的活性和大小分别降低至原来的 40% 和 5%[148]。随着治疗的进展，患者必须避免高蛋白质的饮食。此外，为了去除过量的氮，还使用了苯甲酸钠和苯丁酸盐。在小鼠模型上证实了 CRISPR 技术作为治疗尿素循环紊乱的疗法的适用性。根据研究，新生小鼠静脉注射两种 AVV 载体系统。在两种系统中，一种用于表达 Cas9，另一种用于表达 sgRNA 和供体 DNA。纠正了大约 10% 的肝细胞基因突变，并且小鼠能够在高蛋白饮食下存活。然而，当被用作治疗成年小鼠时，该疗法则不利于小鼠的生存[148]。

七、在血液障碍治疗中的应用

在许多血液疾病中，β 地中海贫血和镰状细胞贫血的影响最为严重。在镰状细胞贫血中，是一种名为 HbS 的正常血红蛋白（HbA）发生突变而导致贫血的。与镰状细胞贫血不同，β 地中海贫血是由结构正常的 β 珠蛋白链合成量不足引起的。由于这两种疾病都是天生的，基于 CRISPR 的基因矫正可以作为一种治疗方法。患者特异性诱导多能干细胞可以作为体外模型系统来证明基于 CRISPR-Cas9 系统的基因编辑所实现的更正效率。例如，研究中使用了 iPS-b17/17 点突变的缺陷细胞进行基于 CRISPR-Cas9 系统的基因修正。研究人员还诱导了造血分化。这与突变细胞相比，校正后的细胞造血干细胞分化程度更高，*HBB* 基因表达正确。此外，与活性氧的种类形成、集落形成单位、造血相关基因表达相关的数据均支持 CRISPR-Cas9 系统可以作为该类疾病的治疗药物。此外，纠正细胞和分化细胞在植入 NSI（NOD-Scid-IL2Rg）基因突变的小鼠模型后能够存活、增殖和生长，移植细胞可以进一步表达正常的血红蛋白，并且没有观察到肿瘤样特征，这也回答了使用 CRISPR-Cas9 系统作为治疗策略的安全性问题。通过靶向 CRISPR-Cas9 诱导的多能干细胞，建立定点双链断裂的技术优于 TALEN。靶向细胞具有 HBB IVS2-654 突变的地中海贫血细胞，遗憾的是基于 CRISPR 的同源重组的效率却低于 TALEN，有待优化。

与其他遗传疾病相比，镰状细胞贫血在使用 CRISPR-Cas9 系统作为治疗方法时具有显著的优势。体外纠正造血源 CD34 干细胞（有镰状细胞突变）具有 18% 的基因修饰，在体外修饰实现了基因修正和野生型 β 球蛋白的表达。在此基础上，首先应促进造血干细胞和祖细胞的纯化，其次提高 90% 的靶点整合效率。此外，患者来源的造血干细胞和镰状细胞突变的祖细胞经纠正的细胞分化后，可表达完整的野生型 β-珠蛋白的 mRNA[149]。但是，为了使纠正的基因具有位点特异性，必须认真设计 CRISPR-Cas9 系统的 sgRNA，以避免潜在的脱靶威胁。

总之，半个世纪前，科学家们就已经设计利用 DNA 治疗疾病，这被称为基因疗法。从理论上看，这是遗传性疾病治疗的极佳选择。那么，目前是否已经完成了科学家们的构想？距离达成上述目标还有多远？还需要有多少路要走？迄今为止，尚未获得合适的答案，但由于人们对基因治疗的期望很高，促使研究人员不断开发更精准的基因组编辑技术。目前 CRISPR-Cas9 系统最易于使用，并且已经证明了该系统在例如肌营养不良、囊性纤维化、肿瘤、心血管等疾病中开展基因治疗、纠正缺陷基因等方面效果极好。

第二节　在昆虫中的应用

基因组编辑是一项能在预定基因位点与生物体基因组直接竞争的精确技术，它帮助研究人员在基因功能研究方面取得了长足进步。最初，人们利用同源重组来失活基因，但是这些重组因低效、工作量大的缺点而在应用方面受到限制。

以后人们开始利用 RNA 干扰进行基因敲低的研究，但一般都存在不完整性以及非特异性等。后来基因组工程技术利用可编程核酸酶对其加以转化，使基因组目标区生成特定双链 DNA（dsDNA）或者单链 DNA 即 ssDNA 破裂，再通过内源性修复机制来修复。生成的双链断裂是通过同源定向修复（同源定向重组）或者非同源末端连接（NHEJ）修复途径中的一种进行处理的。

目前为止，为诱导双链断裂，人们已经找到 4 个功能强大的人工核酸酶系统用于在指定位置开展基因组编辑。其中包括巨型核酸酶、锌指核酸酶、转录激活因子样效应物核酸酶、CRISPR 及与 CRISPR 有关的 Cas9 核酸酶。其中，CRISPR-Cas9 系统属于经济有效、速度快、效率高的基因组编辑工具。该工具的 Cas9 与 sgRNA 相结合，靶向 sgRNA 所引导的具体 DNA 序列。经工程改造后，Cas9 能够在 sgRNA 导向目标 DNA 序列后生成 dsDNA 或者 ssDNA 断裂。CRISPR-Cas9 系统在基因修饰方面已经得到了科学家们的广泛应用，在此主要介绍该系统在昆虫中的应用。

昆虫在动物界占有主要地位，它生产出很多具有经济价值的原材料，例如蜜、蜡、清漆和丝绸等。反之，有些昆虫危害人类的健康，例如以埃及伊蚊、按蚊、库蚊库蚊（双翅目）及其他蚊子，它们可以向人类传播登革热、基孔肯雅热、疟疾、丝虫病等疾病。每年导致数以百万计的人丧生。

世界卫生组织（WHO）公布，蚊子是危害最大的生物。研究者们采取了很多控制措施并利用合成农药来杀灭蚊子，但是没有能够提出一套有效控制措施。于是研究者们开始投入到控制蚊子扩散的遗传技术研究中。

通过利用 CRISPR-Cas9 系统进行研究的昆虫，包括果蝇（*Drosophila melanogaster*）、桑蚕、柑橘凤蝶（*Papilio Xuthus*）、双斑蟋（*Gryllus bimaculatus*）和小菜蛾（*Plutella xylostella*）等，人们发现该系统能够为害虫及疾病传播提供很多新方案，从而更加有效地防治蚊子。

本节对 CRISPR-Cas9 系统在果蝇、蚊、蚕、蝴蝶等昆虫的应用方面进行综述。毋庸置疑，CRISPR-Cas9 系统在控制昆虫的研究方面有很大开发潜力。

一、果蝇

在生物学各领域，果蝇（*Drosophila melanogaster*）是非常适合于遗传学研究的模式生物。通过在果蝇上使用基因组编辑工具可以为 CRISPR-Cas9 系统运用于其他昆虫的编辑提供参考（表 8.1）。

2013 年，首次利用 CRISPR-Cas9 系统对果蝇黄色基因进行基因敲除研究。利用 2 个携带 sgRNA 的质粒（phsp, pU6-Bbs1-chiRNA）筛选出 2 个靶标，在黄色基因座上生成了 4.6 kb 缺失序列。同年又有研究报道 S2 细胞系同源重组用 CRISPR-Cas9 系统诱导准确突变，本研究中将 sgRNA 整合到 T7 启动子靶向黄色和白色基因，从而起到了有效诱变的作用，第一代注射果蝇诱变率高达 1 倍。这为大范围果蝇遗传筛选提供可能。同时获得了 2 个稳定转

表 8.1　在各种昆虫中报道的基于 CRISPR-Cas9 系统的基因组编辑汇总

昆虫	种	基因靶点	基因型鉴定	突变结果	敲除策略	递送方法
果蝇	*D. melanogaster*	*yellow*, *rosy*	测序	敲除，敲入	大片段缺失	显微注射
		yellow, *white*	测序，HRMA	敲除	小的插入与缺失	显微注射
		white, *neuropeptide*	测序	敲除	小的插入与缺失，以及大片段缺失	显微注射
		white	测序，HRMA	NA	大片段缺失	显微注射
		wingless	测序	敲入	小片段缺失	显微注射
		rosy, *DSH3PX1*	测序	敲除，敲入	小片段缺失	显微注射
		ebony, *yellow*, *wingless*, *wntless*	测序	敲除，敲入	小片段缺失	显微注射
		ebony, *yellow*, *white*	测序	敲除，敲入	小的插入与缺失	显微注射
		eGFP, *mRFP*	测序	敲除	小的插入与缺失	显微注射
		phosphoglycerate kinase	测序	敲除	小片段缺失	显微注射
		piwi, *hp1a*	测序	敲除，敲入	删除	显微注射
		chameau, *CG4221*, *CG5961*	测序	敲入	删除	显微注射
		ms, *k81*, *white*, *yellow*	测序	敲除，敲入	大片段缺失	显微注射
		yellow, *notch*, *bam*, *nos*, *ms*, *k81*, *cid*	测序	敲除	删除	显微注射

续表

昆虫	种	基因靶点	基因型鉴定	突变结果	敲除策略	递送方法
		salm	测序	敲入	删除	显微注射
		ebony, *yellow*, *wg*, *wls*, *Lis1*, *Se*	测序	敲除，敲入	删除	显微注射
		Fdl	测序	敲除	小的插入与缺失	显微注射
		nicotinic acetylcholine receptor	测序	敲入	NA	显微注射
		yellow	PCR	敲入	删除	显微注射
		mod（*mdg4*）	测序	敲除	NA	显微注射
		twist, *engrailed*, *wg*	测序	转录激活	小的插入与缺失	显微注射
		Da6	测序	敲入	大片段缺失	显微注射
		LUBEL	测序	敲除	NA	显微注射
		clamp	测序	敲除	大片段缺失	显微注射
果蝇	*D. melanogaster*	*act5C*, *lig4*, *mus308*	测序	敲除，敲入	小的插入与缺失	显微注射
		yellow, *white*, *tan*	测序	敲入	NA	显微注射
		wntless	测序	敲除	小的插入与缺失	显微注射
		sepia, *forked*, *curled*, *eb-ony*, *wnt*	测序	敲除	小的插入与缺失	显微注射
		Scsa	测序	敲除	大片段缺失	显微注射
		TpnC	测序	敲除	大片段缺失	显微注射
		Alk	测序	敲除	大片段缺失	显微注射
		ovoD1	测序	敲除	删除	显微注射
		ubx, *pvf2*, *dpp*, *pyr*, 和 *N*	Cas9体内剪切	NA	NA	显微注射
		20E	PCR	敲除	大片段缺失	显微注射
	D. suzukii	*white*, *Sxl*	测序	敲除	小片段缺失	显微注射
	D. subobscura	*yellow*, *white*	测序	敲除	小的插入与缺失	显微注射
蚊子	*Ae. aegypti*	*Kmo*, *lig4*, *ku70*, *r2d2*, *loqs*	测序	敲除	小的插入与缺失	显微注射

续表

昆虫	种	基因靶点	基因型鉴定	突变结果	敲除策略	递送方法
蚊子	Ae. aegypti	mRNA, plasmid ECFP transgene	测序	敲除	大片段缺失	显微注射
		wtrw, AaEL000528, AaEL010779, AaEL004091, AaEL014228, AaEL000926, AaEL002575, AaEL013647	测序	敲除，敲入	小的插入与缺失	显微注射
		Nix	测序	敲除	NA	显微注射
		miR-309	测序	敲除	小的插入与缺失	显微注射
	An. Stephensi	khw	测序	敲入	大片段缺失	显微注射
	An. gambiae	AgAP005958, AgAP011377, AgAP007280	测序	敲除，敲入	小的插入与缺失	显微注射
		rDNA	测序	敲入	NA	显微注射
		AgdsxF, AgdsxM	测序	敲除	小片段缺失	显微注射
		FREP1	测序	敲除	小片段缺失	显微注射
	Cu. uinquefasciatus	CYP9M10	测序	敲除	小的插入与缺失	显微注射
桑蚕	B. mori	Blos2	PCR	敲除	小的插入与缺失和大片段缺失	显微注射
		ku70	T7E1	敲除	小的插入与缺失	显微注射
		Bm-ok/KMO/TH/tan	测序	敲除	小的插入与缺失和大片段缺失	显微注射
		BmBlos2	测序	敲除	小的插入与缺失	显微注射
		Th/re/fl/yel-e/kynu	T7E1	敲除	小的插入与缺失	显微注射
		ku70/ku80/liGIV/XRCC4/XLF	T7E1	敲除	小的插入与缺失	共转染

昆虫	种	基因靶点	基因型鉴定	突变结果	敲除策略	递送方法
桑蚕	*B. mori*	*Awd/fng*	PCR	敲除	大片段缺失	显微注射
		Eo	PCR	敲除	大片段缺失	显微注射
		sage	测序	敲除	小的插入与缺失	显微注射
		Wnt 1	T7E1	敲除	大片段缺失	显微注射
		GFP/BLOS2	T7E1	敲除	小的插入与缺失	显微注射
		E75B	PCR	敲除	大片段缺失	显微注射
		BmNPV	测序	敲除	NA	显微注射
		BmJHE	测序	敲除	大片段缺失	显微注射
		BmNPV	NA	NA	NA	显微注射
		ie-1	测序	NA	大片段缺失	显微注射
蝴蝶	*P. xuthus*	*Abd-B/e/fz*	T7E1	敲除	小的插入与缺失和大片段缺失	显微注射
		y/ss	测序	敲除	大片段缺失	显微注射
		y/b/e/yel-d	PCR	敲除	大片段缺失	显微注射
		Ddc/Dll/spalt	PCR和测序	敲除	大片段缺失	显微注射
		ple/e	NA	敲除	大片段缺失	显微注射
	V. cardu	*Ddc/e*	NA	敲除	NA	显微注射
		TH, DDC, yellow, ebony, aaNAT vermilion, white, scarlet	T7E1	敲除	小的插入与缺失	显微注射
	Danaus plexippus	*cry2/clk*	Cas9体内剪切	敲除	大小片段缺失	显微注射
	Helicoverpa armigera	*w/st/bw/ok*	T7E1	敲除	小的插入与缺失	显微注射
	H. zea	*vermillion*	测序	敲除	删除	显微注射
	B. anynana	*TH, DDC, yellow, ebony, 和 aaNAT*	PCR	敲除	小的插入与缺失	显微注射

注：NA 表示没有

基因蝇品系杂交，1 个来自种系特异 nanos 启动子，1 个来自 U6 表达 sgRNA 特异表达 Cas9 启动子。果蝇体内，Cas9 表达受 nanos 启动子及 U6 启动子下方 sgRNA 的驱动而得到种系诱变结果，后代诱变率平均为 57%。

下一步策略包括向种系表达转基因菌株 attp40:nos-Cas9 胚胎注射 sgRNA 表达载体，G1 代发生单点突变。这种方法只需要注入 sgRNA 就可以敲除这个基因。随后，为优化这一果蝇基因编辑方式，科研人员在果蝇卵内共注 sgRNA 与 hsp70-Cas9 质粒。注射后只有 8% 黑腹果蝇发生变异后代，1.4% 携带变异。如果黑腹果蝇 vasa-Cas9 启动位点下游表达 sgRNA，结果显示有 53% 变异，在变异的后代中有 15% 携带相同变异。这说明靶向效率因启动子不同而异。其他启动子（例如 nanos、vasa 和 U6 等）也已经应用于 sgRNA 的启动子上，因此对体细胞及生殖细胞的诱变能力最高。在此基础上，利用新型 Calreticulin7 启动子驱动 sgRNA 的表达，从而达到高诱变率。2014 年，研究人员构建了带有生成双链断裂同源配体质粒，实现了在 TALEN 与 CRISPR-Cas9 中区分出同源定向重组效率的差异。这主要造成靶基因丢失、替换或者插入。他如果将模板供体置于 sgRNA 裂解位点两侧，就能使其敲入靶基因。随后，转基因果蝇同源定向重组机制被 sgRNA 及供体质粒所驱动，导致其敲入效率比非转基因果蝇敲入效率更高。琥珀酰辅酶 A 合成酶 α 亚基（Scsa）基因产生无效突变，同时发现 TCA 循环及糖酵解过程代谢产物含量急剧改变。研究者以果蝇铃木白色基因与性致死基因 sxl 为靶点，利用 CRISPR-Cas9 系统开始位点特异性突变。

研究者以 lambik 基因为靶标，以暗色体色的 ebony（e）基因为靶标的 co-CRISPR 技术在黑腹果蝇上进行了应用。他们使用两种不同的注射混合物，其中一种是含有 sgRNA-lbk1、sgRNA-l-b、sg-l-b-e 混合物，另外一种是含有 sgRNA-lbk2、sgRNA-b-e、TOPO-g-Blbk-FLAG-HA 混合物，并分别注射到转基因 nos-cas9 胚胎上。另外，用 lbk 突变后代和暗色体色 e- 蝇进行杂交，发现靶基因高度突变。研究结论为突变 e 基因果蝇有利于

CRISPR 所致靶基因插入缺失的快速甄别。

2018 年，科学家将"ovoDco-selection"技术用于黑腹果蝇，CRISPR-Cas9 系统对 ovoD 的共筛选结果为每个雌蝇均为不育品系。ovoD 共筛选时，只利用 ovoD 基因组内 CRISPR-Cas9 系统对黑腹果蝇卵进行编辑生产，从而造成基因被敲除或者敲入。另外，他们还认为利用 ovoDco 筛选会使生殖细胞内的结果清晰可见，降低后代蝇筛选的效果。

2018 年，开发了利用 CRISPR-Cas9 系统阐述了名为 CRISPR 介导组织特异性诱变工具研究策略，对果蝇内组织进行特异性诱变。该工具通过果蝇组织的特殊途径，产生有效敲除。他们利用该 CRISPR-TRiM 工具在有丝分裂过程中敲除蛋白酪氨酸磷酸酶 69D 基因，从而使黑腹果蝇神经元失去组织特异性功能。

二、蚊子

蚊子属于小型昆虫，约在 3 000 万年以前，全世界大约有 3 000 多种蚊子。然而，多数蚊子属于埃及伊蚊、斯蒂芬按蚊和库克斯库克斯蚊 3 个属，这 3 个属可将致命的传染性疾病传染给人。它们的繁殖地在水池、沼泽和湖泊中，仅因繁殖习性、咬人行为和飞行范围的不同而在种间存在一定的差异。

WHO 宣布蚊子是世界上最致命的生物之一。2016 年有 4.45 万人死于疟疾，登革热患者在过去 30 年中增加了一倍，许多国家都报告了疟疾的影响。因此，持续控制蚊子数量对预防此类疾病暴发至关重要。

一直以来，在虫媒传染病的发病地区，研究人员聚焦于利用各种杀虫剂杀死传播媒介，例如蚊子和蝉等，从而实现疫病预防。灭蚊用合成杀虫剂主要有有机磷酸盐、氨基甲酸酯、拟除虫菊酯等，驱蚊剂主要有 N，N 二乙氧基间甲苯胺、邻苯二甲酸二甲酯、N，N 二乙氧基月桂酸酰胺等，这些杀虫剂对蚊子的种类没有很好的区分效果。

为了阻断蚊子传播疾病，科学家们试图对蚊子进行基因修饰，使其无法携带病原体。2015 年，首次修饰了 *eGFP* 基因，基于 CRISPR-Cas9 系统设计了针对埃及蚊（PUbB2 P61，HWE）的 sgRNA 和 Cas9，结果证实在 *eGFP* 基因中产生了 5.5% 的敲除突变体。该研究证实 CRISPR-Cas9 系统也适用于蚊子。另有研究使用 CRISPR-Cas9 系统靶向了蚊子的 6 个不同基因（*kmo*、*loqs*、*r2d2*、*ku70*、*lig4* 和 *nix*），发现不同基因的编辑效率存在差异。随后，建立了对 sgRNA 的筛选，获得了体细胞和种系突变。CRISPR-Cas9 系统被用于敲除蚊子中的 *nix* 基因，包裹 piggyBac 载体注射到蚊子胚胎中表达 Cas9 蛋白质也可以实现基因敲除蚊子的多个基因。这项研究导致了另一个发现，即使用 Cas9 菌株进行快速基因组编辑以实现高通量编辑靶向基因的目标，并显著提高 CRISPR-Cas9 系统进行基因组编辑的有效性。

在按蚊（*Anopheles stephensi*）中，CRISPR-Cas9 介导在转基因雄性中高效编辑了 *AsMCRkh*2 基因[150]。后来也靶向 *FREP1* 基因在蚊子中实现了基因编辑。使用 CRISPR-Cas9 系统编辑了疟原虫宿主因子抑制疟疾感染中间宿主。他们在种系特异性 vasa2 启动子控制下表达 Cas9 的 sgRNA。*FREP1* 基因敲除突变蚊子导致较低的摄食倾向、繁殖力和卵孵化时间。这项研究也评估了耐疟原虫蚊子的生物学功能。若干研究团队集中于研究利用 CRISPR-Cas9 系统来杀灭蚊子，这有别于常规的方法。以 CRISPR 为核心的多基因编辑技术，能够加速实现长远防治传播媒介蚊子的工作。

三、桑蚕

桑蚕原产于中国，并成功地在印度、日本、韩国、意大利、法国和俄罗斯实现饲养。它们是雌雄异株，经历复杂的变态发育阶段。蚕也是一种遗传模型昆虫，在黑腹果蝇之后用于科学实验。由于其栖息地简单，生命周期短（超过 50 d）以及适应能力强，被认为是重要的经济昆虫。

2013 年，研究人员首次将 CRISPR-Cas9 系统应用到了桑蚕，靶向溶酶体相关细胞器复合体亚基2（*BmBLOS2*）基因。并设计了 2 个 sgRNA 靶向位点，即 S1 和 S2。将以上两个 sgRNA 分别与 Cas9 mRNA 混合,引入胚前胚中,获得 95% 的突变,表型可以从不透明的胚胎变为半透明的胚胎得以证实。此外,将 Cas1 mRNA 和 S1 与 S2 共注射到胚前胚层胚胎中,观察到桑蚕中有 3.5 kb 的大片段缺失。基于上述研究,使用 CRISPR-Cas9 系统在桑蚕 N-SWU1(BmNs)细胞系中测试了多位点编辑,设计了针对 6 个基因的 10 个 sgRNA,并将这 10 个 sgRNA 与 Cas9 共转染到 BmNs 细胞系中,从而诱导了所有靶标基因位点发生了多个基因突变。因此,实现了使用 CRISPR-Cas9 系统对桑蚕进行精确的多基因修饰。

在另一项研究中,研究人员使用 CRISPR-Cas9 系统敲除了桑蚕的 *Bm-ok*、*BmKMO*、*BmTH* 和 *Bmtan* 基因,并设计了针对 *BmKMO* 基因的 sgRNA,将其他基因用具有 Cas9 mRNA 的混合 sgRNA(*Bm-ok* 和 *Bmtan* 分别有 2 个 sgRNA,*BmTH* 有 3 个 sgRNA),靶向注射到蚕卵中观察到了突变。此外,将注射的 Bm-ok 基因突变型(G0)与野生型杂交,确定了种系传递(G1)。其次,使 2 个 Bm-ok 基因突变体进行杂交并在 G1 后代中获得了 93.6% 的突变。这允许纯合突变体优化和进行快速筛选,证实了 CRISPR-Cas9 系统可有效用于诱导桑蚕中的基因编辑。

在已经使用桑蚕中的 CRISPR-Cas9 系统进行了一些研究,以消除昆虫中的病毒基因组。研究人员使用野生型浙江桑蚕核多角体病毒(BmNPV)转基因株,并使用 CRISPR-Cas9 系统靶向 *ie-1* 和 *me53* 基因,组装了 piggyBac 质粒,该质粒编码 IE1 启动子下的 Cas9 蛋白和 U6 启动子下的 4 个 sgRNA 表达盒,并显微注射入胚前胚层(G0)胚胎中,并在 *BmNPV* 基因组中获得了较大的(7 kb)片段缺失。

应用 CRISPR-Cas9 系统的潜在抗病毒策略,为抗病毒研究打开了崭新的局面。2018 年,研究人员使用 IE1 启动子选择 *BmATAD3A* 基因作为表达 Cas9 的桑蚕转基因株的编辑位点设计了 sgRNA,并构建了带有辅助质粒 pHA3PIG 的质粒 pBac [IE1-Cas9-Ser-PA-3-P3 eGFP] 和 pBac [U6-

sgATAD3A-3-P3 DsRed］以提高质粒在桑蚕卵中的转化效率。然后，向 G1
转基因 IE1Cas9 和 sgATAD3A 阳性品系中注入 pBac［Hr3-39K-Cas9-Ser-
PA-3-P3 eGFP］和 pBac［U6sgATAD3A-3-P3 DsRed］质粒，并产生 G2 代，
sgATAD3A-IE1- 是具有敲除 BmATAD3A 基因的 Cas9 和 sgATAD3A 转基因
杂交品系，使用病毒诱导的 CRISPR-Cas9 系统在转基因桑蚕中增加了抗病
毒能力。

　　将研究集中于决定昆虫的性别，这对农业和公共卫生都是有益的。使
用 pBac［IE1-EGFPnos-Cas9］和 pBac［IE1-DsRed2-U6-sgRNA］质 粒
分别显微注射到胚前期卵中，这些质粒分别靶向 *BmSxl*、*Bmtra2*、*BmImp*、
BmPSI 和 *BmMasc* 性别确定基因，然后，将具有飞蛾的 G0 成虫交配会在
G1 后代中产生突变。另一项研究中在桑蚕中使用了两个基于 piggyBac 的转
基 因 质 粒 pBac［IE1-EGFP-IE1-Cas9］（IE1Cas9）和 pBac［IE1-DsRed-
U6-BmTCTPsgRNA1-U6-BmTCTPsgRNA2］（U6-TCTP sgRNA2）靶向
TCTP 基因，并将这些质粒注入前胚层 G0 胚胎，导致桑蚕的 BmTCTP 基因
被破坏。此外，如表 8.1 所示，还使用 CRISPR-Cas9 系统对桑蚕进行了其
他研究。希望将来 CRISPR-Cas9 基因组编辑可在更多高质量丝绸生产中发
挥作用。

四、蝴蝶

　　蝴蝶是鳞翅目昆虫，对蝴蝶的色彩及翼型多样性研究已取得了很大进展。
自达尔文1874年研究它们以来，研究者们主要聚焦在其种间相似性与变异性、
遗传学、颜色的发生机制以及蝴蝶两性差异等方面。这些特点使其成为具有
转基因潜力的物种，并在这 20 年中得到了高效转基因、敲除、插入等精准
基因操纵技术，但直到 2012 年才有转基因蝴蝶的报道。

　　使用 CRISPR-Cas9 系统对蝴蝶进行更多的研究，具体参见表 8.1。2015
年，CRISPR-Cas9 系统在 *Papilio xuthus* 和 *Papilio machaon* 蝴蝶上正式使

用，对 *Abdominal-B*、*ebony* 和 *frizzled* 等基因进行高效基因组编辑研究。首先，它们靶向 *Abd-B* 基因且注入更低浓度的 sgRNA 和 Cas9 并且在测序时发现低频破坏现象。当 sgRNA:Cas9 比例升高时，引起突变及异常发生率为92.5%。此外，还分别采用定量逆转录 PCR 及蛋白质印迹技术对 *Abd-B* 基因进行 RNA 及蛋白质水平的检测，结果显示突变体的 *Abd-B* 蛋白含量比野生蝴蝶低很多。另外，它们还敲除 *ebony* 和 *frizzled* 等基因，发现更多的突变体。这一结果验证了利用 CRISPR-Cas9 系统敲除蝴蝶相关基因获得成功。

在另一项研究中，使用 CRISPR-Cas9 系统将 *Abd-B* 基因的 4 个靶标（T4764、T4820、T4860 和 T5138）用于修饰疟原虫基因组。设计了 4 个带有 Cas9 mRNA 的 sgRNA（T4764、T4820、T4860 和 T5138），并对其进行了显微注射，并观察到 G0 代幼虫，其 A75-A9 区段上的腹部和前肢有卷曲的形态突变体，占 75%。随后，帝王蝶使用 CRISPR-Cas9 系统进行高效和可遗传的基因敲除。针对两个 clock 基因位点，cryptochrome 2（*cry2*）和 *Clock*，设计了具有 Cas9 mRNA 的 sgRNA，并将其显微注射到卵中，从而增强了基因的敲除作用。

很多研究主要关注于利用 CRISPR-Cas9 系统制作蝴蝶变色图案，同时也对蝴蝶翅膀内眼点及色素沉积进行了研究。利用 2 个 sgRNA 产生 2 个 Cas9 编辑位点，靶向蝴蝶 *Spalt* 和 *Distal-less* 基因。*spalt* 基因缺失眼斑增多，*Distal-less* 缺失则形成深色色斑，同时增加眼点大小，改变眼睛形态，与蝴蝶抑制眼点发育有关。将混合的 sgRNA 和 Cas9 mRNA 显微注射到蝴蝶的卵中，并在目标部位观察到了缺失。此外，在 V. cardui 中采用一种完整转录组测序的比较策略来验证 RNA 测序以及 CRISPR-Cas9 系统对之前没有被阐述过的遗传机制的强化作用。2018 年，在 *B.anynana* 中成功完成基因敲除掌管眼点及黑色素沉积的基因。这些利用 CRISPR-Cas9 系统进行的探索，给蝴蝶的进化研究带来更快的发展。

以 CRISPR-Cas9 为媒介的基因组工程，以更低廉的代价，建立了一个具有更高特异性的昆虫模型创建方法。利用 *dCas9*、*C2c2*、*Cpf1* 等基因可克服 CRISPR-Cas9 系统对基因组中多个基因位点进行编辑的缺点。自从推出 Cas12 新 CRISPR-Cpf1、Cas13 C2c2 系统以来，CRISPR 系统变得更加便捷。CRISPR-Cpf1 系统要求单条 crRNA 完成基因组内的多个基因编辑，C2c1 可利用 ssRNA 完成编辑，使 RNA 病毒得到治疗。这些战略用于昆虫，会给近期内昆虫遗传学研究带来巨大进展。

尽管 CRISPR-Cas9 系统为今后昆虫研究提供了一个更为有力的手段。但我们还应重视生物安全，特别是利用昆虫的基因驱动系统。以基因驱动的方式释放这类突变昆虫，涉及生态系统风险评估问题。为克服上述问题，研究者必须认真测试后才能将其放归环境。总的来看，利用 CRISPR-Cas9 系统直接编辑基因组有利于未来遏制昆虫携带的虫媒病原体传播。

第三节　在寄生虫中的应用

CRISPR-Cas9 系统基因编辑工具在寄生虫的基因功能研究中也得到了应用。由于通过单同源重组或双同源重组进行基因编辑的传统方法需要数月来产生转基因寄生虫，在靶标位点精确、定向地引入 DNA 断裂，显著缩短了转基因寄生虫的制备周期。在本节中，我们重点介绍使用 CRISPR-Cas9 系统在寄生虫（疟原虫、弓形虫和隐孢子虫）中进行基因编辑的各种策略。在理解靶基因的功能、耐药性机制和宿主 - 寄生虫相互作用方面发挥了关键作用。

已知至少有 5 种不同的疟原虫会在人体内引起疟疾。恶性疟原虫的毒性最强，它会引发典型的疟疾临床症状，并在大脑和胎盘组织内皮血管中的细胞黏附。最近关于疟原虫对青蒿素综合疗法耐药性报告的增加，证明有必要寻找新的抗疟疾药物。疟原虫基因组分析及其与其他物种的系统发育和比较分析提供了疟原虫的发病机制和生物学特性至关重要信息。为了研究疟原虫特异性基因的功能，通过采用有效且可靠的基因编辑技术控制疟原虫的基因组是前提，而CRISPR-Cas9系统就能满足上述要求。

　　弓形虫是专性细胞内的寄生虫，可导致弓形虫病。要想更好地控制弓形虫病，就需要阐明弓形虫与宿主细胞相互作用的分子机制和潜伏感染机制。开发有效的基因改造技术来控制弓形虫基因的表达，可以阐明其发病机制。

　　隐孢子虫（*Cryptosporidiumn tyzzer*）为体积微小的球虫类寄生虫，广泛存在于多种脊椎动物体内，可引起隐孢子虫病，是一种以腹泻为主要临床表现的人畜共患原虫病。由于缺乏一种长期的体外培养系统和稳定可靠的转染方法来研究隐孢子虫基因，所以这极大地影响了抗隐孢子虫药物和疫苗的开发。利用CRISPR-Cas9系统结合体外培养成功转化隐孢子虫基因组，为该领域理解隐孢子虫发育各阶段所涉及的分子机制、抗虫药物和疫苗的开发等提供了有力的工具。

　　人们一直在努力通过反向遗传学，利用各种策略来控制靶标基因的表达，来了解寄生虫基因的生理功能。首个突破是成功建立了疟疾寄生虫恶性疟原虫的长期体外培养体系。直到1995年才成功地为疟原虫建立第一个转染方案，它主要依靠自发的同源重组技术。因为所需的同源序列长度从几百个碱基到千个碱基不等，所以这些策略对寄生虫的遗传操作受限制。此外，寄生虫的转染效率和重组频率非常低，并且不可预测，导致产生所需的转基因寄生虫的时间过长。此外，由于弓形虫具有活跃的非同源端连接通路，因此，很难产生单个非同义突变的转基因寄生虫。鉴于*ku80*基因在NHEJ介导的修复途径中起着重要作用，该基因的缺失在一定程度上克服了上述局限性。然而，对于未删除*ku80*的野生型寄生虫，基因工程操作仍然具有挑战性。

　　除了传统的基因组工程方法在寄生虫上的局限性外，转基因寄生虫的阳性选择标记有限是后续转基因寄生虫筛选的巨大瓶颈。此外，由于适应性降低的转基因寄生虫可能在长时间的选择和生长过程中死亡，不能用传统方法获得。将来努力的方向是改进转染技术，提供定点剪切的靶标 DNA 以增加所需的重组和修复的频率。

一、在疟原虫基因编辑中的应用

疟原虫中基于 CRISPR-Cas9 系统的基因编辑为寄生虫各方面的生物学研究提供了理想的工具。使用 CRISPR-Cas9 可以在数周内获得所需的基因重组寄生虫，然而传统同源重组方法需要数月时间。因为疟原虫用于修复由 Cas9 引入的双链断裂时的存在非同源末端重组途径的固有缺陷，所以开展基因突变、基因敲除和基因敲入就必须依赖含有与靶 DNA 序列同源的供体 DNA 序列。2014 年，Ghorbal 等人使用双质粒系统在恶性疟原虫中使用 CRISPR-Cas9 系统进行基因编辑[151]。证明了线性供体 DNA 在产生重组疟原虫方面与环形供体 DNA 效果相同[151]，解决了疟疾领域中只有环状而非线性的供体 DNA 可以成功地用于恶性疟原虫的同源重组，而伯氏疟原虫中线性 DNA 是高效的悖论。他们同时也研究了青蒿素抗性（*C580Y*）基因的 Orc1（L137A）结构域中的单个氨基酸残基的替换。此外，使用 CRISPR 基因编辑成功地产生了具有裂解红细胞结合抗原 175（eba-175）和富含组氨酸的蛋白质的转基因寄生虫。与可能需要数月的传统方法相比，该技术在 2~4 周内产生重组疟原虫。

疟原虫的传播媒介是蚊子，也是疟疾的病原体。目前，抗击疟疾的主要策略是直接喷洒化学物质或对蚊子种群进行基因操纵使其不育来抑制蚊子的繁殖。采用该方法已经产生了表达疟原虫生长抑制剂的转基因蚊子，使蚊子本身不能传播疟疾[150]。

CRISPR-Cas9 基因编辑已经用于更好地理解疟原虫生物学和宿主 - 寄生虫相互作用。研究表明：PTEXs 蛋白是疟原虫转座蛋白的成分和结构。使用 CRISPR 工具标记内源性热休克蛋白 101 基因标签。利用抗标签抗体从感染的红细胞中分离出在寄生物液泡膜上构成转座蛋白的 3 种蛋白质的复合体

HSP101、EXP2 和 PTEX150。CRISPR 工具通过表观遗传调节来调控寄生虫的基因表达。研究证明了使用 dCas9 的精确激活或失活侵袭相关基因 *RH4* 和 *EBA-175*。对 pfset1 的特异性灭活导致从成熟滋养体到裂殖体的无性复制过程缺陷。

CRISPR-Cas9 也被用来阐明抗疟疾化合物的作用机制。苯并恶唑 AN3661 具有抗疟疾活性。体外筛选抗 AN3661 疟原虫导致 *cpsf3* 基因突变，通过使用 CRISPR-Cas9 基因编辑，在 AN3661 敏感疟原虫的 *cpsf3* 基因中引入突变 T406I 或 Y408S，产生了与体外产生的抗 AN6331 疟原虫相似的抗性表型，即基于相似原理阐明其他新型抗疟疾化合物的机制。

CRISPR-Cas9 也被用来阐明钙依赖蛋白激酶家族疟原虫蛋白激酶的功能。在 *CDPK1*（T145M）的活性位点掺入突变，该突变降低酶的活性。*CDPK1* 和 *CDPK2* 的破坏消除了蚊子对各自疟原虫的感染。这些研究表明 *CDPK1* 和 *CDPK2* 可能是开发疟疾传播阻断药物的良好靶点。CRISPR-Cas9 系统的应用不仅加快了在蚊子中开展基因组编辑的速度，也促进了对疟原虫生物学特性的深入理解。

二、在弓形虫基因编辑中的应用

研究为弓形虫基因工程建立了 CRISPR 系统，在无选择标记的情况下成功地破坏了 *sag1* 基因。为了研究 *cdpks* 基因在弓形虫中的生理功能，利用 CRISPR-Cas9 在基因序列中插入一个 hDHFR 序列来破坏 6 个 *cdpks* 基因，所有 6 个 *cdpks* 基因均被破坏，细胞水平鉴定无明显的表型被破坏。为了解弓形虫穿孔素样蛋白 1（PLP 1）C 端结构域疏水环的功能，利用 CRISPR-Cas9 产生了疏水突变体，所有 3 种突变体都导致寄生虫无法从宿主细胞中排出。

线粒体蛋白 *Tg*PRELID 是两种抗弓形虫药物（F3215-0002 和 I-BET151）的靶点。突变 *TgPRELID* 基因，寄生虫对这两种药物都有耐药性，这表明这两种药物具有共同的靶点和相似的耐药机制。使用 CRISPR-Cas9 在 *TgPRELID* 基因中引入的突变赋予了弓形虫对 F3215-0002 的抗性，然而，对 I-BET151 却无交叉抗性。

CRISPR-Cas9 还用于敲除弓形虫 RH 株中编码致密颗粒蛋白的基因。此外，为了鉴定弓形虫的必需基因，Sidik 等人开发了一种基于 CRISPR 的全基因组筛选，获得 200 多个体外感染人成纤维细胞所必需的基因。再利用适配体条件性表达筛选到的 *CLAMP* 基因证明该基因在疟原虫无性复制周期中的重要作用。

从上述研究可以明显看出，在不同的遗传背景下，使用 CRISPR-Cas9 可以成功地研究弓形虫和宿主细胞相互作用的分子机制，而这在传统的基因编辑技术中是很困难的。这些研究拓宽了人们对弓形虫生物学的理解，并将对设计新一代药物和疫苗来对抗弓形虫病很有帮助。

综上所述，CRISPR-Cas9 系统大大减少了获得重组寄生虫的时间，也被用于基因驱动和必需基因的全基因组筛选。继续完善现有的 CRISPR-Cas9 技术为深入研究宿主 - 寄生虫相互作用过程中所涉及的各种功能基因，这无疑将对改善人类健康有巨大的帮助。

第四节　在斑马鱼中的应用

目前，伴随着污染物的增加，生物体基因组不稳定的风险明显上升。一些因素会导致生物体中发生双链 DNA 断裂，例如 DNA 烷基化剂、紫外线辐射、促氧化剂、环境致癌物和化疗药物等因素。这些断裂会产生损伤，进而导致规则的 DNA 双螺旋结构发生改变。因 DNA 损伤导致的遗传稳定性的丧失会导致细胞无法转录特定的基因，继而导致了疾病的发生和发展。通常，细胞修复机制会修复较小的 DNA 损伤。但是，在某些情况下，会发生不可修复的病变，导致疾病的发生。

斑马鱼是一种小型淡水鱼，是研究发育生物学的绝佳模式动物。几十年来，斑马鱼被广泛用于鉴定和描述一些基因，这些基因被认为是在脊椎动物发育中起关键作用的基因，并在失调疾病中发挥作用。斑马鱼繁殖周期短，后代繁多，体型小且透明，生命周期短以及幼体的体外发育使其成为大规模遗传筛选的最佳模型之一。如今，研究者们广泛地将斑马鱼作为基础研究以及大多数转化研究的模式生物。斑马鱼具有许多与人类疾病相关基因的功能同源基因，这使得它可以作为模式生物用于各种人类疾病相关的研究。

现在有很多方法可以改变斑马鱼所需基因的功能。CRISPR-Cas9 系统比 ZFN 和 TALEN 更有优势，研究人员利用 CRISPR-Cas9 系统来创建斑马鱼的突变系（表 8.2）。图 8.1 描述了一种利用基因修饰的策略，如 CRISPR-Cas9 构建鱼类的转基因系，从而使靶标基因功能丧失或相关基因被敲除。CRISPR-Cas9 试剂通过不同的方法进行递送，最常见的方法是通过显微注射将 CRISPR-Cas9 复合体导入到早期胚胎或未受精的卵中。

在本节中，将重点介绍斑马鱼和其他鱼类基因组编辑的最新进展、关键问题以及相关机遇，以全面了解人类相关疾病和潜在的分子机制。

表 8.2　斑马鱼中使用 CRISPR-Cas9 系统所靶向的基因

靶向基因	递送方法	突变表型	参考文献
MAP11（C7orf43）	慢病毒 shRNA 介导的沉默	小头畸形和神经元增殖减少	[152]
Intelectin 3（itln3）	显微注射	抗感染性	[153]
gh1	显微注射	阻止女性卵泡发育，延迟男性精子发生	[154]
hdac4	显微注射	骨化增加，第一咽弓和前颅骨深度缺失	[155]
cdk1；vps28；ran；plk1；psmd2	显微注射	视网膜发育	[156]
chd7	显微注射	心包水肿，心包肿大；异常色素沉着；与后肠相比，前肠胃肠道迷走神经支配减少；胃肠排空减少	[157]

续表

靶向基因	递送方法	突变表型	参考文献
chd8	显微注射	发育标志物表达变化：脉络膜扩张（屏蔽期）；丘脑前区中脑 / 前脑神经祖细胞标记物 otx2 和 dlx2 - 胃肠动力和肠降低神经元	[158]
mecp2	显微注射	Notch 信号基因上调；脑 her2、id1 表达增加	[159]
shank3b	显微注射	瞬时发育延迟	[160]
kctd13	显微注射	头部大小或细胞增殖没有变化 - 大脑中的 RhoA 增加（成年斑马鱼；小鼠 ≥ P18）- 小鼠突触传递减少	[161]
stxbp1a，*stxbp1b*	显微注射	stxbp1a 突变体：严重缺乏运动，脑电活动低，心率低，葡萄糖和线粒体代谢降低，早期死亡。stxbp1b 突变体：自发电图癫痫发作，对运动诱导的"暗闪"视觉刺激的运动反应减少，正常代谢、心率、存活率和基线运动活动	[162]
mDNAJC5	显微注射	消除蛋白质聚集体	[163]
esr1，*esr2a*，*esr2b*	显微注射	性腺体细胞显著增加，这是男性化的标志	[164]

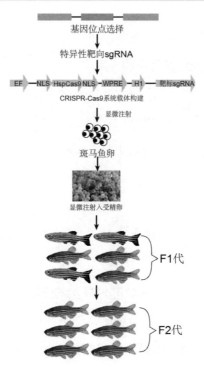

图 8.1　利用 CRISPR-Cas9 系统生成转基因鱼的示意图

一、在斑马鱼发育中的应用

在骨骼形态发生过程中，各种机制被提出来解释骨骼的形成和发育。研究发现骨的形成需要一个软骨模板，而在哺乳动物中，这个模板最终会消失。然而，这个模板在斑马鱼中仍然保留着，骨形成发生在软骨支架周围。平面细胞极性用于重塑未矿化的软骨，促进细胞的迁移。研究显示，Kinesin-1 重链 *Kif5B* 基因有助于增强肌肉，同时在软骨的发育过程中也发挥着重要的作用，而软骨的发育最终与颅面形态的发生有关。*Kif5B* 基因的缺失导致自噬标志物的失调，最终导致软骨细胞凋亡。在斑马鱼中使用 CRISPR-Cas9 系统，研究表明 *Kif5B* 基因在颅面形态发生过程中参与软骨重塑和软骨细胞存活。

正常的神经元生长和分化取决于增殖和分化信号之间的微调。在斑马鱼的大脑发育过程中，*stmn4* 基因作为一种微管失稳基因，在中脑背侧区域特异性表达，并参与神经发生。*stmn4* 基因的过度表达或敲除可导致中脑背侧区神经元过早分化。

二、在斑马鱼神经元发育中的应用

原发性遗传性小头畸形是一种神经元发育障碍，它是一种遗传异质性紊乱，具体表现为大脑大小和体积缩小，理性的缺失以及其他各种严重功能丧失。在人类和斑马鱼中，*C7orf43* 基因的功能缺失突变与隐性原发性小脑萎缩症有关。该基因的蛋白产物在细胞分裂过程中与 α - 管蛋白结合，并调节细胞增殖。

为了研究 *C7orf43* 基因在体内的功能，利用 CRISPR-Cas9 系统生成 *C7orf43* 基因敲除斑马鱼，获得了许多突变株。DNA 测序证实了 *C7orf43* 基因的改变。敲除的斑马鱼 *C7orf43* 基因胚胎的细胞增殖评估显示，脑细胞增殖率显著降低，但与野生型胚胎相比，细胞凋亡无明显差异。研究表明，*C7orf43* 基因功能的丧失是神经元早期发育过程中神经元增殖缓慢和头部尺寸减小的主要原因[152]。

为全面了解 ZEB2 调控元件在神经疾病（如 Mowat-Wilson 综合征）中的功能作用，在神经元发育过程中调节 *ZEB2* 基因表达的反式作用元件和远端转录增强子的研究也已经完成，具体功能还需要进一步研究。

三、在斑马鱼中的基因治疗

成年型神经元蜡样质脂褐素沉积病（Adult-Onset Neuronal Ceroid Lipofuscinosis，ANCL）是一种神经退行性疾病，其特征是神经元内或细胞外聚集和异常蛋白沉积。研究表明，*DNAJC5* 基因的突变与 ANCL 的发病机制有关。通过在斑马鱼体内表达神经元特异性启动子调控人 *DNAJC5* 基因的突变体，成功构建了 ANCL 转基因斑马鱼模型。为了评价基因编辑技术在 ANCL 治疗中的治疗潜力，在该转基因斑马鱼模型中筛选了一系列 Cas9 核酸酶的切割 *DNAJC5* 基因的突变体，其中一种核酸酶可以大幅降低神经元中 mDNAJC5 蛋白聚集的水平。上述研究表明，利用 CRISPR-Cas9 系统治疗神经疾病是一种潜在的有效的治疗策略。

四、在斑马鱼心肌病模型中应用

斑马鱼是一个非常好的研究心脏发育的模型，原因如下：①在带有荧光蛋白标记心脏的转基因品系中容易观察到心脏发育；②心脏发育的自然形式是斑马鱼心脏在受精后 48 h 内完全发育；③简单的单倍体突变方法可以帮助鉴定参与心脏发育的关键基因；④ 在心血管系统有缺陷的情况下，斑马鱼胚胎也能存活。

心肌病被描述为没有任何类型的常规心脏疾病情况下的心肌的结构和功能异常。根据其特殊的形态和功能特征，已经确定了不同类型的心肌病，即限制型心肌病、扩张型心肌病、肥厚型心肌病和致心律失常性右室心肌病。与其他脊椎动物模型相比，斑马鱼的透明胚胎可以在体内观察心脏发育情况，对研究心脏发育和心血管疾病有很大的优势。透明的胚胎可以更好地显示不同心脏细胞类型中经过基因工程改造的荧光标记蛋白，从而有助于了解心肌细胞的调控和分化，细胞形态的改变，以及心肌的修复或再生机制。此外，最近随着高分辨率图像分析和高速视频成像的进步，也完善了心脏功能参数的评估。

　　了解心脏或心肌细胞特异性基因的功能，可以对该特定基因在心肌病中的作用有重要的认识。采用 CRISPR-Cas9 系统创造出斑马鱼的遗传突变体，这些突变体可更好地模拟人类的心肌病，从而用来生成患者特定的疾病模型。这些个性化的模型将有助于阐明心肌病的发生和发展机制，也有助于缩小从实验室到临床的差距。此外，这些基因模型还可用于筛选恢复心输出量的新药或明确遗传性心肌病的病因。这些新颖而复杂的方法意味着可以利用斑马鱼的基因突变体来解析心肌病的遗传病因。

　　值得期待的是，CRISPR-Cas9 系统在临床应用之前，已经广泛应用在斑马鱼和啮齿动物模型中进行基因编辑。该基因编辑技术为研究各种致病基因的功能提供了全新的技术方案。

第 九 章

CRISPR-Cas9 系统在人类疾病治疗中的应用

第一节 在肿瘤中的应用

基于 CRISPR-Cas9 系统的基因组工程是一种非常快速的基因编辑方法。它缩短了建立关键和复杂基因突变诱发肿瘤的细胞系和动物模型所需的时间。因此，该技术可以轻松地建立靶标鉴定和药物评价的肿瘤模型。

一、肿瘤相关基因编辑研究的技术

科学家们通过使用各种方法来阐明包括干细胞在内的肿瘤致病基因的功能，建立癌细胞系构建基因敲除小鼠。利用这些模型系统，研究人员定期改变基因序列，以检查其功能及其对具有肿瘤特性细胞的影响。对肿瘤恶性生长研究的策略包括改变基因表达，例如 RNA 干扰（RNAi）技术已被广泛用于基因沉默或检查功能缺失突变和 cDNA 过表达，以检查与肿瘤进展有关的基因的功能突变。动物模型和人类细胞中的基因组改变已经引发了许多重要的研究成果，然而这些传统方法在技术上很难实现，其执行需要时间和专业知识。这些传统的基因组编辑方法基于在靶标基因位置上的 DNA 损伤修复机制或双链断裂校正，可以增强基因靶向能力和有效性。通过开发和合理设计天然识别特定 DNA 序列的蛋白质，科学家们首先创建了可以相应切割的核酸酶，例如 ZFN 和 TALEN，以在特定的靶序列上创建双链断裂。尽管这些核酸酶已经得到了一些成功的应用，但它们过于昂贵，难以开发，并且具有脱靶效应。

二、人类基因组非编码区可以为部分肿瘤提供新的治疗靶点

目前，人类基因组中只有 2% 是蛋白质编码的，而其余的被归类为"非编码"。许多新的理论和证据表明，这种非编码的 DNA 可能实际上执行重要的生物学功能，包括新基因的形成和调节其他基因的表达。非编码 DNA 被翻译成许多不同类型的 RNA，其中最常见的是长链非编码 RNA（lncRNA）。人类基因组中有大约 16 000 个这样的基因，但其功能仍然未知。由于如此大量的基因组被转录成 RNA，毫无疑问，lncRNA 提示我们还有大量尚未被研究过的潜在治疗靶点。

三、lncRNA 在乳腺癌中的应用研究

lncRNA 是指长度大于 200 个核苷酸的非编码 RNA。在很长一段时间里，它们被认为无用而被忽视。目前，科学家已经认识到它们具有基因调控功能。lncRNA 不仅可以抑制或增强转录起始，也可以改变转录剪接或翻译。其中有 33 个 lncRNAs 已经在乳腺癌疾病进展中进行了广泛的研究。作为对 siRNA 介导的研究和反义寡核苷酸介导的激活 RNAs 3-4 折叠核转录物和细胞质转录物的补充，使用这些方法也得到敲除导致凋亡细胞和增殖相关基因的表型结果。已发现 lncRNA 7 与可促进肿瘤细胞周期和生存力的蛋白质编码功能基因相关联。

四、基于 CRISPR-Cas9 系统的肿瘤治疗进展与挑战

使用药物治疗肿瘤时，肿瘤会逐步形成耐药现象，从而导致疾病复发。利用 CRISPR-Cas9 筛选系统，让肿瘤的全部基因都突变，再给其施用对应药物，让细胞对特定药物产生抗性，让肿瘤重新长出来进而检测出突变基因，研究耐药机制。也可以利用 CRISPR-Cas9 系统来关闭或开启筛选到的对应基因。通过以上实验策略能得到基因图谱以说明在哪种类型的肿瘤中出现的哪种基因突变能使对应肿瘤产生耐药。这将真正改变我们未来治疗肿瘤的方式。

虽然肿瘤治疗已经取得了重大进展，但是仍迫切需要进一步开发新型的控制肿瘤生长的治疗策略。虽然 CRISPR-Cas9 系统由于对疾病的治疗能力已经引起了人们的高度重视，但是全面了解该系统的临床应用还存在很多困难。需进行更多的试验，以考察脱靶效应。人们注意到，用其治疗时，哪怕只是很小的脱靶效应都会造成伤害。所以，CRISPR-Cas9 系统脱靶效应一定要通过精确的分析和鉴定加以规避，从而降低或避免正常细胞 DNA 损伤。

非特异性双链断裂会导致少量插入与缺失，或者基因组发生大范围改变，包括非特异性位点的大量缺失、易位和倒位。这能够快速鉴定主要的特异性基因组变化，但是少量的非特异性突变却很难被鉴定。在全基因组 DNA 测序基础上，已开发出鉴定可能出现的非特异性靶标的技术。但在实际应用中使用全基因组测序鉴定低频突变费用昂贵。此外，全基因组测序不能识别来自单核苷酸多态性的基因变化。然而，因为全外显子组测序可以检测影响蛋白质功能基因外显子区域内的基因突变，所以可以更快地确定基因突变风险。综上所述，全基因组测序是用来调查患者基因突变危险概率最实用的技术。Cas9 核酸内切酶具有的特异性切割特点，但它在细胞治疗开展体外基因编辑时的效率非常高。并且全编码基因组测序报告表明，在 4 个突变的细胞克隆中没有 Cas9 介导的脱靶突变[165]。在使用 CRISPR-Cas9 系统改变 T 细胞中的 *CCR5* 基因时，几乎无脱靶效应，发现的唯一脱靶位点位于 *CCR2* 基因中。

另一项研究显示，在编辑 T 细胞中的 *CXCR4* 基因时，在 2 个预测的脱靶位点上发现基因突变。在溶瘤治疗中使用 CRISPR-Cas9 系统改变致癌病毒时，没有发现脱靶效应。病毒基因组比细胞基因组稍小，容易发现高频突变株的特异性 sgRNA。有研究开发出无须任何病毒载体的 CRISPR-Cas9 基因组靶向编辑系统，可在人源原代 T 细胞基因组特定位点中快速插入大 DNA 序列，从而维持细胞活力与功能。所得的 T 细胞对肿瘤抗原具有特异性识别作用，在体内外均能产生有效抗肿瘤细胞反应并且未发现脱靶效应。总之，基因组编辑的优势和潜在的危险需要在临床使用前进行认真的评估。

研究人员已经开发出了用来预测或识别潜在的脱靶位点的各种算法。每种策略都有自己的优势和限制，越来越广泛的无偏差计算策略预计会使整个基因组中频率低于 0.01% 的突变也被预测出来。同时，也有研究指出了不同程序对减少或避免脱靶效应的差别。最初，整个基因组中一个特殊的靶标序列决定了脱靶效应，它应该没有或只有一对同源序列。因为，富含 GC 的靶序列（>75%）更容易诱导脱靶效应，所以应当避免使用它们[166]。已有研究证明，组合 Cas9 的应用可以显著提高准确性[167]。例如，dCas9-*Fok*I 融合蛋白组合具有高度特异性，脱靶效应减少到不可预测的水平[165]。使用诱导型 Cas9 表达系统，也可以减少脱靶效应[56]。

将修饰过的 sgRNA（17~19 bp）与 5' 末端的 2 个鸟嘌呤碱基结合，或者将 MS2 结合茎环的最小发夹适配体附着到四环和茎环 2 上，可以提高靶标的准确性。这些方法的组合可以在某些肿瘤治疗中完全避免脱靶效应。另外一种通用的做法是以病毒为载体系统，可以实现 CRISPR-Cas9 载体的有效递送。具体来说，可使用腺相关病毒载体为人体递送 CRISPR-Cas9 系统。这种方法具有低细胞毒性、瞬时表达、高效率和转导不同类型细胞的能力。由 *Sa*Cas9 *St1*Cas9 合成的分裂型 Cas9 系统或小 Cas9 异构体被用于包装在 AAV 中[54]。除此之外，AAV 搭载的 Cas9 在 DMD 小鼠模型上对致病突变表现出了治疗效果[168]。虽然使用了以病毒为载体的策略比较有效，但如果能够辅助于电穿孔技术，将扩大细胞膜的渗透性，这利于提高靶标特异性 CRISPR-Cas9 基因编辑系统的递送效率。此外，也有一些使用细胞穿透肽（cell-penetrating peptides，CPP）[169]、纳米颗粒介导的递送系统和阳离子脂质的例子。

在成年小鼠模型中应用 sgRNA 与 Cas9 联合 AAV 嵌入同源模板实现同源定向重组的方式研究范科尼贫血病，结果表明效率较低[170]。用 CRISPR-Cas9 系统进行治疗时，为克服同源定向重组低效这一问题，可采用非同源末端连接技术提升插入或者敲除高致病性突变基因的效率。

扩大同源定向重组的效力研究已经取得了许多进展。研究表明，利用成对的 nCas9 产生单链缺口提升了同源定向重组的突变频率。此外，扩展同源定向重组的另一种技术是通过使用抑制剂（SCR7、NU7441 等）来阻碍非同源末端连接途径，该技术也增强了 Cas9 剪切 DNA 后的重组修复的功效[170]。利用 epi 基因调控 CRISPR-Cas9 系统，证实了正常细胞较变异细胞具有更快的繁殖速度和产生耐药性的速度。所以，有必要对编辑部位基因编辑效率进行测定[166]。

五、CRISPR-Cas9 系统在肿瘤治疗中的前景

基因突变或异常表达是驱动肿瘤发生和发展的主要因素，CRISPR-Cas9 系统可通过修复基因突变或调控基因表达等控制恶性肿瘤细胞的生长。除此之外，免疫细胞的设计，使得该技术在疾病免疫治疗中得到明显应用，如嵌合抗原 T 细胞等。目前，这些应用已在抗肿瘤治疗方面有了重大突破。

为深入了解抗肿瘤效果，迫切需要对 CRISPR-Cas9 系统疗法和常规治疗手段（例如化疗或者放疗）联合应用的效果进行比较。在肿瘤治疗中应用的主要治疗手段为放射疗法，但已发现有某些基因突变（例如 p21 或者 p53 突变）对肿瘤放疗产生影响，往往会导致不尽如人意的结果。增强放射治疗敏感性的选择性策略可采用 CRISPR-Cas9 系统的联合应用，有望开发出潜

在的新肿瘤治疗方法。利用 CRISPR-Cas9 系统对恶性肿瘤微环境进行调控是一项值得深入研究的方向，期待其未来能够在治疗方面得到更好的应用。恶性肿瘤细胞、血管生成细胞以及肿瘤调节免疫系统的成纤维细胞等细胞，在肿瘤发生发展过程中起着重要的促进作用。这些非肿瘤细胞相对于转化后的肿瘤细胞呈现多而小的异质性特点，其已经成为疾病治疗研究新重点，在临床上也展现出优势。利用小分子抑制剂或免疫细胞检查点蛋白（CTLA4）靶向血管生成的细胞中的血管内皮生长因子受体（VEGFR2）的研究有助于肿瘤治疗。CAR-T 等方法已经用于肿瘤辅助治疗，可推测未来 CRISPR-Cas9 介导的 *VEGFR* 功能缺失突变，同样可以用于靶向恶性间质细胞瘤。另一种增强组织特异性肿瘤治疗的方法是将肿瘤的组织特异性启动子与sgRNA和 Cas9 结合使用，可对肿瘤相关基因的表达及功能进行调控。

通过 CRISPR-Cas9 系统来改变或者操控肿瘤细胞基因组 DNA，会在靶向治疗中发挥重要作用。这有利于阐明个体致病性或耐药性的变化。在肺癌治疗中应用 CRISPR-Cas9 系统对 EGFR 细胞校正或者突变被证实是有效的。该系统在临床上的运用仍需克服重重困难。例如，为确保每个癌细胞均能被编辑，就必须标准化 Cas9 在每个细胞基因组中的最佳配比；CRISPR-Cas9 系统免疫反应尚不清楚，还需在动物模型上做大量工作；还需避免CRISPR-Cas9 系统的脱靶效应。到目前为止，要全面了解 CRISPR-Cas9系统并将其实现以个体癌基因为靶点的修复治疗还需要很长时间和更深入的研究工作。

第二节　在其他疾病中的应用

一、心血管疾病

在心血管疾病的诱因中，最常见因素是血液中低密度脂蛋白（low-density lipoprotein，LDL）的升高。为此，医生们会使用一些药物来帮助患者减少血液中 LDL 的浓度。然而，研究发现，如果 9 型前蛋白质转化酶（proprotein convertase subtilisin/kexin type 9 ，*PCSK9*）基因发生改变，将有助于预防心血管疾病。因为 *PCSK9* 基因产物是 LDL 受体的拮抗剂，所以 PCSK9 蛋白的受体在脂质代谢中发挥至关重要的作用。虽然研究表明，如果 *PCSK9* 基因发生突变，患者无任何不良临床症状，但是在细胞内敲除 *PCSK9* 基因，能够降低血液中的 LDL 的水平。这说明该基因有助于预防心血管疾病。科学家使用腺病毒载体在小鼠肝细胞内递送了 Cas9 和相应的 sgRNA 以靶向敲除 *PCSK9* 基因。转染 3~4 d 后，小鼠血浆中 PCSK9 蛋白和 LDL 水平均降低。

为了开展心脏相关疾病的研究，研究人员制备了能够在心肌细胞中持续表达 Cas9 的转基因小鼠。为了证明该系统的功能，研究人员用腺相关病毒转染，将 sgRNA 递送到心肌细胞内。在实验中，设计的 sgRNA 靶向 *Myh6* 基因。Cas9 已经在心肌细胞中表达 sgRNA，激活 Cas9 介导的位点特异性剪切，导致 *Myh6* 基因敲除和心脏衰竭。AMP 激活蛋白激酶 γ2 调节亚基（PRKAG2）的一个等位基因 H530R 位点，突变所导致的功能障碍会诱发心脏病。研究人员已经构建了具有 PRKAG2 蛋白质 H530R 位点突变的小鼠模型，这种突变类似于在人类正常基因型和患者的突变基因型。以小鼠 PRKAG2 蛋白质 H530R 位点突变等位基因为靶点，使用 CRISPR-Cas9 系统治疗模式动物的研究有助于消除该分子缺陷所引发的疾病。

二、肌萎缩性侧索硬化症

蛋白质的错误折叠或异常聚集、异常的 mRNA 处理、基因组的不稳定和线粒体的功能障碍会导致肌萎缩性侧索硬化症（amyotrophic lateral sclerosis，ALS）的神经退行性疾病。ALS 可使大脑和脊髓内运动神经元功能丧失。在众多基因中，首先发现的是由超氧化物歧化酶 1（SOD1）突变所引发的肌萎缩性侧索硬化症。目前，在 CRISPR-Cas9 系统的帮助下，有可能靶向并纠正患者来源的诱导多能干细胞中突变的 *SOD1* 基因，从而治疗疾病。

三、亨廷顿病

在正常人 *HTT* 的等位基因中，编码谷氨酰胺（CAG）的重复会导致亨廷顿病。从分子水平看突变蛋白质可能含有多个谷氨酰胺。如果上述重复大于 35 个碱基，那么 HTT 蛋白可能在细胞内引起毒性并呈现出典型的临床症状。这些症状包括精神障碍、运动和认知能力下降。去除野生型 HTT 蛋白质的 mRNA 是通过去除编码基因中的重复 GAG 实现的，由此治疗亨廷顿病。因此，可以使用 CRISPR-Cas9 系统编辑上述基因治疗该病。在永久基因突变的小鼠模型中，突变等位基因中的靶向位点为启动子区、转录起始位点和 CAG 重复序列。突变 HTT 蛋白表达量减少，小鼠的运动可以部分恢复。用 HD140Q 基因敲除小鼠，借助腺病毒相关载体递送 CRISPR-Cas9 系统靶向神经元细胞，在不影响模型小鼠生存能力的情况下达到了治疗效果。

四、眼部疾病

视网膜变性是许多失明相关疾病的罪魁祸首。其中包括 Leber 先天性黑蒙（Leber congenital amaurosis，LCA）、视网膜色素变性（retinitis pigmentosa，RP）和年龄相关性黄斑变性（age related macular degeneration，AMD）。RP 是由几个主要基因突变引起的疾病，包括色素性视网膜炎 GTPase 调节子（retinitis pigmentosa GTPase regulator）、RP2、早期 RNA 处理因子 13（premature RNA processing factor 13）和受体表达增强蛋白 6（receptor expression enhancer protein 6）。这些突变主要影响棒状感光受体，最终导致视锥受体死亡。CRISPR-Cas9 系统已被成功在小鼠模型构建中用于研究和阐明 RP 疾病的分子机制。此外，CRISPR-Cas9 还被构建早期视力丧失的 LCA 疾病模型小鼠，该模型能够模拟 KCNJ13 相关 LCA 疾病。CRISPR-Cas9 系统也能在体内用于矫正视网膜退行性遗传疾病。

第 十 章

CRISPR-Cas9 系统的递送工具

　　为了使用 CRISPR-Cas9 系统，首先必须在细胞内以质粒或者蛋白质的形式传递。该系统尽管递送的策略很多，但是每种疾病的靶基因都需要基因编辑器、gRNA 或反义寡核苷酸和递送方法的独特组合。此外，由于 RNA 编辑的短暂性，它必须与合适重复剂量的递送方法相匹配。不同疾病还将决定碱基编辑器必须递送到哪个组织或器官，这也就决定了必须使用什么样的递送方法。而人类的遗传多样性又增加了其难度，例如 2 个需要纠正相同的单核苷酸突变的个体可能需要不同的 sgRNA 序列。

　　局部纳米颗粒注射（第一部分）、全身病毒给药（第二部分）和体外电穿孔（第三部分）共同构成潜在 CRISPR-Cas 系统递送的 3 种主要策略（图 10.1）。每种方法都显示了对应范围的递送载体或靶标细胞。通过核酸(mRNA 或 DNA)或者蛋白复合体递送病毒组装元件、纳米颗粒元件、嵌合抗原受体、sgRNA、造血干细胞或者核糖核蛋白复合物。

　　CRISPR 工具最有效的递送方式是显微注射或者是电穿孔。有研究证实可在人类的细胞系中通过电穿孔递送整个 Cas9：sgRNA 复合体。转基因

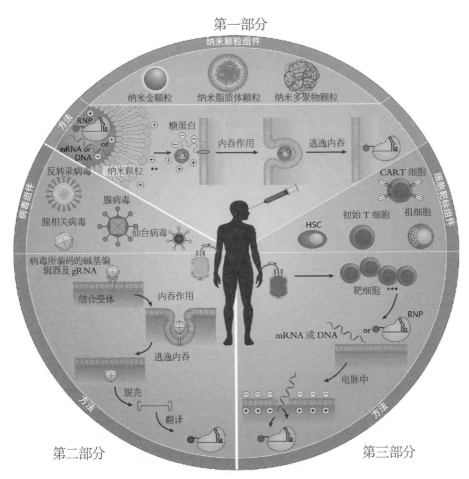

图 10.1　CRISPR-Cas 系统的递送策略[45]

的斑马鱼和猪也可通过微注射递送 Cas9 mRNA。除此之外，化学方法也已经实现了在细胞中递送 CRISPR-Cas9 系统，并且信号肽和阳离子脂质体也可用于 CRISPR-Cas9 系统的递送[169]。与化学或机械方法相比，病毒载体是递送 CRISPR 组件的更好选择，其中首选且应用最广泛的载体是整合酶缺陷慢病毒（IDLV）和腺病毒载体（ADV）[171]。通过 IDLV 载体递送 CRISPR-Cas9 系统证明了在快速分裂细胞中的瞬时表达不是问题。然而，在慢分裂的细胞中通过 IDLV 递送 CRISPR-Cas9 系统，却因表达周期过长，增加了脱靶风险。如果实验没有外源性整合的 DNA，则使用腺病毒载体[171]，这是因为腺病毒在线性 DNA 的 5' 末端有肽链，这限制了一些外源性基因与宿主细胞内的染色体相互聚集。除了 IDLV 和 ADV，腺病毒相关载体（AAV）也被用于递送基因，因其无致病性、低免疫原性和非聚集特性使AAV 成为基因治疗合适的载体。然而，使用 AAV 的主要问题是它的载体容量小。最可能的解决办法之一是使用两种独立的腺病毒载体递送或者是减少CRISPR-Cas9 系统的大小。因此，还需要更加深入地研究以优化进入细胞的 CRISPR-Cas9。

在哺乳动物细胞中治疗病毒感染时，CRISPR-Cas9 系统的主要问题在于如何在哺乳动物细胞中实现递送。在临床应用中，该工具需要有可靠递送系统才能使其保持靶向特异性并发挥最大的作用。在 CRISPR-Cas9 系统中，各部分递送均可经过转染或转导进入细胞内。

CRISPR-Cas9 组件可通过 3 种不同的递送方式进入细胞，分别是基于基因（Cas9 与 sgRNA 基因一起插入到病毒载体或者质粒中）、基于 RNA（利用 Cas9 mRNA 和合成 sgRNA）、基于蛋白核酸复合体（利用 Cas9 蛋白与sgRNA）的递送方式。这些带有 Cas9 基因、Cas9 mRNA、Cas9 蛋白质的载体都可以用非病毒法递送。非病毒递送电穿孔法能实现编辑工具瞬时表达。因为这种方法对设备要求较高，而且因高电压可使细胞死亡，所以原代细胞的要求较高，但这一方法已成功应用于 CD4$^+$T 细胞和造血干细胞中，实现了包含 Cas9 基因质粒的递送。采用含 Cas9 和 sgRNA 质粒转染小鼠细胞，其体内转染效率较高。

还有一些非病毒的方法，如脂质体转染法和流体动力注射法（hydrodynamic injection，HDI），即向细胞内快速灌注含 DNA 溶液。研究显示利用 HDI 将 CRISPR-Cas9、sgRNA 和 ssDNA 递送至小鼠肝细胞内，可对编码富马酰乙酸水解酶（*Fah*）基因进行点突变修复。结果表明，*Fah*基因被恢复，说明CRISPR-Cas9被高效递送。但HDI方法在临床中无法应用。

用脂质体方法可递送蛋白质，如果递送核酸转染效率较高。带正电的脂质颗粒可作用于带负电的核酸及蛋白质，进而驱动脂质介导核酸或者核糖核蛋白向细胞转染。带负电能 Cas9 与 sgRNA 复合体通过非共价键与阳离子脂质体键合，递送至细胞。有研究利用阳离子脂质体向小鼠内耳毛细胞递送 Cas9 蛋白得到了 Cas9 基因组修饰小鼠。深入研究改进非病毒递送方法及其临床应用的潜力是关键，有多项研究同时验证了这种方法对于递送多种 CRISPR-Cas9 系统表达的优越性。在非病毒载体的基础上，又研制出一系列 Cas9 递送与表达病毒载体。在 CRISPR-Cas9 系统中常用的递送系统包括腺病毒、慢病毒和腺相关病毒。

腺病毒为裸病毒，组织亲嗜性广，基因组为 dsDNA，可编码前期和后期调控蛋白和结构蛋白。具有许多不同血清型的腺病毒载体可以作为原型病毒用于构建载体。这种病毒可同时感染分裂中和未分裂细胞而不会导致恶性肿瘤的产生，这一特点可用作基因治疗的递送工具。另外腺病毒无法在宿主基因组上整合自身的基因组，这可以避免脱靶效应。虽然原代病毒可诱导强免疫反应，但是改良病毒免疫反应减弱并可进行基因递送。有研究利用腺病毒递送 CRISPR-Cas9 系统实现了在哺乳动物肺成纤维细胞及支气管上皮细胞中敲除与 TGF-β 信号通路相关的 SMAD3 基因。对使用 2 种分别递送 Cas9 和 sgRNA 的不同病毒载体共转染，和使用同时含有 Cas9 和 sgRNA 的 1 个载体递送转染，进行了效率比较，它们的靶基因均被成功删除，表明无论单用还是联合用腺病毒都是 CRISPR-Cas9 系统递送的有效工具。

同腺病毒相似，从 HIV 原型病毒中提取的慢病毒感染分裂及未分裂细胞，亦可用于递送 CRISPR-Cas9 系统。慢病毒基因载体还具有因感染组织种类不同而改变自身亲嗜性的特点。有研究证明整合 Cas9 及 sgRNA 的慢病毒能够抑制 HSV-1 的复制。具体研究方法是用一种携带靶向 HSV-1 蛋白 sgRNA 的慢病毒载体，转染受感染细胞后抑制了 HSV-1 的 ICP0 基因的表达。以造血干细胞为研究对象，对其基因进行改造，建立小鼠急性髓细胞白血病模型，结果证实慢病毒载体在递送 Cas9 及 sgRNA 时引起小鼠急性髓细胞白血病遗传损伤。也说明了慢病毒可用于递送 CRISPR-Cas9 系统。然而，以慢病毒为递送载体存在着容易与宿主基因组融合，并可能引起脱靶效应等缺陷。为解决上述问题，人们已试图研制整合酶活性缺陷的慢病毒。

另一类研究较多基因递送载体为 AAV。AAV 无致病性，可持续表达，且可侵染分裂和非分裂细胞，因此，AAV 是一种理想的基因递送载体。另外，血清型繁多，各种 AAV 亚型有其组织特异性，所以 AAV 可以用来靶向各种细胞。尽管 AAV 不具有免疫原性，但是持续使用同样会导致毒性。解决方法是再次使用时改变不同血清型就能够消除其毒性。

有研究利用 AAV 载体递送 CRISPR-Cas9 系统的抗病毒策略。2016 年，Kaminski 等用 9 型 AAV 递送给转基因小鼠模型，分别针对 HIV-1 的 *LTR* 和 *Gag* 基因的两种 sgRNA-Cas9 进行检测。结果表明，整合后 HIV-1 基因组已经被移除，证明利用重组 AAV 载体将 Cas9-sgRNA 复合体成功递送[65]。另外，还可以将两种载体结合起来递送 CRISPR-Cas9 系统。

2014 年，Ramakrishna 等人建立了无质粒，无转染试剂的方法，可以直接将 Cas9 和 sgRNA 转入到细胞中。Cas9 与 CPP 结合，而 sgRNA 与 CPP 复合形成带正电的纳米颗粒，使用该颗粒处理细胞，可以产生带有 *RGEN* 基因诱导突变的克隆[169]。在小鼠模型中，联合使用脂质纳米颗粒的递送 Cas9 和编码 sgRNA 的 AAV，能修复导致人类遗传性疾病 *Fah* 基因的突变。综上所述，已经有若干种病毒及非病毒载体用于递送 CRISPR-cas9 系统。虽然如此，递送 CRISPR-Cas9 系统仍具有挑战性，这为研发功能更强大并有潜在临床应用价值的 CRISPR-Cas9 递送系统提供契机。

第 十 一 章

CRISPR-Cas9 基因编辑面临的挑战

尽管 CRISPR-Cas9 系统应用已经在许多研究领域取得了显著的成果，但在临床治疗应用方面仍然存在诸多挑战。首先，为了在应用中发挥其功能 CRISPR-Cas9 系统需要多个组成部分，包括 Cas9 核酸酶、sgRNA 以及模板 DNA。优化这些结构对提高基因编辑的效率至关重要。其次，Cas9 核酸酶的脱靶效应是一个重要问题，由于 Cas9 核酸酶可以兼容 sgRNA 与靶向 DNA 之间存在单碱基或双碱基的错配，因此就有可能与非靶标基因发生错误的匹配，导致脱靶效应。再次，如何有效地递送该系统也是一项挑战，因为只有将载体导入目标细胞中才能发挥功能，所以需要考虑递送载体的载量、安全性和特异性。最后，如何规范 CRISPR-Cas9 系统使用的伦理、监管与专利问题，并避免潜在的生物安全风险，也是一项重要任务。

本章聚焦于讨论 CRISPR-Cas9 系统从基础到临床应用所面临的上述挑战。

第一节 药物中 CRISPR-Cas9 系统的应用

在人类基因组中，大约有 25 000 个基因，人们发现其中有 3 000 多个与疾病表型相关，而这个数字还在快速增长。在动物模型中，CRISPR-Cas9 系统基因治疗应用于单基因、多基因和感染性疾病的治疗中效果良好。最近的一些研究已经为 CRISPR-Cas9 系统作为有效的治疗药物铺平了道路，例如神经退行性疾病、代谢性疾病、生殖器官疾病、血液病、心血管疾病和感染性疾病等（图 11.1），其中部分已经进入临床试验阶段。

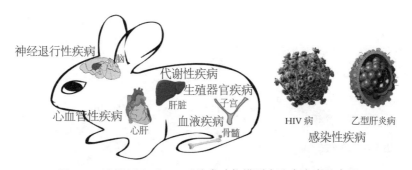

图 11.1 CRISPR-Cas9 系统在动物模型中治疗疾病的应用

在已经开展过的以 CRISPR-Cas9 系统为基础的疾病基因靶向研究中（表 11.1），通过将 Cas9 mRNA 和靶向 sgRNA 的突变等位基因共注射到小鼠受精卵中，成功地纠正了引起白内障的显性 *Crygc* 基因突变。此外，研究还成功在小鼠精原干细胞（spermatogonial stem cells，SSCs）中纠正了 *Crygc* 基因突变。另一项研究则成功编辑了人干细胞中囊性纤维化的 *CFTR* 基因。同时，有研究发现对 DMD 患者的基因进行编辑，也能取得良好的效果。这些研究结果表明，基于 CRISPR-Cas9 系统在基因治疗中潜力巨大，为未来疾病治疗提供了新的选择。

表 11.1　应用 CRISPR-Cas9 系统治疗疾病的模型与基因

疾病	细胞或生物	基因靶标	参考文献
白内障	小鼠	*Crygc*	［144］
囊性纤维化	人干细胞	*CFTR*	［147］
进行性假肥大性肌营养不良症	小鼠、iPSCs	*Dmd*	［145, 168, 172］
Ⅰ型遗传性酪氨酸血症	小鼠、大鼠	*Fah*	［173］
血红蛋白病	造血干细胞和祖细胞（HSPCs）；iPSCs	*HBB*	［149］
	HSPCs、HEK293T	*HBG1*；*HBG1 and HBG2*	［99］
高脂血症	小鼠	*Pcsk9*	［174］
显性遗传营养不良型大疱性表皮松解症	iPSCs	*COL7A1*	［175］
免疫缺陷，着丝粒区不稳定 与面部异常综合征	iPSCs	*DNMT3B*	［176］
Friedrich 共济失调	小鼠	*FXN*	［177］
脆性 X 染色体综合征	iPSCs	*FMR1*	［178］
亨廷顿病	iPSCs	*HTT*	［179］
与 3 号染色体相关的额颞痴呆	iPSCs	*CHMP2B*	［180］
β-脂蛋白血症	iPSCs	*MTTP*	［121］
先天性长 QT 综合征	iPSCs-cardiomyocytes	*CALM*	［181］
人类免疫缺陷病毒	KEK293T 和 HeLa 细胞；JLat10.6 HIV-潜伏细胞系；iPSCs		［64］
乙肝病毒（HBV）	HepG2.2.15 和 Huh7 细胞系		［182］
人乳头瘤病毒	HeLa、HEK293T 和 SiHa 细胞系		［34］

I 型遗传性酪氨酸血症（HTI）是由于富马酰乙酸水解酶（*FAH*）基因突变导致酪氨酸代谢过程的终末酶延胡索酰乙酰乙酸水解酶缺陷，酪氨酸及其代谢产物琥珀酰丙酮、4- 羟基苯乳酸及 4- 羟基苯丙酮酸等蓄积所引发的常染色体隐性遗传代谢病。2014 年，研究人员使用 CRISPR-Cas9 系统纠正了突变型的 *Fah* 基因，从而在小鼠模型中实现 *HTI* 治疗。2018 年，科学家们应用 nCas9 核酸酶，在大鼠模型中纠正了 *HTI* 基因[173]。上述研究证实 CRISPR-Cas9 系统可以治疗 HTI。

马方综合征又称马凡综合征，是一种遗传性结缔组织疾病，为常染色体显性遗传，患者的显著特征为四肢、手指、脚趾细长不匀称，身高明显超出常人，伴有心血管系统异常，特别是合并的心脏瓣膜异常和主动脉瘤。该病同时可能影响其他器官，包括肺、眼、硬脊膜、硬腭等。2018 年，科学家们成功利用 CRISPR-Cas9 系统纠正了 FBN1 基因第 7498（T>C）位点突变，在小鼠中治疗了马方综合征。

血红蛋白病，也被称为 β 地中海贫血，是由血红蛋白分子结构异常或珠蛋白肽链合成速率异常所引起的一组遗传性血液病。常染色体镰状细胞病（autosomal sickle cell disease，SCD）是由 β 珠蛋白第 6 个氨基酸密码子的单核苷酸从 A 突变为 T 引起的，这导致了 β 珠蛋白中的谷氨酸残基转化为缬氨酸，并随后产生镰状血红蛋白。目前已经能够成功纠正这种单点突变[149]。科学家们还利用基因突变导致胎儿血红蛋白表达的终身持续优势，即遗传持续性胎儿血红蛋白（hereditary persistence of fetal hemoglobin，HPFH），改善了 SCD 的表型。CRISPR-Cas9 系统基因组编辑人造血干细胞（HSC），使血红蛋白 γ 亚基（*HBG1* 和 *HBG2*）基因启动子中的 13-nt 序列发生突变，重现了自然发现的 HPFH。有研究表明，通过 CRISPR-Cas9 介导的基因编辑，将 *HBG1* 和 *HBG2* 启动子中第 198 位的 T 纠正为 C，可以成功纠正胎儿 γ- 珠蛋白基因，恢复胎儿血红蛋白功能。在 HEK293T 细胞中，腺嘌呤碱基编辑器在 *HBG1* 和 *HBG2* 基因启动子中从 T-A 到 C-G 碱基编辑的效率分别是 29% 和 30%。此外，通过碱基编辑器在体细胞和胚胎中突变 *HBB* 基因第 28（A>G）位碱基，可以纠正患者诱导多能干细胞中的 *HBB* 基因突变。另外，使用 CRISPR-Cas9 系统联合单链寡脱氧核苷酸同源定向重组技术，在 β 地中海贫血患者的诱导多能干细胞中成功地修复了 *HBB* 基因中的 CD41/42 突变。这些经过修复的细胞在亚致死辐射处理的 NOD-scid-IL2Rg/（NSI）小鼠中表达正常的 *HBB* 基因，同时无任何潜在致癌性。上述策略均可以安全地治疗 β 地中海贫血。全球首个获批上市的 CASGEVY™ 属于 CRISPR-Cas9 系统基因编辑疗法可以有条件地用于治疗镰状细胞病和输血依赖性 β 地中海贫血，由英国药品与保健品管理局在 2023 年 11 月 16 日批准使用。这为未来遗传性疾病的治疗提供了新选择。

大疱性表皮松解症（epidermolysis bullosa，EB）是一种遗传性疾病，其特征是皮肤黏膜起大疱，分为遗传性和获得性两种。临床上将营养不良型大疱性表皮松解症分显性和隐性两种。其中显性营养不良型大疱性表皮松解症（dominant dystrophic epidermolysis bullosa，DDEB）由 *COL7A1* 基因编码的 Ⅶ 型胶原的突变会导致。针对 *COL7A1* 基因突变，应用基于 CRISPR-Cas9 系统的非同源末端连接技术，从 DDEB 患者的成纤维细胞中生成诱导多能干细胞，实现敲除突变等位基因 *COL7A1* 的过早终止密码子，而改变野生型等位基因。这证实这些经过编辑的诱导多能干细胞可以分化成分泌角质形成细胞和成纤维细胞。本研究证明在显性遗传背景下进行基因组编辑治疗的可行性。

CRISPR-Cas9 系统可用于治疗三核苷酸重复所诱发的疾病。脆性 X 染色体综合征是由于脆性 X 智力迟钝 1（*FMR1*）基因 CGG 重复扩增引起的一种常见的遗传性智力残疾。健康个体有 5~55 个 CGG 重复，而患者有超过 200 个拷贝的完全突变。人们发现在患者来源的诱导多能干细胞中靶向缺失 *FMR1* 基因能够在基因纠正后的神经前体细胞和成熟神经元中持续存在，还需要在动物模型中进一步证实其治疗效果。

　　Friedreich 共济失调是一种由 GAA 三联密码子在 *FXN* 基因的第一个内含子内转录异常导致的遗传性疾病。为了治疗这种疾病，Ouellet 等人使用 CRISPR-Cas9 系统去除 GAA 在体外 YG8R 和 YG8sR 小鼠成纤维细胞中的重复序列，并在 YG8R 衍生的小鼠中进行体内编辑。最后，他们得出结论，YG8Sr 小鼠模型更适合研究 FRDA。GAA 重复使用的是 AAV 包装的 SaCas9，并携带重复的靶向 sgRNA。这些研究展示了基因编辑技术在治疗遗传性疾病方面的巨大潜力。然而，为了确保这些疗法的安全性和有效性，需要进行更多的研究和临床试验。

　　亨廷顿病是一种神经退行性疾病，其病因是 *HTT* 基因的第一个外显子出现 CAG 重复序列（重复次数超过 36 次）。最近，研究人员利用 CRISPR-Cas9 系统和转座子突变，成功纠正了亨廷顿病患者来源的诱导多能干细胞[179]。额颞叶变性（frontotemporal lobe degeneration，FTLD）是以大脑局限性额叶和颞叶变性萎缩为特征的中枢神经系统退行性疾病。如果带电的多泡体蛋白 2B（*CHMP2B*）基因发生突变，就会影响核内体到溶酶体的物质交换、递送和底物降解。*CHMP2B* 基因的不完整表达会引起与额颞叶痴呆相关的 3 号染色体不稳定。研究人员利用 CRISPR-Cas9 系统对额颞叶痴呆相关的 3 号染色体不稳定的诱导多能干细胞进行基因编辑，可以纠正神经元细胞中突变基因。证实 CRISPR-Cas9 系统在神经系统疾病中具有良好的应用前景。

　　PCSK9 是能够调节胆固醇代谢的基因，通过编辑该基因，可以降低血液中的胆固醇水平，从而降低心脏病的患病风险。2014 年，Ding 等人报道了在哺乳动物体内肝细胞中编辑的 *PCSK9* 基因。在 2015 年，Ran 等人报道了使用较小的 Cas9 同源基因进行有效治疗，他们证实在小鼠肝脏中 SpCas9 可以有效地编辑 *PCSK9* 基因。2018 年，有研究证实了在子宫内靶向 *PCSK9* 基因，检测到出生后的小鼠血浆中 *PCSK9* 基因的表达和胆固醇的水平同时降低。该研究为应用 CRISPR-Cas9 系统治疗子宫内代谢相关疾病提供了理论依据。

无 β 脂蛋白血症（abetalipoproteinemia，ABL）是一种由微粒体甘油三酯转运蛋白（*MTTP*）基因突变引起的遗传性脂蛋白代谢病。*MTTP* 基因在肝、肠和心肌细胞中也有表达。使用 CRISPR-Cas9 系统对 ABL 患者来源的诱导多能干细胞中的 *MTTP* 基因的 R46G 突变进行纠正后，可以逆转无 β 脂蛋白血症患者的疾病表型。

先天性长 QT 综合征是一种由于 *CALM1-3* 基因编码的钙调蛋白分子发生突变而引发的疾病，这导致心电图 QT 间期的延长。通过纠正心肌诱导多能干细胞中突变的 *CALM2* 基因，可以恢复先天性长 QT 综合征引发的心脏功能障碍。利用 CRISPR-Cas9 系统编辑 LQT15-hiPSC-(CM) 中的等位基因，可以特异性消融诱导多能干细胞系中心电异常。

趋化因子（C-C 基序）受体 5（CCR5）是 HIV-1 的辅助受体，在 HIV-1 感染中扮演着关键角色。因此，靶向 *CCR5* 基因的编辑成为一种潜在的治疗策略，旨在防止 HIV-1 感染。利用 CRISPR-Cas9 系统对人类诱导多能干细胞进行基因编辑，使其 CCR5 基因发生缺失，从而使其无法作为 HIV-1 辅助受体。该研究还发现，经过基因编辑的诱导多能干细胞对嗜 CCR5 的 HIV-1 具有独特的抵抗力。这一发现为开发新型艾滋病治疗策略提供了新的思路。

此外，利用 CRISPR-Cas9 系统可以靶向切割 HBV 基因组，从而阻止病毒复制并促进细胞清除。在体内和体外开展抗病毒治疗研究中发现 CRISPR-Cas9 系统都能有效地清除 HBV。FnCas9 和 Cas13 等核酸酶都可以用于靶向 RNA，从而实现对特定基因的表达调控。通过调节 RNA 的水平，可以影响蛋白质的表达和功能，进而治疗相关疾病。

综上所述，CRISPR-Cas9 基因编辑技术的发展不仅为遗传病治疗提供了新方向，而且它在其他类型疾病中展现出巨大应用潜力。

第二节　应用 CRISPR-Cas9 系统所面临的挑战

虽然基于 CRISPR-Cas9 系统的基因组编辑技术已经能够应用于在动物模型上进行血液性、代谢性、免疫性、神经退行性和心脏病等多种疾病治疗，但是将 CRISPR-Cas9 基因编辑系统应用于临床面临着诸多挑战，其中包括 CRISPR-Cas9 的编辑的效率、脱靶效应、安全递送等问题。

一、编辑效率与基因组的广泛可及性

在不同的人类细胞中使用 CRISPR-Cas9 系统的有效性已经得到证实和认可，但现在发现用基因工程技术进行修饰仍然面临巨大的挑战。虽然在人类多能干细胞中使用 CRISPR-Cas9 系统进行编辑基因已经得到广泛的应用，并且能够在靶标基因位置产生大于 80% 的诱导缺失，但是当 CRISPR-Cas9 系统工具剪切 DNA 后，可引起有害的 DNA 双链断裂，这可能会降低编辑细胞的效率。因此，使用 CRISPR-Cas9 系统修饰具有功能障碍的 TP53/p53 肿瘤抑制通路的细胞具有更高的编辑效率。已知抑癌基因 *TP53* 表达转录因子 p53，用于解决 DNA 损伤问题并激活细胞的抗增殖功能。当细胞通过 p53/TP53 依赖的途径修复上述 DNA 双链断裂，就会改变 *TP53* 基因的表达。诸多研究证实，如果正常的 *TP53* 基因发生功能障碍，就具有致癌风险。

在高致病性干细胞中，Cas9 引起的有害损伤限制了使用 CRISPR-Cas9 进行高通量基因组编辑的效率。出于治疗目的，在靶细胞中诱导暂时的和高度受控的 p53 通路，抑制可以显著提高基因插入的成功率。例如，选择 p53 途径被抑制的人视网膜色素上皮细胞能够使 CRISPR-Cas9 的基因编辑效率更高，但是 CRISPR-Cas9 基因编辑也会在永生化的人视网膜色素上皮细胞

中诱导 DNA 损伤反应，可引起细胞周期停滞。所以，为提高基因编辑的效率在非肿瘤研究中暂时抑制 *TP53* 基因是不可取的。

虽然还没有证明癌症和使用 CRISPR-Cas9 系统之间的因果关系，但在临床上发现体细胞中 p53 功能障碍是近一半卵巢癌和结直肠癌发生的原因，也是肺癌、胰腺癌、胃癌和肝癌发病的重要原因。从生物安全的角度来看，使用 CRISPR-Cas9 系统产品进行基因治疗时也必须考虑这些问题，并跟踪监测 p53 的功能，以避免出现治疗副作用。

CRISPR-Cas9 系统的编辑效率可能在某些类型的细胞和生物体（例如线粒体等）中是不足的，并且在某些情况下可能受限于靶向 DNA 序列的特定需求（例如 PAM 的限制）。因此需要开发扩大操作基因组能力，覆盖范围更广的新型编辑技术，以期新技术在未来能够操控目前难以操作的生物系统。

二、脱靶效应

虽然 CRISPR-Cas9 系统的精确性在不断提高，但是脱靶效应仍然是尚未完全解决的问题，也是开发相关产品时最常见的障碍。

有研究证实，与小鼠和斑马鱼等其他模式生物相比，人类细胞中的脱靶效应更为常见。因为在人体庞大的基因组中会存在与靶标序列区域相似的序列，所以 sgRNA 会与类似的非靶基因发生匹配，导致发生错误的剪切或编辑，导致 CRISPR-Cas9 系统产生脱靶效应。脱靶效应有可能导致包括细胞毒性、引发其他疾病和增加致癌风险等问题。

另外，脱靶效应除了在非靶标区域形成双链断裂导致直接诱变之外，还可能触发 DNA 修复机制，形成包括基因缺失、倒置和易位等基因组重排问题，并影响 CRISPR-Cas9 系统产品在人类治疗的应用。有研究表明，在小鼠胚胎干细胞、小鼠造血祖细胞和人类分化细胞系中可以观察到 CRISPR-Cas9 的靶向诱变。通过 PCR 鉴定基因分型和测序研究了这些效应，证实这是由 CRISPR-Cas9 的基因编辑产生的 DNA 双链断裂造成的多个碱基缺失，不稳定的基因重排和远端病变基因组缺失等现象。

为了克服脱靶效应，已经开发的许多解决方案主要集中在 CRISPR-Cas9 系统各种元件的优化上，例如 Cas9 核酸酶、sgRNA、PAM 以及靶标 DNA 序列等。为了提高 SpCas9 核酸酶的特异性，研究者通过蛋白质结构工程技术，研究了各种重组 SpCas9 核酸酶的突变体。通过 SpCas9 进行基因工程重组，研究者已经开发了高保真 SpCas9（HFSpCas9）、强特异性 SpCas9（eSpCas9）、高精度 Cas9（HypaCas9）、进化 Cas9（evoCas9）和高变异的进化 SpCas9（evoSpCas9）等突变同源蛋白质。然而，研究表明部分高保真变异同源蛋白质在治疗中降低了靶点活性。针对上述问题，研究人员突变了 SpCas9 的 R691A 获得新型 Cas9 突变体（HifiCas9），并且证实不仅 AAV6 介导的 HifiCas9 具有特定基因靶向性，而且成功纠正患者 CD34$^+$ 造血干细胞和祖细胞中 SCD 基因的点突变。

在核酸酶水平上，更有效解决脱靶效应的方法是避免双链断裂。可以将无催化活性的 dCas9 融合到需要二聚体才能发挥活性的酶上，如 FokI 限制性内切酶等。也可以使用修饰后只具有单链剪切活性的 nCas9 核酸酶或者不产生双链断裂的 dCas9 融合蛋白等。此外，还可以开发抗 CRISPR-Cas9 系统蛋白。

在 sgRNA 水平上，可以通过多种方式进行修改，调节 sgRNA 与 Cas9 的比例，也可以调节 sgRNA 序列使其 5' 端的错配容忍度低于 3' 端，这有助于 sgRNA 结构的设计，此外，缩短 sgRNA 的长度也可以减少错配。这些策略中的每项都会影响匹配性，因此可能有助于解决脱靶效应，但同时会降低编辑效率。

为了扩大 Cas9 的靶向范围，研究人员分别对 PAM 限制较少的 *Sp*Cas9 进行基因修饰，开发出了 XCas9，进一步扩展了 *Sp*Cas9 的 PAM 范围。同时，研究人员也在不断地寻找像 *Sc*Cas9 一样 PAM 可变性的天然核酸酶。

为了获得体积更小、更特异的 Cas9 蛋白，科学家们通过挖掘庞大的原核生物基因组数据，已经发现了几种天然同源 Cas9，例如 *Sa*Cas9、*Nm*Cas9、*Cj*Cas9 和 *Fn*Cas9 等，这些小体积核酸酶为 CRISPR 的靶向治疗提供了更多选择。

此外，还可以使用生物信息学技术或人工智能技术进行预测。尽管目前这种方法还不足以预测所有情况下所有非靶标位点，但是如果继续开发新的检测切割位点的计算方法，就可以在活细胞内进行高通量全基因组预测，尽快发现可能的脱靶位点。再结合测序分析技术，例如 GUIDER-seq、ChIP-seq、BLESS、Digenome-seq 分析等，就能够有效地跟踪分析、检测双链断裂和脱靶效应，从而避免脱靶效应。

三、递送方式

CRISPR-Cas9 编辑工具在临床或体内使用时需要的递送方式是具有安全性和特异性的。递送方式包括全身性的和靶向性的，后者指在靶向递送过程中 Cas9 核酸酶被局部注射到组织或利用具有特异性组织嗜性的病毒载体靶向特定的组织。

目前，在靶细胞实现递送的方式有 3 种：①递送编码 Cas9 蛋白和 sgRNA 的质粒；②递送 Cas9 mRNA 和 sgRNA；③递送 Cas9 蛋白和 sgRNA。CRISPR-Cas9 的递送体主要包括物理方法、病毒载体和非病毒载体。递送体需要具备两个特征：①递送体必须能够渗透到每个被感染的细胞中；

②在靶向递送时，必须只击中目标组织，否则可能导致免疫原性。

虽然可用的递送方法多样，例如可用基因枪、电穿孔、细菌、类脂、病毒以及纳米粒子等，但是现有的 CRISPR-Cas9 递送方法仍存在生物安全性不足以及可能危害受体细胞或生物体等弊端。特别是在使用类脂、病毒、细菌以及纳米颗粒作为递送工具进行 CRISPR 研究时，这些载体可能引发与载体相关的免疫反应，限制了其应用范围。

为改善这种情况，非致病性腺相关病毒（AAV）已被用作载体，这种方法不会引发明显的免疫反应，符合生物安全要求。然而，当使用 AAV 病毒载体递送 CRISPR-Cas9 系统时，因为 AAV 的包装基因大小的限制约为4.7 kb，并且不同血清型的包装大小也有所不同。所以，在递送 SpCas9（4.5 kb）和 SaCas9（3.5 kb）时，几乎没有空间容纳其他调控序列。虽然可以通过使用 2 个 AAV 载体进行共转染来解决，但使用单一载体更便捷、更高效。因此，科研人员正在努力开发更短、更便捷的 Cas9 突变体，以便将其轻松地包装到 AAV 载体中。因此，AAV 的包装限制制约了其在治疗方面的应用。通过在工艺上进行的大量改进，包括利用单链转基因和使用更小型 Cas9 变异体等，可以降低并消除包装限制。

此外，脂质纳米颗粒具有耐受性强、可生物降解、能提供高效递送 CRISPR 组分的优点，因此它也被认为是一种安全的递送策略。为了增强 CRISPR-Cas9 系统产品的安全性，有必要对递送系统和 CRISPR-Cas9 复合体进行深入研究，并对成功递送遗传工具所能提供的治疗价值进行评估。

目前，每种方式的临床应用都面临着各自的问题。因此，在该领域还需要进行更多的研究，以开发出更高效的递送系统，实现精准的靶向和基因组编辑，用于生物医学、抗病毒和疾病治疗。

四、在体内外编辑疾病基因的挑战

只有成功地将 CRISPR-Cas9 系统递送到靶细胞，治疗性编辑才有可能获得效果。目前，Cas9 可以作为携带所需编辑系统的核酸（DNA 和 mRNA）或直接作为核糖核蛋白复合体进行递送。这可以通过体内和体外的方法来完成。体内方法包括将 CRISPR-Cas9 系统直接应用于体内的病变细胞。而体外方法需要先分离病人的细胞，再进行修饰，然后选择修饰后的细胞并进行扩增培养，最后将修饰后的细胞移植到患者体内（图 11.2）。

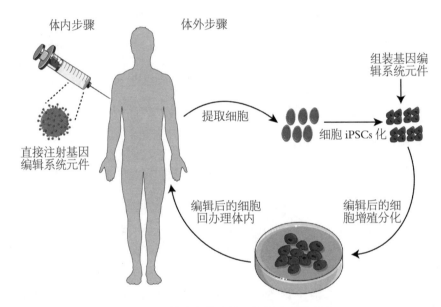

图 11.2　体内与体外基因编辑治疗模式图

与体外治疗相比，体内治疗具有以下优势：①它可以应用于那些由于靶细胞无法在体外培养使得体外治疗无法进行的疾病；②在体内治疗时，它适用于多种组织类型的疾病，从而能够更广泛地治疗多种器官疾病。大约70%的体内基因治疗临床试验使用改良的病毒载体递送基因，例如逆转录病毒、慢病毒、腺病毒和腺相关病毒等。然而，这类载体在携带能力、靶向性、致癌性和免疫原性等方面均存在局限性。此外，这种递送方式所面临的另一大难题是体内 CRISPR-Cas9 系统核酸酶剂量的调控，这可能会增加预测患者非靶向突变的困难。

对靶细胞进行体外给药，我们可以灵活地选择多种给药方式，包括电穿孔、细胞穿透肽、阳离子脂质、碳纳米载体和病毒载体等。这些递送方式作为基因治疗的工具，具有容易标准化和被人们所接受的优势。此外，体外技术还为控制治疗分子向细胞内注射的剂量提供了条件。

在以 CRISPR-Cas9 系统为基础的基因治疗应用过程中，控制 Cas9-sgRNA 复合体的数目是一个有待攻克的重大难关。实验结果表明，限制 Cas9-sgRNA 复合体的数目能有效降低脱靶效应。

虽然体外治疗具有许多优点，但它仍存在一些亟待解决的问题。首先，在体外培养中，许多靶细胞不能生存或者不具备体内所需的功能，因此无法进行有效的编辑。因此，体外治疗主要局限于细胞的培养和基因编辑操作。其次，当培养的细胞进入患者体内后，可能会引起移植物的不良反应，导致治疗效果欠佳。

第三节　CRISPR-Cas9 系统潜在的生物安全

便捷、高效的 CRISPR-Cas9 系统在基因编辑领域中已经可以替代诸多旧的基因编辑工具，例如 ZNF 和 TALEN 等。然而，该系统也面临潜在生物安全问题，包括违规制造生物武器、破坏生态平衡等。

CRISPR-Cas9 系统技术的发展已经超出了生物安全所需的发展范围，无法确定这些手段是否会一直被负责任地使用。类似的情况是，在设计不当的试验、意外或恶意代理等情况发生此类风险时，能否发现并应用合适的补救措施还存在不确定性。解决这些问题的办法有很多，其中最重要的就是改进监管方式，并将负责人与机构更大范围地结合起来。

本节主要介绍 CRISPR-Cas9 系统可能对生物安全构成的威胁、CRISPR-Cas9 基因编辑可能的风险、基因驱动及相关环境问题和讨论可能的应对措施。

一、公开或潜在的生物安全威胁

当基因工程被视为国家安全的潜在威胁时，需要评估新出现的生物安全威胁，并对其进行排序：最值得重视的是再造已知致病病毒，依次为改造细菌、病毒及新病原体。

有研究利用 CRISPR-Cas9 基因工程技术引起的致癌突变来构建小鼠癌症新模型。通过病毒载体进行递送，使模型可能发展成为可传播和感染的致癌疾病。虽然这项研究仅适用于小鼠，但其成功对人类环境是否具有重大意义，可能取决于我们是否将其视为生物安全危害。

此外，人们对现代生物武器的检测能力不足，缺乏专业知识和设备，例如，基于 CRISPR-Cas9 的危险基因转移的生物安全危害就无法检测。如果通过 CRISPR-Cas9 的基因编辑构成威胁，那么迅速确定其起源就成为一项潜在挑战，而这本身又有可能导致生物安全方面的隐患。

二、基因转移导致生态破坏

基因驱动可以在更多的种群中进行基因传递，因此在害虫控制中一般都会考虑使用这些基因。它们可以通过转基因个体的繁殖使基因改造导入群体中，从而控制害虫、根除疾病。由 CRISPR-Cas9 基因改造引起的基因驱动已能够达到根除几种重大病害，例如塞卡病毒、疟原虫等。在疟疾方面，CRISPR-Cas9 系统通过改造按蚊基因，成功生产出抑制疟原虫寄生的按蚊，为防治甚至消灭疟疾提供了可能，但与此同时也引起人们对生态平衡的担忧。

利用基因编辑系统编辑某一物种也可能导致潜在物种灭绝，进而影响生态系统的平衡。此外，还可能会出现群体内各代非靶标突变的情况，这可能使生物体处于失控状态，物种内不断损伤遗传通路，其结果同样会给生态系统带来不利影响。同时，还有一种不太可能发生的情况出现，改造过的基因可能会成功地跨越物种，并对其他相关物种造成污染，其影响是深远的。风险或许看起来遥远且不可能发生，但提前思考对策还是有必要的。

三、CRISPR-Cas9 基因编辑可能的风险

生物安全问题涉及所有可以作为生物武器使用的技术。当 CRISPR-Cas9 技术涉及菌株的转化以及新菌株、新方式、新生化物质等方面的研制时，就需要提前进行风险评估。例如，利用 CRISPR-Cas9 系统研制可以应用于防控新型病毒的疫苗的技术，也可以用作制造生物武器。同时，转基因生物的不当使用可能导致其通过传播疾病或毒素而造成生物安全危害，给生态环境带来危险。这也是所有转基因生物的共性问题。

四、针对生物安全风险的对策

随着对 CRISPR-Cas9 和通用基因工程技术潜在风险的分析，许多学者提出了应对策略。常规程序包括快速干预、威胁隔离、标准识别和诊断。生物安全违规后可追溯来源，确定是由谁或什么造成的这种危害。总之，大多数针对现代基因工程等的生物安全威胁对策，都侧重于研究在问题发生之前可以做些什么。在这一方面，我国在 2021 年 4 月 15 日施行的《中华人民共和国生物安全法》中对生物技术研究、开发与应用安全作出了详细规定。

针对 CRISPR-Cas9 系统带来的风险，可以通过开发对应抑制剂或抵抗基因驱动的技术进行预防或应急处置。

1. CRISPR-Cas9 抑制剂

为了使细菌和古细菌中的这种防御机制失效，噬菌体进化出通过抗 CRISPR-Cas9 蛋白质或 Acr 来阻断 CRISPR-Cas9 系统。为了对抗 I 型 CRISPR-Cas 系统，发现多种 Acr 使用不同的机制来确保阻断细菌的防御机制，主要是通过防止 CRISPR-Cas 复合体与 DNA 或核酸酶的互补结合。各种 Acr 类型及其针对其他类型的 CRISPR-Cas 复合体的作用机制已经发表，

并且已经开发了抗 CRISPR 蛋白的综合数据库。

抑制剂可以用来减少或完全阻止 CRISPR-Cas 系统介导的基因编辑。Acr 也可以用于减少脱靶效应。但是由于 Acr 的生物利用度不高，所以不太可能用于人类。希望未来能够通过深入研究开发出适合人类使用的抑制剂。

2. 抵抗基因驱动

基因驱动是指可以迅速向群体中传播特定性状的体系，由伦敦帝国理工学院的进化遗传学家 Austin Burt 于 2003 年首次提出。通常情况下，物种里存在能够在繁殖过程中遗传下来的概率高于普通基因的若干特定基因。这些基因会被轻易地分散到群体内，甚至会使个体适应性降低。借由和这些特殊基因相似的遗传"偏向性"，基因驱动从理论上可以使这些人为改造过的基因分散于野生群体之中，而且这些转化可包括基因增加，可能损害、改造或降低个体生育能力，因而有可能造成物种整体毁灭。

科学家们借助 CRISPR 基因编辑技术开发了一种人工"基因驱动"体系，并且在酵母菌、果蝇和蚊子等动物中验证了可以实现外界导入基因的多代遗传。例如，为了研究 CRISPR 诱导的基因编辑生物体的遗传率，转基因雌性果蝇已经用编码 Cas9 蛋白的基因和编码旨在诱导 *GAL4* 基因缺失的 sgRNA 进行了修饰。在与野生型雄性交配时，发现目标 *GAL4* 基因的修饰是可遗传的，甚至在 DNA 中缺乏 CRISPR 系统的后代中也是如此。这种意想不到的遗传形式不仅可以通过母体修饰等位基因的传递实现，还可以通过卵子发生过程中来自 Cas9 蛋白和 sgRNA 的母体的细胞质贡献。这种基于 CRISPR 的基因驱动导致体细胞和种系细胞中 *GAL4* 基因的突变率接近 100%，这是由一种非孟德尔遗传形式产生的，这与完全依赖基因传递的常规 CRISPR 基因驱动系统形成对比。用携带 Cas9 和 sgRNA 编码基因的转基因果蝇雄性进行的反向实验显示，成功率比转基因雌性低得多。出现这一结果是因为野生型雌性不能向胚胎中沉积任何细胞质转基因成分，重要的是包括这种修饰所必需的 CRISPR 成分。有了这个发现，至少在实验的早期阶段，似乎有可能将意外释放的基因驱动的不良修饰最小化，即限制只在雄性生物体中进行基因编辑。

假设使用 CRISPR-Cas9 系统产生某些基因编辑生物体可能涉及基因的改变，使生物体或其后代无法生存，这可能是灾难性的，会导致一个物种的完全灭绝，或许在灭绝害虫的情况下是人们所希望的。然而，细胞可以通过突变自身的 DNA 来防止 CRISPR-Cas9 系统引起的这种剧烈变化，使 Cas9 构建体不可能找到或附着到其靶标上。这些自然突变的等位基因，又称为抗性等位基因，这也是 CRISPR-Cas9 系统工具应用在非原核生物中成功率较低的一个重要原因。虽然抗性等位基因可能是基因编辑生物体的最大障碍，但是使用 CRISPR-Cas9 系统构建针对保守性相对差的基因，其中非致死突变自然发生且更频繁，可以减少野生群体中相应基因编辑生物体的繁殖，将意外发生的基因驱动限制在几代以内。

最后，无论是有意还是无意释放基因驱动，都可以限制逆转该基因驱动。虽然逆转基因驱动不太可能完全逆转对生态系统的影响，但是它可以恢复物种内先前的遗传平衡，从而对抗生物安全威胁。

第四节　CRISPR-Cas9 相关产品的专利和监管

CRISPR-Cas9 系统及其相关技术的商业化是其发展的强大推动力。自 2012 年 CRISPR-Cas9 的基本专利出现以来，随着该技术在原始基础上的不断扩展，涌现出了大量研究成果。此后，专利领域一直处于争论之中，焦点是当 CRISPR-Cas9 被发现能够进行精确的基因编辑时，谁将掌控这些基本专利。主要讨论的问题集中在 CRISPR-Cas9 系统的可专利性、专利法、商业化和伦理等方面。

一、CRISPR-Cas9 系统专利的显而易见性
因为生物系统的研究往往很复杂，具有不可预测性、可重复性，并且通

常会在试错中发现更多的价值。所以，生物学特别是在显而易见性问题上不能很好地适应现代专利法。

CRISPR-Cas9 系统产品都是由复杂的遗传系统控制的生物系统衍生出来的。因此，在不同的物种之间转移或重新应用产品可能具有挑战性，并且不能保证成功。例如在体外从原核到真核细胞类型之间、从相似到不同的原核物种或在密切相关的真核生物之间转移等都具有不确定性。

二、基础专利之争

CRISPR-Cas9 及其相关的基因编辑技术，从最初的细菌免疫系统迅速发展并应用到真核细胞中进行基因编辑后，谁拥有在非真核生物和真核生物中使用 CRISPR-Cas9 系统的专利权，成为专利之争的焦点。

2013 年，美国加州大学的 Jennifer Doudna 和 Emmanuelle Charpentier 发表第一篇关于 CRISPR 在基因编辑中使用的论文。随后，她们提出专利申请。同年年底，麻省理工学院和哈佛大学的研究所将 CRISPR 在真核细胞中进行基因编辑的应用提出了快速专利申请，于 2014 年获批专利证书，随后他们发表了相关论文。争论的焦点是到底哪个组织拥有 CRISPR-Cas9 基因编辑的知识产权。2015 年，加州大学提交了一份专利推理声明，声称布罗德研究所将 CRISPR 技术转移和使用到真核系统中是对其专利知识产权的明显重新应用。经过美国专利审判和上诉委员会的审查后，宣布该研究所没有侵犯该专利，因为他们在真核生物使用 CRISPR 方面拥有充分的创造性步骤。

三、CRISPR 产品的专利

CRISPR-Cas9 系统已经迅速成为一种非常主流的基因编辑技术，随着其专利产品以及相关研究的快速增长，其商业化快速发展，众多相关公司创立，这些公司正在迅速利用这项技术蓬勃发展。与此同时，支持这些公司的风险资本基金也在持续增长。预计到 2030 年 CRISPR-Cas9 系统产品潜在收入将超过 2.5 万亿美元。

获得专利的 CRISPR-Cas9 系统技术主要通过两种方式进入商业化。首先，通过基础开发人员产生的创业公司将他们的工作商业化，包括 CRISPR Therapeutics、Caribou Biosciences 和 Editas。这些公司与布罗德研究所（Broad Institute）和欧洲遥感中心（ERS Genomics）一起代表了当前市场中最重要的专利持有者，他们拥有大量的 CRISPR-Cas9 系统基础专利。其次，CRISPR-Cas9 系统技术通过现有公司获得进入许可，将其开发成新产品，并将基因编辑技术引入新的市场。到目前为止，大量现有的药理学公司已经通过这种方式进入 CRISPR 市场，包括 AstraZeneca、Cellectis/Calyxt、Dow、DuPont、Novartis、Thermo Fisher Scientific 和 Sigma Aldrich 等。

与现有的独家许可专利不同，专利池是一种联合许可专利制度，通过重组多个持有人的专利知识产权，并允许向被许可方进行非独家分发。专利池的方式不仅可以确保学术界更广泛、更容易地获得专利，而且最大限度地降低了双方的风险和成本。CRISPR-Cas9 相关的技术可以从创建专利池中获益。然而，专利池不适用于涉及人类临床试验等成本较高的领域。

目前，CRISPR-Cas9 系统的监管方面仍然给各类公司带来了挑战。尤其当涉及人类使用的产品时，例如作为抗癌治疗的 CRISPR-Cas9 系统产品的开发，由于法规不明确，当前 CRISPR-Cas9 系统产品在该领域的监管批准可能导致该产品的上市日期延迟数年。相比之下，CRISPR-Cas9 系统的农产品专利商业化相对容易。

此外，根据专利法，某些构成人类治疗应用的 CRISPR-Cas9 系统产品是否可以获得专利存在争议。目前对于全球来说，如果某项技术直接涉及胚胎和胎儿，或者可扩展到胚胎和胎儿，该产品都会受限。面对人类种系改造背景下的伦理、生物安全问题，开发对应 CRISPR-Cas9 系统产品需要谨慎，也不可能在短期内获得上市。

CRISPR-Cas9 技术曾引发了一场全球性的专利之争，涉及多个科研机构和公司。这种专利争夺不仅增加了使用 CRISPR-Cas9 技术的法律和财务负担，还可能限制了科学研究和医疗应用的发展。在这种背景下，开发新的基因编辑技术变得更加重要，不仅是为了科技的多样性，也是为了避免单一技术的垄断对科学进步和医疗创新的限制。

第五节　CRISPR-Cas9 基因编辑技术的伦理

基因编辑技术是指对基因组进行特定改变的技术的总称。人类生殖细胞系基因编辑是可遗传的基因编辑。自 2012 年科学家首次开发出的 CRISPR-Cas9 系统能够实现定点敲除大、小鼠的基因以来，该技术因效率高、速度快、简便易行而备受科学家和产业界的青睐。围绕人类生殖系统工程提出的生物安全问题和伦理问题，特别是关于 CRISPR-Cas9 系统编辑变化的可遗传性问题也逐渐暴露。2015 年以来，我国科研人员利用 CRISPR-Cas 技术对不能正常发育的人类早期胚胎进行临床前基因编辑研究。2015 年 12 月，国际人类基因编辑峰会发表声明：不应对人类胚胎、精子和卵子进行临床前研究发出任何形式的禁令或暂停。2017 年 2 月人类基因编辑研究委员会《人类基因编辑研究：科学、伦理与治理》报告也重申：在现有的管理条例框架下可以在实验室对体细胞、干细胞系、人类早期胚胎的基因组编辑来进行临床前试验。

尽管 CRISPR-Cas9 系统的基因编辑通过临床前研究可以得到伦理辩护，但这并不意味着它没有风险、不需要伦理监管。如 CRISPR-Cas9 系统的脱靶效应就有可能会给宿主 DNA 带来难以预测的不稳定性，最终影响其后代基因表达和个体活性及功能。也可能会导致基因突变或打乱基因与基因之间、基因与环境之间的固有平衡，诱发可遗传的医源性伤害。通常情况下，基因编辑效率越高，脱靶效应也越大。同时，应用 CRISPR-Cas9 系统的基因编辑开展临床前研究，也必须遵循知情同意原则，严格伦理审查，规避潜在的技术和生物安全风险。

2003 年，我国科技部和卫生部联合下发的《人胚胎干细胞研究伦理指导原则》第六条规定进行人胚胎干细胞研究，必须遵守以下行为规范：①利用体外受精、体细胞核移植、单性复制技术或遗传修饰获得的囊胚，其体外培养期限自受精或核移植开始不得超过 14 天。②不得将前款中获得的已用于研究的人囊胚植入人或任何其他动物的生殖系统。③不得将人的生殖细胞与其他物种的生殖细胞结合。

CRISPR-Cas9 基因编辑系统具有自我复制并影响遗传的能力，因此具有与种系修饰相似的风险。如果使用不受管制，可能导致人类遗传多样性的丧失，虽然这可能会对某些疾病和遗传条件产生积极影响，但对维护自然界的生物多样性将是一个不利因素。另外，基因驱动有可能导致生物体灭绝，在生物安全和伦理使用方面存在潜在的遗传风险。继首次使用 CRISPR-Cas9 进行基因编辑胚胎后，迄今为止，只有一个人类记录是用 CRISPR 改造后出生的双胞胎女孩。在这种情况再次发生之前，所有关于 CRISPR 的相关生物安全问题，甚至伦理、法律和监管问题都应该得到完善。

总之，胚胎基因编辑技术作为一项可能改变后代基因的技术，确实具有干预后代拥有开放性未来的可能性，而直接操纵人类胚胎基因，冒犯人类尊严的体细胞基因编辑临床试验只有在严格审查和监管的前提下才能被允许开展。非医学目的的人类生殖细胞系基因编辑临床研究得不到伦理辩护，应该全面禁止。

本章小结

CRISPR-Cas9 基因编辑技术的崛起改变了科学研究格局，其潜力日益显现。通过人类疾病疗法开发及改造多种物种，为解决人类健康与环境问题带来了巨大希望。同时该技术也带来了新的挑战。

虽然目前利用 CRISPR-Cas9 系统的基因组编辑技术，已经在动物模型上能够治疗血液性、代谢性、免疫性、神经退行性和心脏病等疾病，但是 CRISPR-Cas9 系统仍然面临诸多的挑战，例如基因编辑的效率、基因组编辑的广泛可及性、脱靶效应、安全递送、生物安全、相关产品的专利与监管，以及伦理等方面的问题。针对这些挑战可以从突变核酸酶、选择 sgRNA、开发抗性蛋白或核酸、生物信息学预测序列、选择无毒耐药的递送系统等策略进行逐步解决。

CRISPR-Cas9 系统相关产品的专利主要集中在产品的可专利性、专利法、商业化等方面。在生物安全方面，主要关注在基因驱动和由此产生的环境问题，以及可能的应对措施。在伦理问题上，合理严格监管，并且全面禁止非医学目的的人类生殖细胞系基因编辑临床研究。

总之，在基因编辑技术的发展中，CRISPR-Cas9 技术无疑是一个重要的里程碑，为我们带来了无限的可能和机遇。同时，也伴随着问题和挑战。然而，科学总是在发展的，而不断地创新是科学进步的动力。通过探索和开发新的基因编辑技术，不仅可以解决 CRISPR 技术面临的挑战，还可以突破当前基因编辑技术的界限，开拓更广阔的科研和应用领域。在追求科技进步的同时，需要完善的监管措施以确保技术规避风险，并符合伦理道德要求。只有这样，才能让技术更好地服务于人类健康和环境保护。

结束语

　　自 1993 年 Francisco Mojica 首次描述了 CRISPR 基因簇以来，已经阐明 CRISPR-Cas 系统的分类和作用机制。到 2006 年，研究者提出 CRISPR 作为细菌免疫系统，次年证实了 CRISPR 系统确实是细菌的适应性免疫系统。2010 年，有研究证明 CRISPR-Cas9 在靶标 DNA 中产生双链断裂。2013 年，张峰团队证实在真核细胞中 CRISPR-Cas9 基因组编辑系统能够发挥功能，在随后的几年内，CRISPR-Cas9 系统已成为生命科学领域最耀眼、最受关注的技术。该技术也获得了 2020 年的诺贝尔化学奖。

　　基因编辑本身并不新鲜。编辑基因的各种技术已经存在多年了。CRISPR-Cas9 系统的革命性突破在于它非常精确，Cas9 酶通常"随您所愿而行"。而且它非常便宜且容易操作。该工具在基因组编辑、诊断、治疗、动物研究、生物医学与生物技术应用和工业等许多领域迅速发展。

　　运用 CRISPR-Cas9 系统能够轻易杀死病原体，纠正基因突变治疗动物疾病。如果将 CRISPR-Cas9 系统设计成为一种抗菌剂，可以在不阻碍有益细菌的情况下杀死有害细菌。它已经被整合到噬菌体基因组中，用于靶向金黄色葡萄球菌，成为一种优良的清除病原体的新型药物。在将该系统用于抗病毒治疗方面研究人员也投入了大量的精力。目前 CRISPR-Cas9 系统已经实现靶向许多人类病毒（例如 HIV、HBV 和 HPV 等）。在控制动物病毒和植物病毒方面都具有广阔的前景。在修复错误基因治疗方面，该系统可以治疗诸多严重影响人类健康的单个基因突变或基因缺陷疾病（囊性纤维化、镰状细胞病、亨廷顿病、进行性假肥大性肌营养不良症和 β 地中海贫血症等），全球已经为 CRISPR-Cas9 系统筹集资金，用于治疗该类人类疾病。2023 年 11 月基于 CRISPR-Cas9 的基因编辑疗法 Casgevy 获批上市，为个体化医疗打开了新篇章。此外，CRISPR-Cas9 系统已经被开发用于快速、特异和超灵敏的检测和诊断病毒、肿瘤突变和细菌等的精确和敏感诊断策略。目前，在不改变基因序列的情况下，CRISPR-Cas9 在基因调控、定位成像、高通量筛选、表观遗传修饰等方面发挥着重要作用。

虽然已经有了一些 CRISPR-Cas9 系统在临床方面的应用报道，但是其主要限制因素在使用 CRISPR-Cas9 时所面临的脱靶效应。科学家一直在努力克服这些限制。目前，使用高保真 Cas9 突变体和特异性增强的类似突变体可以有效地减少脱靶效应。另一种有效策略是缩短 sgRNA 的长度（<200 个核苷酸）。

在植物中，CRISPR-Cas9 系统主要用于清除植物病毒感染，其次是真菌感染。利用该技术解决植物细菌性疾病的研究非常少，这些研究共同推动该技术在农业上的应用。

世界上仍然缺乏对耐药菌有效的抗生素。虽然联合疗法在一定程度上有所帮助，但是病原体似乎更聪明，它们能够合成广谱耐药酶，抵御抗生素联合使用。开发新型强效抗生素并用于临床的进展非常缓慢，其中大部分正在进行临床前研究。此外，工程噬菌体以扩大其宿主范围重新引起了人们对噬菌体疗法的兴趣。噬菌体疗法联合 CRISPR-Cas9 的基因组编辑技术在该领域中极具开发和应用潜力。只有通过克服其缺陷，才能使该技术顺利应用于临床。

CRISPR-Cas9 系统在临床和其他生物学中应用的主要限制还包括：

① Cas9 严格依赖 PAM；②脱靶位点的 DNA 断裂；③ CRISPR-Cas9 系统在细胞中的蛋白质比较大。因此，需要有克服这些局限性问题的策略，才能充分挖掘 CRISPR-Cas9 系统的潜力。

基于 CRISPR-Cas9 系统的基因治疗的另一个问题是其编辑效率。有效的基因组编辑疗法不仅需要高效的核酸内切酶，而且需要可靠的递送系统。在基因治疗中，所使用递送系统的载量和安全性问题都需要解决。然而，目前关于在体内使用纳米颗粒的安全性问题的研究并不多。这些研究应该包括其毒性效应和从体内排出的时长等。

CRISPR-Cas9 系统主要依赖同源定向重组纠正突变基因，而促进同源定向重组修复机制的是细胞周期的 G2 和 S 期。因此，为了获得同源定向重组修复机制的最高速率，在细胞周期的 G2 期或 S 期进行实验是必要的。因此，需要开发更高效率的同源定向重组工具。

虽然 CRISPR-Cas9 系统的脱靶效应、递送方式和免疫原性仍然是具有挑战性的问题，但是有研究提供了目前仅限于体外和动物水平切实可行的病毒和非病毒递送方法的实例。尽管已经有研究在不影响功能的同时使用分裂的 Cas9 基因来解决载体包装受限的障碍，可是仍存在包括 Cas9 基因的包装和特异性递送在内的问题存在。因此，仍然需要在系统递送体与体内研究中继续进行类似的探索，这将有助于确定用此法从患者身上消除病毒感染的安全性和有效性。

在使用 CRISPR 进行诊断方面，它比 PCR 具有更多优势，包括更短的检测周期、等温扩增、单核苷酸靶标特异性、无须复杂的仪器等。CRISPR 系统具有独特的能力，可以迅速地重组来诊断新发病毒所引起的传染病。基于 CRISPR 的快速诊断解决方案能够精确检测到病毒的突变菌株，而在流行病学研究中快速、及时地检测感染者中的病毒非常重要。除此之外，还能够使用该技术检测无症状感染以及病毒突变株。

CRISPR-Cas9 作为候选治疗药物或者诊断技术可能在未来挽救许多

生命，但它也对社会构成威胁，因为它同时也可以进化为生物武器。但通过实施适当的法规和严格的安全措施，这种情况是可以避免的。此外，在 CRISPR 治疗潜力的背景下，它在个性化精准治疗方面有着广阔的应用前景。相信 CRISPR 的进一步创新可以克服其缺点，在未来能够充分利用该技术的优势。上述问题的解决是将来实现其在生物医学、农业、工业、治疗以及应用到临床的前提。目前，CRISPR 基因编辑技术的研究步伐正在加快，将来在各个应用领域定会取得激动人心的成果。

附 录 1

常用缩略语汇总

AAV	Adeno-associated virus
ADAR	Adenosine deaminase acting on RNA
ADH	Alcohol dehydrogenase
ADV	Adenovirus
AIDS	Acquired immune deficiency syndrome
ALS	Amyotrophic lateral sclerosis
AMD	Age related macular degeneration
AMR	Antimicrobial resistance
ANCL	Adult neuronal ceroid lipofuscinosis
APX	Ascorbate peroxidase
ART	Antiretroviral therapy
ARVC	Arrhythmogenic right ventricular cardiomyopathy
ASO	Antisense oligonucleotides
BART	*BamHI* a rightward transcript
BCH	β-carotene hydroxylases
BeYDV	Bean yellow dwarf virus
BMD	Becker muscular dystrophy
BmNPV	Bombyx mori nuclear polyhedrosis virus

BREX　　　　Bacteriophage exclusion

CaMV　　　　Cauliflower mosaic virus

CAR　　　　Chimeric antigen receptor

Cas　　　　CRISPR-associated proteins

Cas9　　　　Native Cas9 nuclease

CBE　　　　Cytidine base editor

CBSV　　　　Cassava brown streak virus

cccDNA　　　Covalently closed circular DNA

CCDs　　　　Carotenoid cleavage dioxygenase

CDPK　　　　Calcium dependent protein kinase

CCR5　　　　C-C chemokine receptor type 5

CF　　　　Cystic fibrosis

CFTR　　　　Cystic fibrosis transmembrane conductance regulator

CHMP2B　Charged multivesicular body protein 2B

CHO　　　　Chinese hamster ovary

CLAMP　　　Claudin-like apicomplexan microneme protein

CMGE　　　CRISPR-Cas9 assisted multiplex genome editing

CNS　　　　Central nervous system

CPP　　　　Cell penetrating peptides

CPSF　　　　Cleavage and polyadenylation specificity factor

CreTA　　　CRISPR-regulated toxin-antitoxin

CREATE　CRISPR-enabled trackable genome engineering

CRISPR　　Clustered Regularly Interspaced Short Palindromic Repeats

CRISPRa　CRISPR activation

CRISPRi　CRISPR interference

crRNA　　　CRISPR RNA

CTL	Cytotoxic T-lymphocytes
CVD	Cardiovascular disease
DAPC	Dystrophin-associated protein complex
DARPA	Defense advanced research projects agency
dCas9	Inactivated or 'dead' Cas9
DCM	Dilated cardiomyopathy
DCW	Dry cell weight
DDEB	Dominant dystrophic epidermolysis bullosa
DEET	N, N-diethyl-meta-toluamide
DEM	N, N-diethyl mendelic acid amide
DGAT	Diacylglycerol acyl-transferase
DHAR	Dehydroascorbatereductase
DHFR	Dihydrofolate reductase
DISARM	defense island system associated with restriction-modification
DMD	Duchenne muscular dystrophy
DMP	Dimethyl phthalate
DNA	Deoxyribonucleic acid
DNAP	DNA polymerase
DoD	Department of defense
DSB	dsDNA break
dsDNA	Double-stranded DNA
EBE	Effector binding element
EBNA	Epstein-Barr virus nuclear antigen
eBSV	endogenous banana streak virus
EBV	Epstein-Barr virus
eCFP	Enhanced cyan fluorescent protein

eGFP	Enhanced green fluorescent protein
EGFR	Eepidermal growth factor receptor
eIF4E	Eukaryotic translation initiation factors 4E
ERF	Ethylene response factor
ESBL	Extended-spectrum beta-lactamase
EU	European union
FAO	Food and agriculture organization
FDA	Food and drug administration
FISH	Fluorescent in situ hybridization
FMR1	Fragile X mental retardation 1
FRB	FKBP-12-rapamycin binding
FXS	Fragile X syndrome
GABA	γ-Aminobutyric acid
GI	Glycemic index
GMO	Genetically modified organism
GOF	Gain-of-function
Gper1	G-proteinecoupled estrogen receptor
GUIDE-seq	Genome-wide unbiased identification of DSBs enabled by sequencing
HA	Hyaluronic acid
HAT	Histone acetyltransferase
HBB	Beta-Hemoglobin
HBsAg	Hepatitis B surface antigen
HBV	Hepatitis B virus
HCM	Hypertrophic cardiomyopathy
HCT-8	Human ileocaecal adenocarcinoma cells

HD	Huntington disease
HDAC	Histone deacetylase
HDI	Hydrodynamic injection
HDR	Homology-directed repair
HDV	Hepatitis delta virus
HE	Homing nucleases
HEK 293	Hhuman embryonic kidney 293
HGT	Horizontal gene transfer
HITI	homology-independent targeted integration
HIV	Human immunodeficiency virus
HoFH	Homozygous familial hypercholesterolemia
HOLMES	one-hour low-cost multipurpose highly efficient system
hPSCs	Human pluripotent stem cells
HPV	human papillomavirus
hRPE	Human retinal pigment epithelial cell
HSPC	Hematopoietic stem and progenitor cell
HSV	Herpes simplex virus
HTGTS	High-throughput genome-wide translocation sequencing
HUDSON	Heating unextracted diagnostic samples to obliterate nucleases
ICAP	Indispensable conserved apicomplexan protein
ICP0	Infected cell protein 0
IDLV	Integrase defective lentiviral vector
Indels	Insertions and deletions
iPSCs	Induced pluripotent stem cells
iSBH	Inducible spacer blocking hairpins
KRAB	Krüppel associated box

KSHV	Kaposi's sarcoma herpesvirus
LACE	Light−activated CRISPR−Cas9 effector
LCA	Leber congenital amaurosis
LCL	Lymphoblastoid cell line
LCTR	Large cluster of tandem repeat
LCYβ	lycopene beta cyclase
LDLR	Low−density lipoprotein cholesterol receptor
LMP	Latent infection membrane protein
lncRNA	Long non−coding RNA
LOV	Light−oxygen−voltage
LQTS	Congenital long−QT syndrome
LTR	Long terminal repeat
MDR	Multidrug resistance
MEP	2−C−methyl−D−erythritol 4−phosphate
MMEJ	Microhomology−mediated end joining
mRFP	Monomeric red fluorescent protein
MTTP	Microsomal triglyceride transfer protein
MUC4	Mucin 4 cell surface associated
MVA	Mevalonate
nCas9	nickase Cas9
NHEJ	Non−homologous end joining
NIH	National institute of health
NLS	Nuclear location signal
NTBC	2−nitro−4−trifluoro methylbenzoyl−1,3−cyclohexanedione
NUC lobe	Nuclease lobe
OTC	Ornithine transcarbamylase gene

PACE	Phage-assisted continuous evolution
PAM	Protospacer adjacent motif
PBMC	Peripheral blood mononuclear cell
PCR	Polymerase chain reaction
PDR	Pathogen-derived resistance
PDS	Phytoene desaturase
PD-1	Programmed death-1
PHA	Polyhydroxyalkanoate
PHB	Polyhydroxybutyrate
PPO	Polyphenol oxidase
PSY	Phytoene synthase
qPCR	quantitative PCR
R/M	Restriction/Modification
RAMP	Repeat-associated mysterious proteins
RBC	Red blood cell
RBS	Ribosome binding site
REC lobe	Recognition lobe
REPAIR	RNA editing for programmable A to I replacement
RNAi	RNA interference
RNP	Ribonucleoprotein
ROS	Reactive oxygen species
RP	Retinitis pigmentosa
RT-qPCR	Real Time quantitative PCR
RVD	Repeat-variable diresidue
SCFA	Short chain fatty acids
SDM	Site-directed mutagenesis

sfGFP	Superfolder green fluorescent protein
sgRNA	Single guide RNA
sgRNA	Guide RNA
SHERLOCK	Specific high-sensitivity enzymatic reporter unlocking
siRNA	Small interfering RNA
SOD	Superoxide dismutase
SPIDR	Spacer interspersed direct repeat
SRSR	Short regularly spaced repeat
ssRNA	Single-stranded RNA
TAG	Triacylglyceride
TALEN	Transcription activator-like effector nuclease
TCP	Tyrosine catabolism pathway
TMP	Trimethoprim
tracrRNA	trans-activating CRISPR RNA
TREP	Tandem repeat
TYLCV	Tomato yellow leaf curl virus
UAS	Upstream activation sequence
UCBSV	Ugandan cassava brown streak virus
UTR	Untranslated region
UV	Ultra violet
WBC	White blood cell
WDV	Wheat dwarf virus
WHO	World health organization
YFP	Yellow fluorescent protein
ZFN	Zinc-finger nuclease

附 录 2

常用工具汇总

表2.1 CRISPR研究常用网络资源详细信息表

名称	简介	链接
Addgene	Cas9，sgRNA和质粒资源	https：//www.addgene.org
DRSC/TRiP functional genomics re sources	Cas9，sgRNA和质粒资源	https：//fgr.hms.harvard.edu
FlyBase：CRISPR	靶标序列，菌株和载体资源	http：//flybase.org
FlyCRISPR	分子试剂、实验方法、未发布数据的链接	http：//flycrispr.molbio.wisc.edu
Insect genetic technologies research coordination network	分子试剂、实验方法、未发布数据的链接	https：//igtrcn.org
NIG−FLY FlyCas9	Cas9和sgRNAs菌株、分子试剂、实验方法	https：//shigen.nig.ac.jp/fly/nigfly/
Crass：the CRISPR assembler	一个通过原始宏基因组序列读长检索CRISPRs的程序	http：//ctskennerton.github.io/crass
Crispi	带有图形工具的web界面	https：//bio.tools/crispi
CRISPRs web server CRTSPR−Cas++	CRISPR数据与软件，包括CRISPRFinder，CRISPRdb和CRISPRcompar	http：//crispr.i2bc.paris−saclay.fr
CRISPR target	预测CRISPR RNAs的靶标	http：//bioanalysis.otago.ac.nz/CRISPRTarget/crispr_analysis.html

续表

名称	简介	链接
E-CRISP	设计和评估 CRISPR 靶标的软件工具	http：//www.e-crisp.org/E-CRISP
Goldstein lab CRISPR	用于秀丽隐杆线虫（Caenorhabditis elegans）的基因组工程资源	http：//wormCas9hr.weebly.com
Zhang lab genome engineering	用于 CRISPR 基因组工程资源的网站	https：//zlab.bio
ZiFiT 靶标设计工具	设计鉴定潜在的 DNA 靶序列	http：//zifit.partners.org/ZiFiT

表 2.2　CRISPR 靶标在线预测的工具汇总表

工具名称	网址
AGEseq	http：//aspendb.uga.edu
Azimuth	http：//research.microsoft.com/enus/projects/azimuth/
BE-Analyzer	http：//www.rgenome.net/be-analyzer/
BE-Designer	http：//www.rgenome.net/be-designer/
Benchling CRISPR sgRNA design	https：//benchling.com/crispr
Breaking-Cas	http：//bioinfogp.cnb.csic.es/tools/breakingcas/
BSNP	https：//github.com/dat4git/BaySnpper/
Cas9 Design	http：//cas9.cbi.pku.edu.cn/
Cas9 Target Finder	https：//shigen.nig.ac.jp/fly/nigfly/Cas9/Cas9TargetFinder.jsp
CasBLASTR	http：//www.casblastr.org/
Cas-database★	http：//www.rgenome.net/cas-database/
Cas-Designer	http：//www.rgenome.net/cas-designer/
CasFinder	http：//arep.med.harvard.edu/CasFinder/
Cas-OFFinder	http：//www.rgenome.net
CasOT	http：//casot.cbi.pku.edu.cn/

续表

工具名称	网址
CASPER	https：//github.com/TrinhLab/CASPER/
CASPERpam	https：//github.com/TrinhLab/CASPERpam/
CHOPCHOP	http：//chopchop.cbu.uib.no/
COSMID★	https：//crispr.bme.gatech.edu/
CRISPETa	http：//crispeta.crg.eu/
CRISPOR	http：//crispor.tefor.net/
CRISPR Configurator & specificity tool	https：//dharmacon.gelifesciences.com/gene-editing/crispr-rna-configurator/
CRISPR design	http：//crispr.mit.edu/
CRISPR GE★	http：//crdd.osdd.net/servers/crisprge/
CRISPR sgRNA design	https：//www.atum.bio/eCommerce/cas9/input
CRISPR multitargeter	http：//www.multicrispr.net/
CRISPR site Finder	https：//www.geneious.com/tutorials/finding-crispr-sites-r9/
CRISPR/Cas9 靶标在线预测（CCTop）	http：//crispr.cos.uni-heidelberg.de/
CRISPRcleanR	https：//github.com/francescojm/CRISPRcleanR
CRISPRdisco	https：//github.com/crisprlab/CRISPRdisco
CRISPR-DO	http：//cistrome.org/crispr/
CRISPR-ERA	http：//crispr-era.stanford.edu/
CRISPR-FOCUS	http：//cistrome.org/crispr-focus/
CRISPRMatch	https：//github.com/zhangtaolab/CRISPRMatch
CRISPR-P	http：//cbi.hzau.edu.cn/crispr/
CRISPRpic	https：//github.com/compbio/CRISPRpic
CRISPRscan	http：//www.crisprscan.org/
CRISPRseek	http：//www.bioconductor.org/packages/release/bioc/html/CRISPRseek.html
CRISPR-SURF	http：//crisprsurf.pinellolab.org/
CRISPRTarget	http：//bioanalysis.otago.ac.nz/CRISPRTarget/crispr_analysis.html

续表

工具名称	网址
CRISPRtrack	https：//github.com/mlafave/crisprTrack
CRISPy CHO	http：//staff.biosustain.dtu.dk/laeb/crispy/
CRISPy-web	https：//crispy.secondarymetabolites.org/#/input
CROP-IT	http：//www.adlilab.org/CROP-IT/homepage.html
CRISPRs	http：//www.flyrnai.org/crispr
E-CRISP	http：//www.e-crisp.org/E-CRISP/
EuPaGDT	http：//sgRNA.ctegd.uga.edu/
flyCRISPR	http：//flycrispr.molbio.wisc.edu/
Ge-CRISPR	http：//bioinfo.imtech.res.in/manojk/gecrispr/
Genedata Selector	https：//www.genedata.com/products/selector/ genome-editing/
sgRNA_Tool	https：//github.com/quasiben/sgRNA_Tool/
GT-SCAN	https：//gt-scan.csiro.au/gt-scan
GuideScan	http：//www.guidescan.com/
Hi-TOM	http：//www.hi-tom.net/hi-tom/
Inference of CRISPR edits（ICE）	https：//www.synthego.com/products/bioinformatics/crispr-analysis
MAGESTIC	https：//github.com/k-roy/%MAGESTIC
Off-Spotter	https：//cm.jefferson.edu/Off-Spotter/
OutKnocker	http：//www.outknocker.org/
PhytoCRISP-Ex	https：//www.phytocrispex.biologie.ens.fr/CRISP-Ex/
predictsgRNA	http：//www.ams.sunysb.edu/wpfkuan/softwares.
Redkmer	https：//github.com/genome-traffic/redkmer-hpc
sgRNA designer	https：//portals.broadinstitute.org/gpp/public/analysis-tools/sgRNA-design
sgRNA Scorer	http：//crispr.med.harvard.edu/sgRNAcorer
sgRNAcas9	http：//biootools.com/
sgTiler	https：//github.com/HansenHeLab/sgTiler
Spacer Scoring for CRISPR（SSC）	http：//cistrome.org/SSC/

工具名称	网址
SynergizingCRISPR	https：//github.com/Alexzsx/CRISPR
Synthego design tool	https：//design.synthego.com/
WGE CRISPR Finder★	https：//www.sanger.ac.uk/htgt/wge/find_crisprs

表 2.3　便捷使用的 CRISPR 靶标在线预测的工具

工具名称	网址
Cas-database	http：//www.rgenome.net/cas-database/
COSMID	https：//crispr.bme.gatech.edu/
WGE	https：//www.sanger.ac.uk/htgt/wge/

参考文献

［1］ISHINO Y, SHINAGAWA H, MAKINO K, et al. Nucleotide sequence of the iap gene, responsible for alkaline phosphatase isozyme conversion in Escherichia coli, and identification of the gene product ［J］. J Bacteriol, 1987, 169（12）: 5429-5433.

［2］MOJICA F J, DIEZ-VILLASENOR C, GARCIA-MARTINEZ J, et al. Intervening Sequences of Regularly Spaced Prokaryotic Repeats Derive from Foreign Genetic Elements ［J］. Journal of Molecular Evolution, 2005, 60（2）: 174-182.

［3］JANSEN R, EMBDEN J D, GAASTRA W, et al. Identification of genes that are associated with DNA repeats in prokaryotes ［J］. Mol Microbiol, 2002, 43（6）: 1565-1575.

［4］BARRANGOU R, FREMAUX C, DEVEAU H L N, et al. CRISPR Provides Acquired Resistance Against Viruses in Prokaryotes ［J］. Science, 2007, 315（5819）: 1709-1712.

［5］MARRAFFINI L A, SONTHEIMER E J. CRISPR interference limits horizontal gene transfer in staphylococci by targeting DNA ［J］. Science, 2008, 322（5909）: 1843-1845.

［6］BROUNS S J J, JORE M M, LUNDGREN M, et al. Small CRISPR RNAs guide antiviral defense in prokaryotes ［J］. Science, 2008, 321（5891）: 960-964.

［7］SAPRANAUSKAS R, GASIUNAS G, FREMAUX C, et al. The Streptococcus thermophilus CRISPR/Cas system provides immunity in Escherichia coli [J] . Nucleic Acids Res, 2011, 39 (21) : 9275-9282.

[8] HALE C R, MAJUMDAR S, ELMORE J, et al. Essential features and rational design of CRISPR RNAs that function with the Cas RAMP module complex to cleave RNAs[J]. Mol Cell, 2012, 45 (3) : 292-302.

[9] GASIUNAS G, BARRANGOU R, HORVATH P, et al. Cas9-crRNA ribonucleoprotein complex mediates specific DNA cleavage for adaptive immunity in bacteria[J]. Proc Natl Acad Sci U S A, 2012, 109 (39) : e2579-86.

[10] ZETSCHE B, GOOTENBERG J S, ABUDAYYEH O O, et al. Cpf1 is a single RNA-guided endonuclease of a class 2 CRISPR-Cas system[J]. Cell, 2015, 163 (3): 759-771.

[11] JINEK M, CHYLINSKI K, FONFARA I, et al. A programmable dual-RNA-guided DNA endonuclease in adaptive bacterial immunity [J] . Science, 2012, 337 (6096) : 816-821.

[12] CONG L, RAN F A, COX D, et al. Multiplex genome engineering using CRISPR/Cas systems [J] . Science, 2013, 339 (6121) : 819-823.

[13] NISHIMASU H, RAN F A, HSU P D, et al. Crystal structure of Cas9 in complex with guide RNA and target DNA [J] . Cell, 2014, 156 (5) : 935-949.

[14] MOJICA F J M, FERRER C, JUEZ G, et al. Long stretches of short tandem repeats are present in the largest replicons of the Archaea Haloferax mediterranei and Haloferax volcanii and could be involved in replicon partitioning [J] . Molecular Microbiology, 1995, 17 (1) : 85-93.

[15] MOJICA F J M, DIEZ-VILLASENOR C, SORIA E, et al. Biological significance of a family of regularly spaced repeats in the genomes of Archaea, Bacteria and mitochondria [J] . Molecular Microbiology, 2000, 36 (1) : 244-246.

[16] BOLOTIN A, QUINQUIS B, SOROKIN A, et al. Clustered regularly interspaced short palindrome repeats (CRISPRs) have spacers of extrachromosomal origin[J]. Microbiology, 2005, 151 (8) : 2551-2561.

[17] GARNEAU J E, DUPUIS M-, VILLION M, et al. The CRISPR/Cas bacterial immune system cleaves bacteriophage and plasmid DNA [J] . Nature, 2010, 468

（7320）：67-71.

　　［18］DELTCHEVA E，CHYLINSKI K，SHARMA C M，et al. CRISPR RNA maturation by trans-encoded small RNA and host factor RNase III ［J］. Nature，2011，471（7340）：602-607.

　　［19］RAN F A，HSU P D，WRIGHT J，et al. Genome engineering using the CRISPR-Cas9 system ［J］. Nat Protoc，2013，8（11）：2281-2308.

　　［20］WANG J，QUAKE S R. RNA-guided endonuclease provides a therapeutic strategy to cure latent herpesviridae infection［J］. Proc Natl Acad Sci U S A，2014，111（36）：13157-13162.

　　［21］JINEK M，JIANG F，TAYLOR D W，et al. Structures of Cas9 endonucleases reveal RNA-mediated conformational activation ［J］. Science，2014，343（6176）：1247997-.

　　［22］OUSTEROUT D G，KABADI A M，THAKORE P I，et al. Multiplex CRISPR/Cas9-based genome editing for correction of dystrophin mutations that cause Duchenne muscular dystrophy ［J］. Nat Commun，2015，6：6244.

　　［23］COX D B T，GOOTENBERG J S，ABUDAYYEH O O，et al. RNA editing with CRISPR-Cas13 ［J］. Science，2017，358（6366）：1019-1027.

　　［24］GOOTENBERG J S，ABUDAYYEH O O，LEE J W，et al. Nucleic acid detection with CRISPR-Cas13a/C2c2 ［J］. Science，2017，356（6336）：438-442.

　　［25］SAND M，BREDENOORD A L，JONGSMA K R. After the fact-the case of CRISPR babies ［J］. Eur J Hum Genet，2019，27（11）：1621-1624.

　　［26］ZHOU Y，SHARMA J，KE Q，et al. Atypical behaviour and connectivity in SHANK3-mutant macaques ［J］. Nature，2019，570（7761）：326-331.

　　［27］KANDUL N P，LIU J，SANCHEZ C H，et al. Transforming insect population control with precision guided sterile males with demonstration in flies ［J］. Nat Commun，2019，10（1）：84.

　　［28］WANG C，LIU Q，SHEN Y，et al. Clonal seeds from hybrid rice by simultaneous genome engineering of meiosis and fertilization genes ［J］. Nat Biotechnol，2019，37（3）：283-286.

　　［29］KARVELIS T，BIGELYTE G，YOUNG J K，et al. PAM recognition by miniature CRISPR-Cas12f nucleases triggers programmable double-stranded DNA target cleavage [J]. Nucleic Acids Res. 2020,48（9）：5016-5023.

［30］LEDFORD H. CRISPR treatment inserted directly into the body for first time [J]. Nature, 2020, 579（7798）：185.

［31］GILLMORE J D, GANE E, TAUBEL J, et al. CRISPR-Cas9 In Vivo Gene Editing for Transthyretin Amyloidosis [J]. N Engl J Med, 2021, 385（6）：493-502.

［32］CHO S I, LEE S, MOK Y G, et al. Targeted A-to-G base editing in human mitochondrial DNA with programmable deaminases [J]. Cell, 2022, 185（10）：1764-76 e12.

［33］JIANG W, BIKARD D, COX D, et al. RNA-guided editing of bacterial genomes using CRISPR-Cas systems [J]. Nat Biotechnol, 2013, 31（3）：233-239.

［34］KENNEDY E M, KORNEPATI A V R, GOLDSTEIN M, et al. Inactivation of the human papillomavirus E6 or E7 gene in cervical carcinoma cells by using a bacterial CRISPR/Cas RNA-guided endonuclease [J]. J Virol, 2014, 88（20）：11965-11972.

［35］VAN DIEMEN F R, LEBBINK R J. CRISPR/Cas9, a powerful tool to target human herpesviruses [J]. Cell Microbiol, 2017, 19（2）：e12694.

［36］LIANG X, POTTER J, KUMAR S, et al. Rapid and highly efficient mammalian cell engineering via Cas9 protein transfection [J]. Journal of Biotechnology, 2015, 208：44-53.

［37］ZHAO Z, SHI L, ZHANG W, et al. CRISPR knock out of programmed cell death protein 1 enhances anti-tumor activity of cytotoxic T lymphocytes [J]. Oncotarget, 2017, 9（4）：5208-5215.

［38］KOONIN E V, MAKAROVA K S, ZHANG F. Diversity, classification and evolution of CRISPR-Cas systems [J]. Curr Opin Microbiol, 2017, 37：67-78.

［39］LIANG L, LIU R, GARST A D, et al. CRISPR EnAbled Trackable genome Engineering for isopropanol production in Escherichia coli [J]. Metab Eng, 2017, 41：1-10.

［40］QI L S, LARSON M H, GILBERT L A, et al. Repurposing CRISPR as an RNA-guided platform for sequence-specific control of gene expression [J]. Cell, 2013, 152（5）：1173-1183.

［41］CHEN B, GILBERT L A, CIMINI B A, et al. Dynamic imaging of genomic

loci in living human cells by an optimized CRISPR/Cas system [J]. Cell, 2013, 155 (7):
1479-1491.

[42] ADLI M. The CRISPR tool kit for genome editing and beyond [J]. Nat
Commun, 2018, 9 (1): 1911.

[43] BIKARD D, JIANG W, SAMAI P, et al. Programmable repression and
activation of bacterial gene expression using an engineered CRISPR-Cas system [J]. Nucleic
Acids Res, 2013, 41 (15): 7429-7437.

[44] CRESS B F, TOPARLAK O D, GULERIA S, et al. CRISPathBrick:
Modular Combinatorial Assembly of Type II-A CRISPR Arrays for dCas9-Mediated Multiplex
Transcriptional Repression in E. coli [J]. ACS Synth Biol, 2015, 4 (9): 987-1000.

[45] PORTO E M, KOMOR A C, SLAYMAKER I M, et al. Base editing:
advances and therapeutic opportunities [J]. Nat Rev Drug Discov, 2020, 19 (12): 839-
859.

[46] KLEINSTIVER B P, PREW M S, TSAI S Q, et al. Engineered CRISPR-
Cas9 nucleases with altered PAM specificities [J]. Nature, 2015, 523 (7561): 481-485.

[47] MITSUNOBU H, TERAMOTO J, NISHIDA K, et al. Beyond Native Cas9:
Manipulating Genomic Information and Function [J]. Trends Biotechnol, 2017, 35 (10):
983-996.

[48] HU J H, MILLER S M, GEURTS M H, et al. Evolved Cas9 variants with
broad PAM compatibility and high DNA specificity [J]. Nature, 2018, 556 (7699): 57-
63.

[49] WRIGHT A V, STERNBERG S H, TAYLOR D W, et al. Rational design
of a split-Cas9 enzyme complex [J]. Proc Natl Acad Sci U S A, 2015, 112 (10): 2984-
2989.

[50] ZETSCHE B, VOLZ S E, ZHANG F. A split-Cas9 architecture for inducible
genome editing and transcription modulation [J]. Nat Biotechnol, 2015, 33 (2): 139-
142.

[51] NGUYEN D P, MIYAOKA Y, GILBERT L A, et al. Ligand-binding domains
of nuclear receptors facilitate tight control of split CRISPR activity[J]. Nat Commun, 2016, 7:
12009.

［52］KAWANO F, SUZUKI H, FURUYA A, et al. Engineered pairs of distinct photoswitches for optogenetic control of cellular proteins［J］. Nat Commun, 2015, 6: 6256.

［53］LIU H, SOYARS C L, LI J, et al. CRISPR/Cas9-mediated resistance to cauliflower mosaic virus［J］. Plant Direct, 2018, 2（3）: e00047.

［54］TRUONG D J, KUHNER K, KUHN R, et al. Development of an intein-mediated split-Cas9 system for gene therapy［J］. Nucleic Acids Res, 2015, 43（13）: 6450-6458.

［55］FINE E J, APPLETON C M, WHITE D E, et al. Trans-spliced Cas9 allows cleavage of HBB and CCR5 genes in human cells using compact expression cassettes［J］. Sci Rep, 2015, 5: 10777.

［56］DAVIS K M, PATTANAYAK V, THOMPSON D B, et al. Small molecule-triggered Cas9 protein with improved genome-editing specificity［J］. Nat Chem Biol, 2015, 11（5）: 316-318.

［57］OAKES B L, NADLER D C, FLAMHOLZ A, et al. Profiling of engineering hotspots identifies an allosteric CRISPR-Cas9 switch［J］. Nat Biotechnol, 2016, 34（6）: 646-651.

［58］RICHTER F, FONFARA I, BOUAZZA B, et al. Engineering of temperature- and light-switchable Cas9 variants［J］. Nucleic Acids Res, 2016, 44（20）: 10003-10014.

［59］ROSE J C, STEPHANY J J, VALENTE W J, et al. Rapidly inducible Cas9 and DSB-ddPCR to probe editing kinetics［J］. Nat Methods, 2017, 14（9）: 891-896.

［60］MAJI B, MOORE C L, ZETSCHE B, et al. Multidimensional chemical control of CRISPR-Cas9［J］. Nat Chem Biol, 2017, 13（1）: 9-11.

［61］YE L, WANG J, BEYER A I, et al. Seamless modification of wild-type induced pluripotent stem cells to the natural CCR5 Δ 32 mutation confers resistance to HIV infection［J］. Proceedings of the National Academy of Sciences of the United States of America, 2014, 111（26）: 9591-9596.

［62］HOU P, CHEN S, WANG S, et al. Genome editing of CXCR4 by CRISPR/cas9 confers cells resistant to HIV-1 infection［J］. Sci Rep, 2015, 5: 15577.

［63］LIU Z, CHEN S, JIN X, et al. Genome editing of the HIV co-receptors CCR5 and CXCR4 by CRISPR-Cas9 protects CD4（+）T cells from HIV-1 infection［J］.

Cell Biosci, 2017, 7: 47.

[64] EBINA H, MISAWA N, KANEMURA Y, et al. Harnessing the CRISPR/Cas9 system to disrupt latent HIV-1 provirus [J]. Sci Rep, 2013, 3: 2510.

[65] KAMINSKI R, CHEN Y, FISCHER T, et al. Elimination of HIV-1 Genomes from Human T-lymphoid Cells by CRISPR/Cas9 Gene Editing [J]. Sci Rep, 2016, 6: 22555.

[66] RAMANAN V, SHLOMAI A, COX D B, et al. CRISPR/Cas9 cleavage of viral DNA efficiently suppresses hepatitis B virus [J]. Sci Rep, 2015, 5: 10833.

[67] ZHEN S, HUA L, LIU Y H, et al. Harnessing the clustered regularly interspaced short palindromic repeat (CRISPR) /CRISPR-associated Cas9 system to disrupt the hepatitis B virus [J]. Gene Therapy, 2015, 22 (5): 404-412.

[68] YUEN K-S, CHAN C-P, WONG N-H M, et al. CRISPR/Cas9-mediated genome editing of Epstein - Barr virus in human cells [J] Journal of General Virology, 2015, 96 (3): 626-636.

[69] VAN DIEMEN F R, KRUSE E M, HOOYKAAS M J, et al. CRISPR/Cas9-Mediated Genome Editing of Herpesviruses Limits Productive and Latent Infections [J]. PLoS Pathog, 2016, 12 (6): e1005701.

[70] ZHEN S, HUA L, TAKAHASHI Y, et al. In vitro and in vivo growth suppression of human papillomavirus 16-positive cervical cancer cells by CRISPR/Cas9 [J]. Biochem Biophys Res Commun, 2014, 450 (4): 1422-1426.

[71] CHEN W, QIAN Y, WU X, et al. Inhibiting replication of begomoviruses using artificial zinc finger nucleases that target viral-conserved nucleotide motif [J]. Virus Genes, 2014, 48 (3): 494-501.

[72] ORDIZ M I, MAGNENAT L, BARBAS C F, 3RD, et al. Negative regulation of the RTBV promoter by designed zinc finger proteins [J]. Plant Mol Biol, 2010, 72 (6): 621-630.

[73] MORI T, TAKENAKA K, DOMOTO F, et al. Inhibition of binding of tomato yellow leaf curl virus rep to its replication origin by artificial zinc-finger protein [J]. Mol Biotechnol, 2013, 54 (2): 198-203.

[74] ALI Z, ABULFARAJ A, IDRIS A, et al. CRISPR/Cas9-mediated viral

interference in plants [J]. Genome Biol, 2015, 16: 238.

[75] CHANDRASEKARAN J, BRUMIN M, WOLF D, et al. Development of broad virus resistance in non-transgenic cucumber using CRISPR/Cas9 technology [J]. Mol Plant Pathol, 2016, 17 (7): 1140-1153.

[76] ZHANG T, ZHENG Q, YI X, et al. Establishing RNA virus resistance in plants by harnessing CRISPR immune system [J]. Plant Biotechnol J, 2018, 16 (8): 1415-1423.

[77] KIS A, HAMAR E, THOLT G, et al. Creating highly efficient resistance against wheat dwarf virus in barley by employing CRISPR/Cas9 system [J]. Plant Biotechnol J, 2019, 17 (6): 1004-1006.

[78] AMAN R, ALI Z, BUTT H, et al. RNA virus interference via CRISPR/Cas13a system in plants [J]. Genome Biol, 2018, 19 (1): 1.

[79] JI X, SI X, ZHANG Y, et al. Conferring DNA virus resistance with high specificity in plants using virus-inducible genome-editing system [J]. Genome Biol, 2018, 19 (1): 197.

[80] ZAIDI S S, TASHKANDI M, MAHFOUZ M M. Engineering Molecular Immunity Against Plant Viruses [J]. Prog Mol Biol Transl Sci, 2017, 149: 167-186.

[81] TASHKANDI M, ALI Z, ALJEDAANI F, et al. Engineering resistance against Tomato yellow leaf curl virus via the CRISPR/Cas9 system in tomato [J]. Plant Signal Behav, 2018, 13 (10): e1525996.

[82] PYOTT D E, SHEEHAN E, MOLNAR A. Engineering of CRISPR/Cas9-mediated potyvirus resistance in transgene-free Arabidopsis plants [J]. Mol Plant Pathol, 2016, 17 (8): 1276-1288.

[83] ALI Z, ALI S, TASHKANDI M, et al. CRISPR/Cas9-Mediated Immunity to Geminiviruses: Differential Interference and Evasion [J]. Sci Rep, 2016, 6: 26912.

[84] BALTES N J, HUMMEL A W, KONECNA E, et al. Conferring resistance to geminiviruses with the CRISPR-Cas prokaryotic immune system [J]. Nat Plants, 2015, 1 (10): 15145.

[85] JI X, ZHANG H, ZHANG Y, et al. Establishing a CRISPR-Cas-like immune system conferring DNA virus resistance in plants [J]. Nat Plants, 2015, 1: 15144.

［86］YIN K, HAN T, LIU G, et al. A geminivirus-based guide RNA delivery system for CRISPR/Cas9 mediated plant genome editing［J］. Sci Rep, 2015, 5: 14926.

［87］LEENAY R T, MAKSIMCHUK K R, SLOTKOWSKI R A, et al. Identifying and Visualizing Functional PAM Diversity across CRISPR-Cas Systems［J］. Mol Cell, 2016, 62（1）: 137-147.

［88］KATAYAMA T, TANAKA Y, OKABE T, et al. Development of a genome editing technique using the CRISPR/Cas9 system in the industrial filamentous fungus Aspergillus oryzae［J］. Biotechnol Lett, 2016, 38（4）: 637-642.

［89］WEBER J, VALIANTE V, NøDVIG C S, et al. Functional Reconstitution of a Fungal Natural Product Gene Cluster by Advanced Genome Editing［J］. ACS Synth Biol, 2016, 6（1）: 62-68.

［90］POHL C, KIEL J A K W, DRIESSEN A J M, et al. CRISPR/Cas9 Based Genome Editing of Penicillium chrysogenum［J］. ACS Synth Biol, 2016, 5（7）: 754-764.

［91］DICARLO J E, NORVILLE J E, MALI P, et al. Genome engineering in Saccharomyces cerevisiae using CRISPR-Cas systems［J］. Nucleic Acids Res, 2013, 41（7）: 4336-4343.

［92］RYAN O W, CATE J H. Multiplex engineering of industrial yeast genomes using CRISPRm［J］. Methods Enzymol, 2014, 546: 473-489.

［93］GAO Y, ZHAO Y. Self-processing of ribozyme-flanked RNAs into guide RNAs in vitro and in vivo for CRISPR-mediated genome editing［J］. J Integr Plant Biol, 2014, 56（4）: 343-349.

［94］ZHANG G C, KONG, II, KIM H, et al. Construction of a quadruple auxotrophic mutant of an industrial polyploid saccharomyces cerevisiae strain by using RNA-guided Cas9 nuclease［J］. Appl Environ Microbiol, 2014, 80（24）: 7694-7701.

［95］BAO Z, XIAO H, LIANG J, et al. Homology-integrated CRISPR-Cas（HI-CRISPR）system for one-step multigene disruption in Saccharomyces cerevisiae［J］. ACS Synth Biol, 2015, 4（5）: 585-594.

［96］HORWITZ A A, WALTER J M, SCHUBERT M G, et al. Efficient Multiplexed Integration of Synergistic Alleles and Metabolic Pathways in Yeasts via CRISPR-

Cas［J］. Cell Syst, 2015, 1（1）: 88-96.

［97］JAKO ČI Ū NAS T, BONDE I, HERRG å RD M, et al. Multiplex metabolic pathway engineering using CRISPR/Cas9 in Saccharomyces cerevisiae［J］. Metabolic Engineering, 2015, 28: 213-222.

［98］WU W, YANG Y, LEI H. Progress in the application of CRISPR: From gene to base editing［J］. Med Res Rev, 2019, 39（2）: 665-683.

［99］GAUDELLI N M, KOMOR A C, REES H A, et al. Programmable base editing of A★T to G★C in genomic DNA without DNA cleavage［J］. Nature, 2017, 551（7681）: 464-471.

［100］ARAZOE T, MIYOSHI K, YAMATO T, et al. Tailor-made CRISPR/Cas system for highly efficient targeted gene replacement in the rice blast fungus［J］. Biotechnol Bioeng, 2015, 112（12）: 2543-2549.

［101］NODVIG C S, NIELSEN J B, KOGLE M E, et al. A CRISPR-Cas9 System for Genetic Engineering of Filamentous Fungi［J］. PLoS One, 2015, 10（7）: e0133085.

［102］MATSU-URA T, BAEK M, KWON J, et al. Efficient gene editing in Neurospora crassa with CRISPR technology［J］. Fungal Biol Biotechnol, 2015, 2: 4.

［103］FULLER K K, CHEN S, LOROS J J, et al. Development of the CRISPR/Cas9 System for Targeted Gene Disruption in Aspergillus fumigatus［J］. Eukaryot Cell, 2015, 14（11）: 1073-1080.

［104］ZHANG C, MENG X, WEI X, et al. Highly efficient CRISPR mutagenesis by microhomology-mediated end joining in Aspergillus fumigatus［J］. Fungal Genet Biol, 2016, 86: 47-57.

［105］QIN H, XIAO H, ZOU G, et al. CRISPR-Cas9 assisted gene disruption in the higher fungus Ganoderma species［J］. Process Biochemistry, 2017, 56: 57-61.

［106］SOREANU I, HENDLER A, DAHAN D, et al. Marker-free genetic manipulations in yeast using CRISPR/CAS9 system［J］. Curr Genet, 2018, 64（5）: 1129-1139.

［107］CHEN L, LI W, KATIN-GRAZZINI L, et al. A method for the production and expedient screening of CRISPR/Cas9-mediated non-transgenic mutant plants［J］. Hortic Res, 2018, 5: 13.

[108] ZHENG X, ZHENG P, ZHANG K, et al. 5S rRNA Promoter for Guide RNA Expression Enabled Highly Efficient CRISPR/Cas9 Genome Editing in Aspergillus niger [J]. ACS Synth Biol, 2019, 8 (7): 1568-1574.

[109] WEYDA I, YANG L, VANG J, et al. A comparison of Agrobacterium-mediated transformation and protoplast-mediated transformation with CRISPR-Cas9 and bipartite gene targeting substrates, as effective gene targeting tools for Aspergillus carbonarius[J]. J Microbiol Methods, 2017, 135: 26-34.

[110] AL ABDALLAH Q, GE W, FORTWENDEL J R. A Simple and Universal System for Gene Manipulation in Aspergillus fumigatus: In Vitro-Assembled Cas9-Guide RNA Ribonucleoproteins Coupled with Microhomology Repair Templates [J]. mSphere, 2017, 2 (6): e00446-17.

[111] ZHANG C, LU L. Precise and Efficient In-Frame Integration of an Exogenous GFP Tag in Aspergillus fumigatus by a CRISPR System [J]. Methods Mol Biol, 2017, 1625: 249-258.

[112] SARKARI P, MARX H, BLUMHOFF M L, et al. An efficient tool for metabolic pathway construction and gene integration for Aspergillus niger [J]. Bioresour Technol, 2017, 245 (Pt B): 1327-1333.

[113] KUIVANEN J, WANG Y J, RICHARD P. Engineering Aspergillus niger for galactaric acid production: elimination of galactaric acid catabolism by using RNA sequencing and CRISPR/Cas9 [J]. Microb Cell Fact, 2016, 15 (1): 210.

[114] WENDEROTH M, PINECKER C, VOSS B, et al. Establishment of CRISPR/Cas9 in Alternaria alternata [J]. Fungal Genet Biol, 2017, 101: 55-60.

[115] ZHENG Y M, LIN F L, GAO H, et al. Development of a versatile and conventional technique for gene disruption in filamentous fungi based on CRISPR-Cas9 technology [J]. Sci Rep, 2017, 7 (1): 9250.

[116] NIELSEN M L, ISBRANDT T, RASMUSSEN K B, et al. Genes Linked to Production of Secondary Metabolites in Talaromyces atrroroseus Revealed Using CRISPR-Cas9 [J]. PLoS One, 2017, 12 (1): e0169712.

[117] SUGANO S S, SUZUKI H, SHIMOKITA E, et al. Genome editing in the mushroom-forming basidiomycete Coprinopsis cinerea, optimized by a high-throughput

transformation system ［J］. Sci Rep，2017，7（1）：1260.

［118］CHEN J，LAI Y，WANG L，et al. CRISPR/Cas9-mediated efficient genome editing via blastospore-based transformation in entomopathogenic fungus Beauveria bassiana［J］. Sci Rep，2017，8：45763.

［119］DENG H，GAO R，LIAO X，et al. Genome editing in Shiraia bambusicola using CRISPR-Cas9 system ［J］. J Biotechnol，2017，259：228-234.

［120］NG H，DEAN N. Dramatic Improvement of CRISPR/Cas9 Editing in Candida albicans by Increased Single Guide RNA Expression ［J］. mSphere，2017，2（2）.

［121］LIU Q，GAO R，LI J，et al. Development of a genome-editing CRISPR/Cas9 system in thermophilic fungal Myceliophthora species and its application to hyper-cellulase production strain engineering ［J］. Biotechnol Biofuels，2017，10：1.

［122］SCHUSTER M，SCHWEIZER G，REISSMANN S，et al. Genome editing in Ustilago maydis using the CRISPR-Cas system ［J］. Fungal Genet Biol，2016，89：3-9.

［123］FANG Y，TYLER B M. Efficient disruption and replacement of an effector gene in the oomycete Phytophthora sojae using CRISPR/Cas9［J］. Mol Plant Pathol, 2016, 17(1): 127-139.

［124］LIU N. Insecticide resistance in mosquitoes：impact，mechanisms，and research directions ［J］. Annu Rev Entomol，2015，60：537-559.

［125］ALAGOZ Y，GURKOK T，ZHANG B，et al. Manipulating the Biosynthesis of Bioactive Compound Alkaloids for Next-Generation Metabolic Engineering in Opium Poppy Using CRISPR-Cas 9 Genome Editing Technology ［J］. Sci Rep，2016，6：30910.

［126］IAFFALDANO B，ZHANG Y，CORNISH K. CRISPR/Cas9 genome editing of rubber producing dandelion Taraxacum kok-saghyz using Agrobacterium rhizogenes without selection ［J］. Industrial Crops and Products，2016，89：356-362.

［127］LI B，CUI G，SHEN G，et al. Targeted mutagenesis in the medicinal plant Salvia miltiorrhiza ［J］. Sci Rep，2017，7（1）：43320.

［128］WOO J W，KIM J，KWON S I，et al. DNA-free genome editing in plants with preassembled CRISPR-Cas9 ribonucleoproteins ［J］. Nat Biotechnol，2015，33（11）：1162-1164.

［129］ZHOU Z，TAN H，LI Q，et al. CRISPR/Cas9-mediated efficient targeted mutagenesis of RAS in Salvia miltiorrhiza［J］. Phytochemistry, 2018, 148: 63-70.

［130］KAUR N, ALOK A, SHIVANI, et al. CRISPR/Cas9-mediated efficient editing in phytoene desaturase（PDS）demonstrates precise manipulation in banana cv. Rasthali genome［J］. Funct Integr Genomics, 2018, 18（1）: 89-99.

［131］JIA H, WANG N. Targeted genome editing of sweet orange using Cas9/sgRNA ［J］. PLoS One, 2014, 9（4）: e93806.

［132］REN C, LIU X, ZHANG Z, et al. CRISPR/Cas9-mediated efficient targeted mutagenesis in Chardonnay（Vitis vinifera L.）［J］. Sci Rep, 2016, 6: 32289.

［133］MALNOY M, VIOLA R, JUNG M H, et al. DNA-Free Genetically Edited Grapevine and Apple Protoplast Using CRISPR/Cas9 Ribonucleoproteins［J］. Front Plant Sci, 2016, 7: 1904.

［134］WANG X, TU M, WANG D, et al. CRISPR/Cas9-mediated efficient targeted mutagenesis in grape in the first generation［J］. Plant Biotechnol J, 2018, 16（4）: 844-855.

［135］NISHITANI C, HIRAI N, KOMORI S, et al. Efficient Genome Editing in Apple Using a CRISPR/Cas9 system［J］. Sci Rep, 2016, 6: 31481.

［136］PEER R, RIVLIN G, GOLOBOVITCH S, et al. Targeted mutagenesis using zinc-finger nucleases in perennial fruit trees［J］. Planta, 2015, 241（4）: 941-951.

［137］TIAN S, JIANG L, GAO Q, et al. Efficient CRISPR/Cas9-based gene knockout in watermelon［J］. Plant Cell Rep, 2017, 36（3）: 399-406.

［138］MARTIN-PIZARRO C, POSE D. Genome Editing as a Tool for Fruit Ripening Manipulation［J］. Front Plant Sci, 2018, 9: 1415.

［139］WANG Z, WANG S, LI D, et al. Optimized paired-sgRNA/Cas9 cloning and expression cassette triggers high-efficiency multiplex genome editing in kiwifruit［J］. Plant Biotechnol J, 2018, 16（8）: 1424-1433.

［140］PENG A, CHEN S, LEI T, et al. Engineering canker-resistant plants through CRISPR/Cas9-targeted editing of the susceptibility gene CsLOB1 promoter in citrus［J］. Plant Biotechnol J, 2017, 15（12）: 1509-1519.

［141］LEMMON Z H, REEM N T, DALRYMPLE J, et al. Rapid improvement of domestication traits in an orphan crop by genome editing［J］. Nat Plants, 2018, 4（10）:

766-770.

［142］MIKI D, ZHANG W, ZENG W, et al. CRISPR/Cas9-mediated gene targeting in Arabidopsis using sequential transformation ［J］. Nat Commun, 2018, 9（1）: 1967.

［143］ZHANG Y, LIANG Z, ZONG Y, et al. Efficient and transgene-free genome editing in wheat through transient expression of CRISPR/Cas9 DNA or RNA ［J］. Nat Commun, 2016, 7: 12617.

［144］WU Y, LIANG D, WANG Y, et al. Correction of a genetic disease in mouse via use of CRISPR-Cas9 ［J］. Cell Stem Cell, 2013, 13（6）: 659-662.

［145］LONG C, MCANALLY J R, SHELTON J M, et al. Prevention of muscular dystrophy in mice by CRISPR/Cas9-mediated editing of germline DNA ［J］. Science, 2014, 345（6201）: 1184-1188.

［146］YIN H, XUE W, CHEN S, et al. Genome editing with Cas9 in adult mice corrects a disease mutation and phenotype ［J］. Nat Biotechnol, 2014, 32（6）: 551-553.

［147］SCHWANK G, KOO B K, SASSELLI V, et al. Functional repair of CFTR by CRISPR/Cas9 in intestinal stem cell organoids of cystic fibrosis patients ［J］. Cell Stem Cell, 2013, 13（6）: 653-658.

［148］YANG Y, WANG L, BELL P, et al. A dual AAV system enables the Cas9-mediated correction of a metabolic liver disease in newborn mice ［J］. Nat Biotechnol, 2016, 34（3）: 334-8.

［149］DEVER D P, BAK R O, REINISCH A, et al. CRISPR/Cas9 beta-globin gene targeting in human haematopoietic stem cells ［J］. Nature, 2016, 539（7629）: 384-389.

［150］GANTZ V M, JASINSKIENE N, TATARENKOVA O, et al. Highly efficient Cas9-mediated gene drive for population modification of the malaria vector mosquito Anopheles stephensi ［J］. Proc Natl Acad Sci U S A, 2015, 112（49）: E6736-43.

［151］GHORBAL M, GORMAN M, MACPHERSON C R, et al. Genome editing in the human malaria parasite Plasmodium falciparum using the CRISPR-Cas9 system ［J］. Nat Biotechnol, 2014, 32（8）: 819-821.

［152］PEREZ Y, BAR-YAACOV R, KADIR R, et al. Mutations in the microtubule-associated protein MAP11（C7orf43）cause microcephaly in humans and zebrafish ［J］. Brain, 2019, 142（3）: 574-585.

［153］OJANEN M J T, UUSI-MAKELA M I E, HARJULA S E, et al. Intelectin 3 is dispensable for resistance against a mycobacterial infection in zebrafish（Danio rerio）［J］. Sci Rep, 2019, 9（1）: 995.

［154］HU P, ZHAO X, ZHANG Q, et al. Comparison of Various Nuclear Localization Signal-Fused Cas9 Proteins and Cas9 mRNA for Genome Editing in Zebrafish［J］. G3（Bethesda）, 2018, 8（3）: 823-831.

［155］DELAURIER A, ALVAREZ C L, WIGGINS K J. hdac4 mediates perichondral ossification and pharyngeal skeleton development in the zebrafish［J］. PeerJ, 2019, 7: e6167.

［156］HU R, HUANG W, LIU J, et al. Mutagenesis of putative ciliary genes with the CRISPR/Cas9 system in zebrafish identifies genes required for retinal development［J］. FASEB J, 2019, 33（4）: 5248-5256.

［157］CLONEY K, STEELE S L, STOYEK M R, et al. Etiology and functional validation of gastrointestinal motility dysfunction in a zebrafish model of CHARGE syndrome［J］. FEBS J, 2018, 285（11）: 2125-2140.

［158］BERNIER R, GOLZIO C, XIONG B, et al. Disruptive CHD8 Mutations Define a Subtype of Autism Early in Development［J］. Cell, 2014, 158（2）: 263-276.

［159］GAO H, BU Y, WU Q, et al. Mecp2 regulates neural cell differentiation by suppressing the Id1 to Her2 axis in zebrafish［J］. J Cell Sci, 2015, 128（12）: 2340-2350.

［160］LIU C X, LI C Y, HU C C, et al. CRISPR/Cas9-induced shank3b mutant zebrafish display autism-like behaviors［J］. Mol Autism, 2018, 9: 23.

［161］ESCAMILLA C O, FILONOVA I, WALKER A K, et al. Kctd13 deletion reduces synaptic transmission via increased RhoA［J］. Nature, 2017, 551（7679）: 227-231.

［162］GRONE B P, MARCHESE M, HAMLING K R, et al. Epilepsy, Behavioral Abnormalities, and Physiological Comorbidities in Syntaxin-Binding Protein 1（STXBP1）Mutant Zebrafish［J］. PLoS One, 2016, 11（3）: e0151148.

［163］YAO X, LIU X, ZHANG Y, et al. Gene Therapy of Adult Neuronal Ceroid Lipofuscinoses with CRISPR/Cas9 in Zebrafish［J］. Hum Gene Ther, 2017, 28（7）:

588-597.

[164] LU H, CUI Y, JIANG L, et al. Functional Analysis of Nuclear Estrogen Receptors in Zebrafish Reproduction by Genome Editing Approach [J]. Endocrinology, 2017, 158（7）：2292-2308.

[165] CHO S W, KIM S, KIM Y, et al. Analysis of off-target effects of CRISPR/Cas-derived RNA-guided endonucleases and nickases [J]. Genome Res, 2014, 24（1）：132-141.

[166] LIN S, STAAHL B T, ALLA R K, et al. Enhanced homology-directed human genome engineering by controlled timing of CRISPR/Cas9 delivery [J]. Elife, 2014, 3: e04766.

[167] SLAYMAKER I M, GAO L, ZETSCHE B, et al. Rationally engineered Cas9 nucleases with improved specificity [J]. Science, 2016, 351（6268）：84-88.

[168] NELSON C E, HAKIM C H, OUSTEROUT D G, et al. In vivo genome editing improves muscle function in a mouse model of Duchenne muscular dystrophy [J]. Science, 2016, 351（6271）：403-407.

[169] RAMAKRISHNA S, KWAKU DAD A B, BELOOR J, et al. Gene disruption by cell-penetrating peptide-mediated delivery of Cas9 protein and guide RNA [J]. Genome Res, 2014, 24（6）：1020-1027.

[170] OSBORN M J, GABRIEL R, WEBBER B R, et al. Fanconi anemia gene editing by the CRISPR/Cas9 system [J]. Hum Gene Ther, 2015, 26（2）：114-126.

[171] HOLKERS M, MAGGIO I, HENRIQUES S F, et al. Adenoviral vector DNA for accurate genome editing with engineered nucleases[J]. Nat Methods, 2014, 11（10）: 1051-1057.

[172] YOUNG C S, HICKS M R, ERMOLOVA N V, et al. A Single CRISPR-Cas9 Deletion Strategy that Targets the Majority of DMD Patients Restores Dystrophin Function in hiPSC-Derived Muscle Cells [J]. Cell Stem Cell, 2016, 18（4）：533-540.

[173] SHAO Y, WANG L, GUO N, et al. Cas9-nickase-mediated genome editing corrects hereditary tyrosinemia in rats [J]. J Biol Chem, 2018, 293（18）：6883-6892.

[174] ROSSIDIS A C, STRATIGIS J D, CHADWICK A C, et al. In utero CRISPR-mediated therapeutic editing of metabolic genes [J]. Nat Med, 2018, 24（10）：

1513-1518.

［175］SHINKUMA S, GUO Z, CHRISTIANO A M. Site-specific genome editing for correction of induced pluripotent stem cells derived from dominant dystrophic epidermolysis bullosa ［J］. Proc Natl Acad Sci U S A, 2016, 113（20）: 5676-5681.

［176］HORII T, TAMURA D, MORITA S, et al. Generation of an ICF syndrome model by efficient genome editing of human induced pluripotent stem cells using the CRISPR system ［J］. Int J Mol Sci, 2013, 14（10）: 19774-19781.

［177］OUELLET D L, CHERIF K, ROUSSEAU J, et al. Deletion of the GAA repeats from the human frataxin gene using the CRISPR-Cas9 system in YG8R-derived cells and mouse models of Friedreich ataxia ［J］. Gene Ther, 2017, 24（5）: 265-274.

［178］PARK C Y, HALEVY T, LEE D R, et al. Reversion of FMR1 Methylation and Silencing by Editing the Triplet Repeats in Fragile X iPSCs-Derived Neurons ［J］. Cell Rep, 2015, 13（2）: 234-241.

［179］XU X, TAY Y, SIM B, et al. Reversal of Phenotypic Abnormalities by CRISPR/Cas9-Mediated Gene Correction in Huntington Disease Patient-Derived Induced Pluripotent Stem Cells ［J］. Stem Cell Reports, 2017, 8（3）: 619-633.

［180］ZHANG C, LI Z, CUI H, et al. Systematic CRISPR-Cas9-Mediated Modifications of Plasmodium yoelii ApiAP2 Genes Reveal Functional Insights into Parasite Development ［J］. mBio, 2017, 8（6）: e01986-17.

［181］YAMAMOTO Y, MAKIYAMA T, HARITA T, et al. Allele-specific ablation rescues electrophysiological abnormalities in a human iPS cell model of long-QT syndrome with a CALM2 mutation ［J］. Hum Mol Genet, 2017, 26（9）: 1670-1677.

［182］DONG C, QU L, WANG H, et al. Targeting hepatitis B virus cccDNA by CRISPR/Cas9 nuclease efficiently inhibits viral replication ［J］. Antiviral Research, 2015, 118: 110-117.